U0348475

大唐财富发展历程

2011年，大唐财富投资管理有限公司成立。经过九年发展，大唐财富搭建了拥有其他类、股权类、证券类三大类私募基金管理人、基金销售公司、财富咨询等各类服务主体的集团体系，稳居中国财富管理行业前列。截至2020年6月，累计为52000余个高净值家庭提供了超6500亿元的资产配置服务。

◎ 企业愿景：成为中国私人银行服务的领航者

◎ 企业使命：让理财更轻松，让梦想更自由

◎ 企业宗旨：以客户为中心，护财富安全，助资产增值，促基业长青

◎ 企业核心价值观：人本、守正、专业、创新

资产配置三阶模型

大唐财富首创资产配置三阶模型，为高净值客户财富管理进行指导和帮助，让客户“理财更轻松，梦想更自由”。

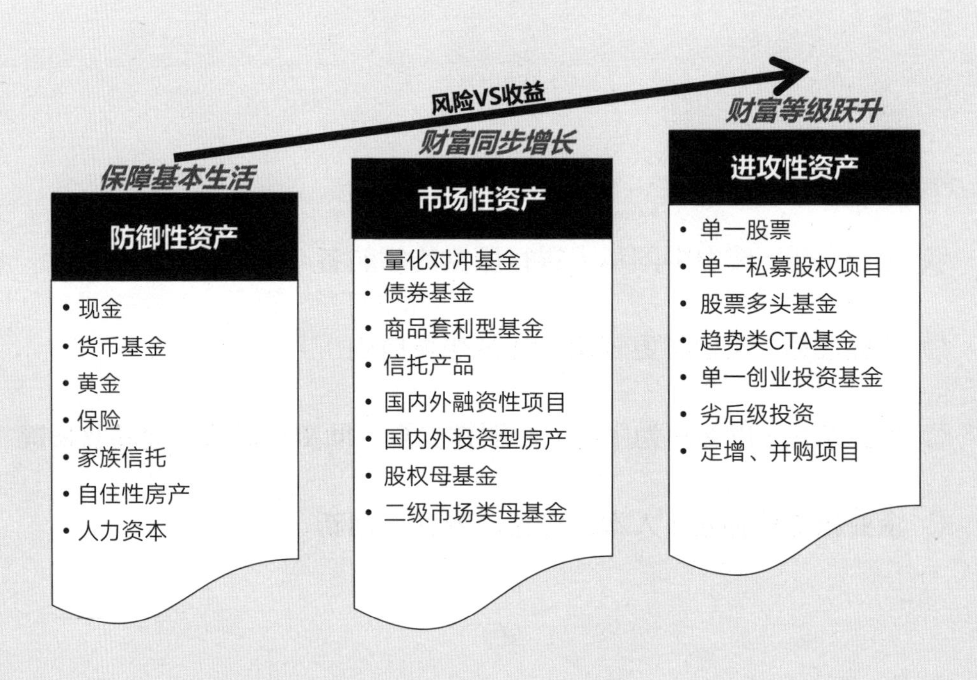

立体的产品布局

大唐财富及其旗下子公司拥有丰富的产品线，构建了全品类采集、全方位规划、全球化配置、全生命周期管理的“四全”产品体系，协同一流的资产管理机构，能够一站式满足投资者投资管理、风险管理、身份规划、税务筹划、财富传承、家族治理等全方位财富管理需求。

类别	业务	产品/服务
投资类	证券投资	• 公募基金、私募基金、现金管理
	股权投资	• PE基金、综合类母基金、大健康专项母基金、 S基金
	债权投资	• 债券投资基金、信托产品、契约型私募产品
	另类投资	• 地产投资基金、特殊机会基金
服务类	跨境规划服务	• 移民服务、留学服务、游学服务
	海外职业服务	• 投资性房产、移民性房产
	家族办公室服务	• 家族信托、保险金信托、慈善信托
	企业金融服务	• 产品定制服务、项目融资服务、投资咨询服务

强劲的投研能力

◎ 研究先行，与投资者共成长

大唐财富不断加强投研力量，坚持研究先行。大唐财富研究中心秉承客观、及时、有效的专业精神，为理财师、投资者分享专业知识、专业意见和信息服务，定期发布研究报告和专业书籍。研究成果覆盖从业者和投资者数十万人次。

◎ 投资专业，为投资者选产品

大唐财富坚持“以客户为中心”的宗旨, 产品条线做好专家型人才配置，加大产品的采集、研发力量，把好产品的风险关和合规关，强化产品的存续管理和信息披露，提升产品全生命周期的管理能力。守护客户财产安全,助力客户资产增值。

大唐财商学院

大唐财商学院基于大唐财富九年的财富管理专业积淀，以客户为中心，秉承“用财商改写财富格局”的理念，致力于中国成功家庭财商提升和财富管理人才培养，为中国成功家庭提供“财富管理必修课”，为财富管理行业从业者提供“私人银行家成长课”，为社会大众提供“财商公益课”，积极推动和引领财富管理行业的发展，成为大唐财富传递财富管理行业沉淀经验的重要平台。

为中国成功家庭提供“财富管理必修课”

为财富管理行业从业者提供“私人银行家成长课”

为社会大众提供“财商公益课”

大唐财商学院投资者教育课程

◎ 投资者教育沙龙

2018-2019两年间，大唐财商学院开展现场投资者教育沙龙课程上千场，为超过2万人次的客户提供宏观经济分析、财经热点分析、大类资产解读、资产配置等专业课程。

南洋理工大学

◎ 小唐人亲子财商公益课堂

大唐财商学院为高净值客户家庭提供亲子财商公益课堂，帮助孩子建立财富意识、培养财富态度、锻炼财富技巧，获得在经济社会的独立生存能力。

北京大学

◎ 与知名高校合作

三年来，大唐财商学院为北京大学经济学院开设财富管理专题课程,成立实践基地；与南洋理工大学、台湾政治大学等高校开展合作交流，探索金融行业未来精英孵化模式。

台湾政治大学

大唐财富荣誉

2020年上半年，大唐财富荣获投中2019年度中国最具竞争力财富管理机构TOP5、经济观察报“值得托付的财富管理机构”、《今日财富》“2020中国独立财富管理公司TOP3”、第九届中国公益节“2019年度公益集体奖”、“大唐元一·长安”大健康母基金荣获“年度医疗健康最佳母基金”等5项大奖。

2015–2019年，大唐财富荣获财经类奖项40余项，大唐财富“元一”股权母基金、盛世家族办公室、唐昇FOF获得各类奖项20余项，彰显了大唐财富作为头部财富管理机构的实力。

履行企业社会责任

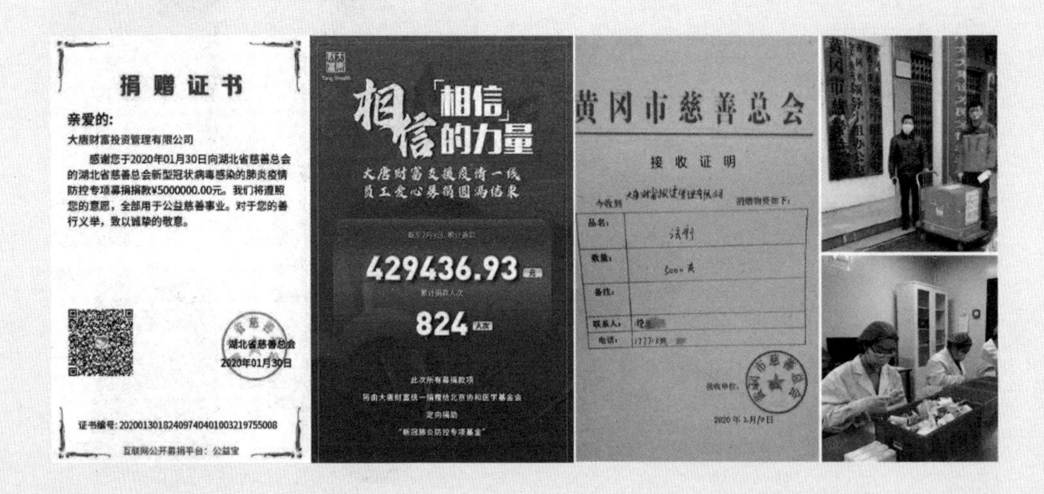

- 2018年10月，“大唐财富 · 长江励志助学公益信托”项目正式启动，大唐财富在业内首创公益信托模式，将公益与信托有机结合，持续助力社会发展。

- 2019年，在国家倡导的“学前学会普通话”行动中，大唐财富捐款2000万元。

- 2019年8月，大唐财富支持青海省海东市精准扶贫，捐款100万元。

- 2019年9月，大唐财富向长江励志助学公益专项基金捐款30万元，帮扶贫困大学生。

- 2020年初，新冠疫情期间，大唐财富第一时间向湖北省慈善总会捐赠人民币500万元，并迅速采购5000盒病毒检测试剂，星夜驰援湖北抗疫一线。全面支持国家打赢疫情阻击战！

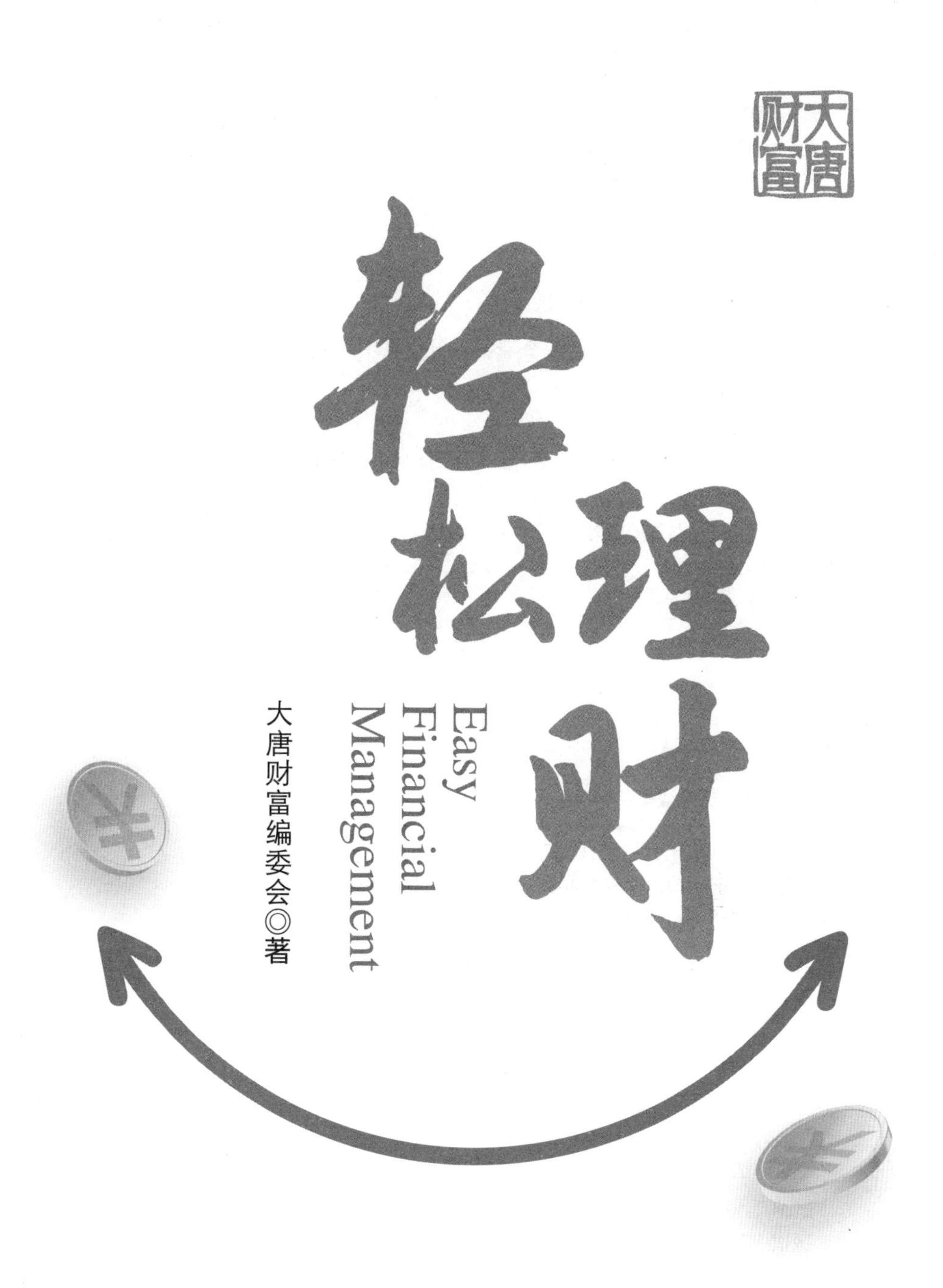

轻松理财

Easy Financial Management

大唐财富编委会◎著

中国金融出版社

责任编辑：陈　翎
责任校对：潘　洁
责任印制：张也男

图书在版编目(CIP)数据

轻松理财 / 大唐财富编委会著. — 北京：中国金融出版社，2020.9
ISBN 978-7-5220-0663-5

Ⅰ.①财…　Ⅱ.①大…　Ⅲ.①财务管理—通俗读物　Ⅳ.①TS976.15-49

中国版本图书馆CIP数据核字（2020）第109495号

轻松理财
QINGSONG LICAI
出版
发行　中国金融出版社
社址　北京市丰台区益泽路2号
市场开发部　(010) 66024766，63805472，63439533 (传真)
网 上 书 店　http://www.chinafph.com
　　　　　　(010) 66024766，63372837 (传真)
读者服务部　(010) 66070833，62568380
邮编　100071
经销　新华书店
印刷　北京侨友印刷有限公司
尺寸　169毫米×239毫米
印张　23.5
字数　380千
版次　2020年10月第1版
印次　2020年10月第1次印刷
定价　78.00元
ISBN　978-7-5220-0663-5
如出现印装错误本社负责调换　联系电话 (010) 63263947

编委会

前言

改革开放40多年以来，中国经济高速增长，在这段并不算漫长的时间中，涌现出了中国现代第一代高净值人群。他们抓住了市场经济发展的机遇，积累起了非常可观的家庭财富。目前中国面临着经济转型，新经济正在以前所未有的速度带动私人财富的创造和转移，中国高净值人群的可投资资产和高净值人数皆保持了两位数的增幅。在经济新常态下，如何通过科学合理的资产配置，在瞬息万变的资本市场收获财富的保值增值，已成为高净值人群重点关注的问题。

然而中国财富管理市场起步较晚，至今也才仅仅10余年时间，投资者普遍缺乏基础金融知识，无法根据经济周期做好个人与家庭的资产配置以及动态调整，也很难辨别和选择适合自己的金融产品，投资决策成了大多数中国投资者面临的一个难题。可以说，投资者教育是中国投资者的迫切需求，也是中国财富管理市场健康发展的需要。

监管部门也提倡金融机构应积极推动投资者教育工作，要把投资者教育当作一项责任和义务。通过投资者教育，让投资者真正树立合理的投资理念，了解市场的运作规则和纪律，认识到在当前市场环境下应该如何开展合理的投资行为、如何进行合理的投资决策、如何进行自身的资产配置，等等。比如，法律法规对一些问题究竟是如何规定的，为什么说投资收益和风险是有正相关性的，为什么不能把鸡蛋放在一个篮子里，为什么要将财产进行多元化的配置，为什么不能够简单的跟风作投资。

大唐财富投资管理有限公司成立于 2011 年。我们以成为中国私人银行服务的领航者为愿景，在多变的市场环境中，让客户理财更轻松，梦想更自由。经过 9 年发展，大唐财富在财富管理行业积累了丰富的经验，在投资者教育、推动行业人才发展方面主要做了以下 4 个方面的工作。

一是在研究国际通用资产配置模型的基础上，结合中国投资者的理财习惯，首创资产配置三阶模型，让投资者了解资产配置的基本理念和方法，并在每个季度发布《大唐财富投资策略分析》。

二是搭建了拥有其他类、股权类、证券类三大类私募基金管理人、基金销售公司、财富咨询等各类服务主体的集团体系，稳居中国财富管理行业前列。打造全品类的专业团队，为投资者提供全市场优选产品的同时，也为投资者提供各项免费咨询服务。

三是搭建专业理财师培训体系。大唐多年来对员工成长的不吝投入，打造了综合立体全方位、既高度专业又聚焦落地的人才培养体系。在过去的 4 年里，我们共举办了 229 场现场集中培训，通过学习－成长－分享－传承－学习的闭环链条，来不断实现每个人在这个学习型组织中的持续发展。因为我们相信只有专业的理财师队伍，才能传达给投资者正确和专业的理财知识，为高净值客户提供更好的专业服务。

四是积极推动投资者教育工作。在大唐，投资者教育不是一个部门、一个人的责任，而是全公司每一个人的责任。我们积极履行投资者教育责任，每年举办各类大型、小型客户沙龙活动、“小唐人”亲子财商公益课堂超过 500 场。

正是基于这些工作的落实，大唐财富从 2015 年到 2019 年，连续 5 年进入“投中年度最具竞争力财富管理机构”榜单，在《经济观察报》主办的 2019—2020 年度值得托付资产管理高峰论坛被评为“值得托付财富管理机构”。

2020 年以来，面对剧烈的国内外经济、金融市场动荡，全球各经济体均承受了巨大压力，对广大高净值人群而言，迫切需要寻找更加“值得托付”的财富管理机构。上半年以来，经济下行压力增大，风险事件时有爆发，与此同时，广大投资者目光也在向市场中的优质机构集中。今年一季度，大唐财富经营业绩实现了逆势增长，得到客户、市场及行业内外的广泛认可，这源于大唐财富强大的品牌背景、专业的服务团队、立体的产品布局、严格的合规风控和全面的客户服务。

为了更好帮助中国高净值人群提升资产配置意识，更好向社会大众普及理财基础知识，我们依托公司多层次的人才队伍，撰写了这本《轻松理财》，共11个模块30余万字。写作团队尽可能将复杂的专业性表述转化为简洁通俗的语言，既有一定的知识性，也具有较强的投资者适读性，这既是我们9年来为高净值客户提供服务的经验总结，更是我们献给所有投资者的一份礼物，希望用这份礼物，帮助投资者普及金融理财知识，实现让理财更轻松，让梦想更自由。

作为行业拓荒者，大唐财富一直坚持不懈探索“中国私人银行服务”的发展道路。因为胜任，所以信任。大唐财富继续将秉承“成为中国私人银行服务的领航者”的愿景，陪伴客户穿越经济周期，护财富安全，助资产增值，促基业长青。

大唐财富　董事长

2020年10月

◂◂◂ 序

近年来，随着城市化持续推进、新经济崛起以及科技创新驱动不断增强，我国的人均财富水平不断上升，人民生活水平的提高也将持续引领财富管理行业的发展，中国财富管理市场蕴含着巨大发展潜力。这主要体现在两个方面，一方面居民财富不断积累，个人可投资金融资产规模正在逐步扩大。根据大唐财富研究中心数据显示，到2021年，中国高净值家庭可投资资产总额将达111万亿元，高净值家庭户数达400万户，投资者能够选择的产品类型达数百种，能够选择提供投资理财服务的机构达数万家。另一方面，在经济增速放缓的大背景下，高净值投资人群对于财富的保值、增值、传承需求愈发迫切，国民理财观念全方位觉醒。

与此同时，随着金融监管力度不断加强，财富管理行业也正在经历市场洗礼，头部聚集效应显现，大浪淘沙，强者恒强。特别是2018年4月《关于规范金融机构资产管理业务的指导意见》的出台，打破刚性兑付，鼓励产品净值化，对于财富管理机构和投资者在资产管理、风险把控、产品选择等方面都提出了更高的要求。投资品类越来越多，投资环境越来越复杂，投资者在投资时也会面临更多问题，主要集中于两方面。一是在投资渠道的选择上，易遭遇各种庞氏骗局、P2P爆雷，非法集资难以分辨，多数投资者选择投资渠道大多局限在较小范围内，更愿意听从亲戚、朋友推荐介绍购买，不太了解如何选择理财机构以及不同机构间的特点、区别等；二是在投资品类的选择上，对各类金融产品了解不充分，容易被销售人员误导，且绝大部分金融产品结构过于复杂，风险不易识别和把控，投资者想学习又缺乏合适的方法和渠道。2020 年，由于突发新冠肺炎疫情和中美关系的影响，投资环境变的更加扑朔迷离，也让高净值人群意识到做好科学资产配置的重要性，当今时代想要积累财富，选择比努力更为重要。

闻道有先后，术业有专攻。拥有央企背景、民营机制的大唐财富正是因为中国高净值群体有着这样巨大的财富管理需求应运而生，是中国财富管理行业的创始企业和龙头企业之一。经过九年的发展，公司已拥有完整的业务架构和风险控制体系，构建了“全品类采集、全方位规划、全球化配置、全生命周期管理”的“四全”产品体系，覆盖了全面的金融理财产品和增值服务产品，能够一站式满足客户全方位财富管理需求。“成为中国私人银行服务的领航者”是大唐财富的企业愿景，也是融入每一位大唐人血液的崇高理想。2020 年公司首开财富管理行业之先河，举办了面向普罗大众的免费线上“云理财”系列直播活动，邀请经济学家、投资大咖汇聚一堂，为投资者解读宏观经济环境、剖析大类资产价格走势、研判潜在投资机会，累计观看量逾 800 万人次。大唐财富现已成为广大高净值投资者首选的头部理财机构。

为了让投资者能够持续、深入的了解财富管理市场发展动态，擦亮眼睛做出正确投资决策，大唐财富在 2017 年成立了大唐财商学院，基于多年财富管理专业积淀开展线上 + 线下的培训活动，一方面致力于中国成功家庭的财商提升，提供覆盖不同年龄阶段人群的“财富管理必修课”。另一方面还为财富管理行业从业者提供“私人银行成长课”，从职业定位、财富保全、财富传承和心灵成长四个维度全面提升从业者专业水平，满足客户全方位的综合金融服务需求。2018-2019 两年间，大唐财商学院开展现场投资者教育沙龙课程上千场，为超过 2 万人次的客户提供宏观经济分析、财经热点分析、大类资产解读、少儿财商教育等专业课程。2019 年 4 月中国证券监督管理委员会发布公告，决定将每年 5 月 15 日设立为“全国投资者保护宣传日”，该节日旨在在全社会积极倡导理性投资文化，强化投资者保护意识，这一举措更加坚定了大唐财富持续大力推行投资者教育的初心和步伐。

今年为更有效开展投资者教育工作，同时弥补市场上系统性财商教育书籍的空缺，大唐财商学院经过一段时间耐心的逻辑梳理、文字精炼、内容打磨后，呈现出这本通俗易懂的财商教育书籍，积极践行大唐财富“让理财更轻松，让梦想更自由”的企业使命。也正因如此，本书取名为《轻松理财》，希望能够给入门的投资者更系统、更易读的金融知识，提供投资理财、财商提升的基本框架逻辑，学会资产配置的基础方法、各类产品的投资逻辑，不轻信、不盲从，轻松树立正确理财观念。

知之者不如好之者，好之者不如乐之者。希望本书能够在闲暇时陪伴着您，开启一段轻松奇妙的知识探索之旅，在复杂多变的经济环境中，做出正确投资决策。让理财更轻松，让梦想更自由！

祝您好运。

張冠宇

大唐财商学院院长

2020 年 10 月

目录

01 轻松读懂宏观经济

02 鸡蛋分开放，怎么放

03 我敢打赌，你的保险买得不对

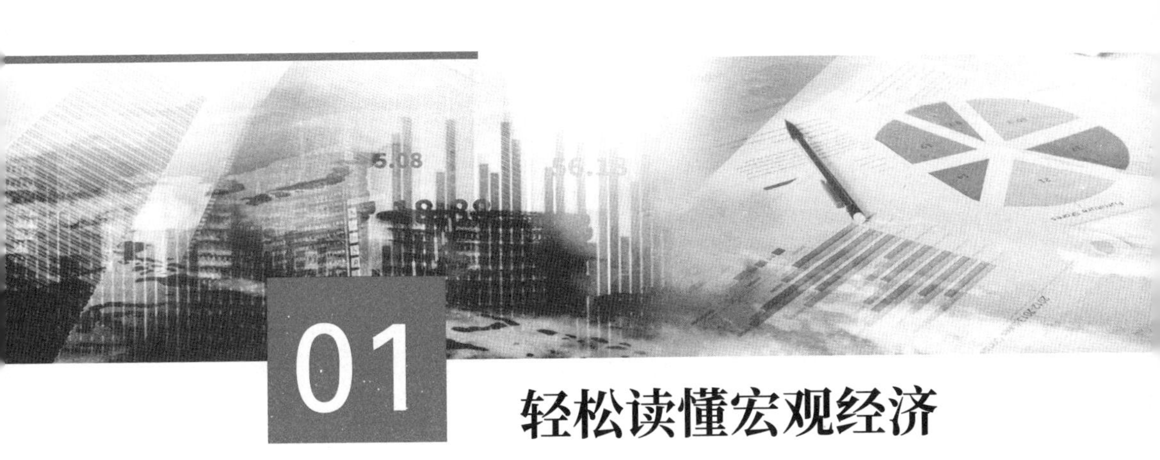

01 轻松读懂宏观经济

宏观经济走势代表着一个国家或地区的整体经济发展大势，往往“一荣俱荣、一损俱损”，所以每个经济体都会根据经济发展状况来制定相应的经济政策，致力于让自身宏观经济保持长期向上的势头。宏观经济不仅影响我们的生活，更是投资分析的第一步。

普通投资者不必像经济学家一样精通宏观经济分析的理论和方法，只需要建立宏观经济分析的框架、读懂宏观经济报告背后的意义、建立适合自己的资产配置逻辑，就可以在投资道路上少走弯路，做出相对理性的投资决策。

本章我们将从制度面、政策面、经济面和资金面这四个维度，帮助投资者初步建立宏观分析的框架和模型。希望能够通过分析经济社会的各种数据和运行逻辑，来判断一个经济体所处的宏观经济状况。

1.1 理财为什么要关注宏观经济

从投资实践看，宏观经济往往具有周期性。在向上的经济环境中，整体市场走强，只要方向没错，多数公司都能够获得可观的盈利。在向下的经济环境中，整体市场走弱，即使好公司也很难抵挡宏观大势的波动。宏观经济就是“信号灯”，它帮助我们判断市场的冷热和方向，不看信号灯，投资的赢面会大大降低。

1.1.1 宏观经济分析的重要性

宏观经济分析以全球或国民经济活动作为考察对象，研究各个有关的总量及其变动，特别是研究国民生产总值和国民收入的变动及其与社会就业、经济周期波动、通货膨胀、经济增长等之间的关系。

政府是一个国家的管理者，在如此大的领域和如此众多的行业中，政府很难一对一地进行管理。政府通过宏观政策进行调控，主要有两种政策工具：货币政策和财政政策。简而言之，货币政策调控货币总量，在市场上有太多钱的时候把钱收回来，而在市场情况不好的时候把钱放出去，以使经济运行更加有效和可持续。财政政策可以是政府直接自己上阵开发投资，也可以向企业和民众转移支付——拨款，或者是对企业或个人减税降费。

从宏观角度看，经济是一个国家的命脉。国家的繁荣与经济息息相关。

在微观层面上，个人通常只需要考虑自己个体的利益。但是，从宏观角度看，国家需要维持政府机构与个体经济之间的平衡。期望达到需求平衡点，就不能让民生出现问题，不能让人们没有工作，也不能让国家财政赤字过高。以我国为例，我国的货币政策就是在人民银行的领导下，通过政策调控金融体系，引导资金流向和流量，在国民经济中发挥了极为重要的作用。

宏观经济环境与我们的投资行为息息相关，经济运行不断波动，它会不断经历大大小小的周期波动，不同的周期阶段有着不同的资产配置逻辑。宏观经济分析能够更好帮助投资者判断当前所处的周期和经济发展趋势、把握正确的投资方向。

改革开放以来，中国宏观经济发展态势良好，经济持续发展。20世纪的人口红利和全球广泛的贸易带动了中国经济的飞跃发展，中国已经成为世界第二大综合贸易体。然而，房地产蓬勃发展的黄金时代和金融为王的时代已经结束。随着劳动成本的逐年增加，老龄化问题日益突出。工业4.0、新能源、无人机、"独角兽"、3D打印技术、大数据、锂电池和许多其他领域将在未来十年中迎来新的突破。传统能源、技术和人力将被大量替代。生产力是发展的主要动力，提高生产力是重中之重。随着科学技术的发展，当新技术和新能源的成本低于传统技术和传统能源的成本时，毫无疑问，后者将被前者取代。

中国宏观经济持续向好，为企业营造了良好的政策环境和发展环境，为改善民生环境提供了持续的动力，也为全球投资者提供了更好的选择。

1.1.2 宏观经济分析如何入手

宏观研究可以针对全球市场，即国际宏观分析；也可以针对国内市场，在国内市场中，宏观研究最后可以服务股市、房市、债市等细分市场研究。

国际和国内市场规模和类别不同，对应的宏观分析侧重点也有所不同。但不论是进行何种市场的宏观分析，背后的逻辑原理都有着异曲同工之妙。

根据各个研究维度的重要性，可以把宏观研究分为四大层面：制度层面、政策层面、经济层面和资金层面。

1. 制度层面

制度层面最重要，对市场的影响也最深远。在国际社会，拥有规则制定权的国家，会在国际政治组织、国际经济组织、国际贸易组织、国际货币体系、国际环保组织、国际军事组织等组织机构中，努力设计出有利于本国长远发展的制度体系。而一旦他们觉得旧制度妨碍了自身利益，便会千方百计试图修改制度，比如当下美国频繁在多个国际组织中提议修改游戏规则、拒不合作甚至“退群”。

中国在2001年加入WTO，这标志着被国际社会认定为一个有公平贸易地位的伙伴，之后中国经济规模和贸易额占全球比例逐年攀升。

可见国际制度对一个国家各方面的影响都是极其深远和极为重要的。

对于国内市场来说，各项制度也是极为重要的。各个国家不同的经济制度、贸易制度、金融制度、货币制度等，决定着各国在经济、贸易、货币等维度朝着不同的方向运行。而一个国家能否在某个经济时期采用正确的制度，决定着该国未来一段时间是否能够顺利发展。

中国自改革开放以来四十多年间，国家经济规模、贸易规模、体育事业等飞速发展，首要功劳就是在特定的时间点，我们采用了适合它的各项制度。经济制度上，中国吸取西方发达国家的长处，但同时也保持着自身的独立自主和价值观；贸易制度上，我们采用了外向出口型战略（从最底层产品一步步做起，慢慢累积资本、人才和技术），而不是像当时墨西哥等国采取的进口替代战略（省去自力更生做产业链的环节，直接购买全套发达国家的中间产品和技术）；体育制度上，中国采取了最适合实际情况的举国体制，在最短时间内进入了奥运会金牌榜前三。

这样成功的领域还有很多，背后的根本原因，都是因为采用了适用的制度。而随着我国改革开放进程的推进，让各项制度匹配发展阶段就成了必要任务，比如在金融领域，近年来常提到金融供给侧结构性改革、股市注册制改革、降低小微企业融资成本等。

2. 政策层面

政策层面的影响仅次于制度层面，政策分为国际社会政策和国内政策。国内政策主要分为货币政策和财政政策。

货币政策是指中央银行为实现其特定的经济目标而采用的各种控制和调节货币供应量的方针、政策和措施的总称。货币政策的实质是国家对货币供应根据不同时期的经济发展情况而采取“紧”“松”或“适度”等不同的政策趋向。

货币政策运用各种工具调节货币供应量来影响市场利率，市场利率的变动影响投资，进而影响总需求，影响宏观经济运行。货币政策的四大工具为法定准备金率、公开市场业务、贴现政策、基准利率。

财政政策是为促进就业水平提高、减轻经济波动、防止通货膨胀、实现稳定增长而对政府财政支出、税收和借债水平进行的调节。

换言之，财政政策是指政府通过调节税收和政府支出来影响总需求，进而影响就业和国民收入的政策。调节税收可以通过改变税率和税率结构。调节政府支出是通过改变政府对商品与劳务的购买支出以及转移支付。财政政策是国家干预经济的主要政策之一。

3. 经济层面

经济层面的宏观分析也很重要，就国内而言，对各项宏观经济数据的解读就是经济层面的宏观分析。我国经济增长主要靠投资、消费和出口这三驾马车拉动，所以在对国内市场进行经济层面的宏观分析时，可以分为投资数据分析、消费数据分析和出口数据分析这三大方向。

投资还可以细分为三大方面，分别是房地产投资、基建投资和制造业投资，其中政府行为对房地产和基建影响偏大，而企业行为对制造业投资影响偏大。消费数据中，奢侈品消费可以把汽车销售作为重点参考，大众消费可以参考社会零售数据。出口数据中，可以看整体出口，也可以细分为对美出口、对欧出口、对东南亚出口等。另外，也需要参考进口数据，将出口数据和进口数据结合，可以看出贸易顺逆差情况。

4. 资金层面

资金层面的分析是宏观分析中最后一大方面。从全球视角看，资金净流入哪个国家多，这个国家中短期发展就越有潜力；从国内视角看，资金净流入哪个细分市场多，这个市场短期热度就会高。

例如，近二十年来，国内资金不断涌入房地产市场而不愿意流入股市，造成了中国长期房牛股熊的局面，目前这个格局随着资金偏好的改变正在发生变化。

这里先简单介绍宏观分析中最重要的四个层面，在第3节，我们将给大家解读宏观分析体系的具体应用。

1.1.3 国际宏观分析和国内宏观分析的区别

国际宏观分析和国内宏观分析的区别在于研究对象的规模不同。一个国家的发展，其影响因素分为国内和国外。实力和规模越小的国家，受国际因素影响越大；而实力强大、规模体量可观的国家，受国际因素影响相对小很多。

欧洲一些袖珍小国，如梵蒂冈、摩纳哥等国，其人均GDP高达16万美元以上（2018年数据），不是因为这些国家本身实力很强大，或者是技术水平非常高，而是因为它们面临的国际环境非常好、国际地位特殊，结果就是这些特定小国的人民，不需要太多努力也可以过上高水平生活。这种袖珍体量的国家发展严重依赖国际宏观大环境。

而体量再大一些的国家，比如爱尔兰，人口几百万，面积和我国海南岛差不多，人均GDP高达7.7万美元（2018年数据）。爱尔兰只是在国际分工体系中计算机行业占据了一席之地，就成功进入了发达国家行列。爱尔兰的成功，是因为赶上了全球互联网时代。但由于经济体量小，更容易受国际宏观因素的影响，例如当年欧债危机就让爱尔兰损失不轻。

而体量更大的国家，比如韩国，不论是人口规模还是国土面积，放在欧洲都能算是一个中等国家了。这种体量的国家，如果想要让国民整体生活达到发达国家水平，在一个行业发力已经不够，必须在数个行业中占据重要地位。而韩国经过数十年的努力，在半导体、汽车、造船、娱乐等行业的全球产业链中，均占据了重要位置，才勉强进入了发达国家行列，2018年人均GDP达到3.13万美元。

这种中等体量的国家，虽然已经对国际环境具有一定抵抗能力，但还是不能对国际宏观环境的变化免疫，特别是美国、中国对其的影响。也正因为韩国经济受全球宏观环境影响大，韩国被称作全球经济的“金丝雀”。

到了体量如中国、印度这样的庞大国家，如果要成为发达国家，必须在全产业链上都取得一定的地位：不论是第一产业、第二产业还是第三产业；不论是传统的电力、基建、化工、钢铁、煤炭等行业，还是新兴的互联网、半导体、芯片、卫星、新能源等行业。

大体量的国家必须在全产业链均取得领先地位，才能让本国达到发达国家的水平。美国早已实现这个目标，所以暂时领跑全球。而中国正处在努力实现这个目标的过程中，并已在多个传统行业达到了全球领先水平，诸如电力、化工、煤炭等行业，但在诸如芯片等行业还未取得关键突破。而印度则差了许多，其只是在软件行业有一定地位，不足以支撑整个国民生活水平的提高。

虽然升级全产业链的过程比较艰辛，但是当体量大的国家成功完成现代化进程后，其抵御国际风险的能力就不止提升一个档次。中国发展到现阶段，已经很难被国际宏观环境影响了，甚至中国的变化还可以影响国际环境。中国未来的发展主要在于国内的环境变化。而超级强国甚至因为有规模优势，在自身经济出现风险的时候还可以选择向国外转移风险，比如美国在2008年国际金融危机后通过多轮量化宽松向全球输出通胀。

无论是国外还是国内，针对哪一类金融产品，我们都可以先采用一个统一的研究框架，并在这个框架内进行量化分析，再根据不同区域不同市场的特性，修正研究的侧重点。

国内宏观分析，研究对象主要是国内各个市场：股市、债市、房地产市场等。在进行不同市场的宏观分析时，侧重点也不同，例如对债市进行宏观研究，首先关注的是利率；对房地产市场进行宏观研究，首先关注的是资金；如果对股市进行宏观研究，首先关注的应该是制度和政策。

1.2　常见经济数据的背后意义

国家每年都会发布各种经济数据，例如我们看到的GDP、GNP、CPI、PPI、PMI、M2、LPR利率等。这些经济指数已经影响到我们生活的方方面面和投资策略，投资者应该关注与重视这些经济指标。重要的经济数据在财经新闻里“出镜率”非常高，它们代表什么？数据的背后又反映了什么经济运行逻辑？以下我们挑选了几个比较有代表性的数据来介绍。

1.2.1　国内生产总值（GDP）

GDP即国内生产总值，是衡量经济规模的一个常用指标。GDP是指某一国（或地区）在一定时期以国家市场价格计算的，境内生产的全部最终产品和服务的总值。它反映一个国家总体经济形势的好坏，与经济增长密切相关，被大多数西方经济学家视为“最富有综合性的经济动态指标”，主要由消费、私人投资、政府支出、净出口额四部分组成。

GDP有三种表现形式，即价值形式、收入形式和产品形式。从价值形式来看，它是所有居民单位在一定时期内生产的所有商品和服务的价值与同一时期投资的所有非固定资产商品和服务的价值之间的差额，即所有居民单位增加值的总和；从收入形式看，是所有居民单位在一定时期内分配给居民单位和非居民单位的初始收入的总和；从产品形式来看，它是所有居民单位在一定时间内生产的商品和服务的价值，减去商品和服务的进口。

在实际核算中，有三种计算GDP的方法，即生产法、收入法和支出法。这三种方法从不同方面反映了GDP及其构成，理论计算结果相同。

GDP是会计系统中重要的综合统计指标，也是中国新国民经济核算体系中的核心指标，它反映了一个国家（或地区）的经济实力和市场规模。

GDP稳定增长，表明经济蓬勃发展，国民收入增加，消费能力也随之增强；反之，如果一国的GDP出现负增长，显示该国经济处于衰退状态，消费能力减弱。一般情况下，如果GDP连续两个季度下降，则被视为经济衰退。

GDP也不能简单从数字上去类比，我国的GDP增速，在这几年出现了阶段性下降，从8%以上降到6%以上，但在主要经济体中增速还是最高的。

虽然美国的GDP增速只有2%左右，但是我们的企业利润增长没有美国高，因为GDP是一个收入概念而不是利润概念，我国GDP大部分是靠低效益的投资和低端出口代工拉动的，最近几年逐步向消费和高科技转变。而美国企业比中国企业的科技含量高，所以整体利润率高。

1.2.2 消费者价格指数（CPI）

CPI即消费者价格指数，是反映家庭通常购买的消费品和服务项目的价格水平变化的宏观经济指标。

CPI衡量的是随着时间的变化，各种商品和服务200多种零售价格的平均值。这200多种产品和服务分为8个主要类别。在计算消费者价格指数时，每个类别的权重表明其重要性。这些权重是通过调查成千上万的家庭和个人所购买的产品和服务来确定的。权重每两年进行一次修改，使其与人们消费习惯改变的偏好保持一致。

消费价格的统计调查是社会产品和服务的最终价格。一方面，它与人民生活息息相关，在整个国民经济价格体系中发挥着重要作用。另一方面，它也是进行经济分析和决策，监测和控制总体价格水平以及进行国民经济核算的重要指标。CPI的变化率在某种程度上反映了通货膨胀或通货紧缩的程度。一般认为通货膨胀是在价格全面、持续上涨时发生的。

总体而言，CPI的高低直接影响国家宏观调控措施的出台和力度，例如中央银行是否调整利率和准备金率。同时，CPI水平也间接影响资本市场（例如股票市场、期货市场、债券市场）。

CPI与就业情况（非农业）相结合，已成为金融市场研究的另一项热门经济指标。由于通货膨胀是影响消费的重要因素，因此CPI会影响每个人。一个人花多少钱购买商品和服务会影响企业的运营成本，影响个人或企业的投资，并影响退休人员的生活质量。CPI的高低和预测也一定程度上影响政府的财政政策。

CPI对经济和生活的影响重点体现在以下方面：

1. 测量通货膨胀或通货紧缩

CPI是衡量通胀的重要指标。通货膨胀是价格普遍持续上升。CPI可以在一定程度上显示通货膨胀的严重程度，一般来说，当CPI大于3%时，代表可能有通货膨胀；如果CPI小于1%或者连续下降，则表明有轻微通货紧缩。

2. 国民经济核算

在国民经济核算中，需要各种价格指数，例如消费价格指数（CPI），生产者价格指数（PPI）和GDP平减指数，GDP计算中排除了价格因素的影响。

3. 合同指标调整

例如，在薪资谈判中，如果员工希望薪金名义增长率可以等于或高于CPI，他可能会要求名义工资随着CPI的增加而自动调整。调整的时机通常在发生通货膨胀之后，幅度可能等于或者高于实际通货膨胀率。

4. 反映货币购买力的变化

货币购买力是指单位货币可购买的消费品和服务的数量。CPI上升，货币购买力下降；CPI下降，货币购买力上升。CPI的倒数是货币购买力指数。

5. 反映对实际工资的影响

居民消费价格指数上升意味着实际工资下降，居民消费价格指数下降意味着实际工资上升。因此，CPI可用于将名义工资转化为实际工资。

1.2.3 PMI 指数

PMI指数是采购经理指数，是通过对采购经理的月度调查汇总出来的指数，它能够代表该月经济景气程度，能反映经济的变化趋势。

PMI是一套月度发布的、综合性的经济监测指标体系，分为制造业PMI、服务业PMI，也有一些国家建立了建筑业PMI。PMI指数以50%为荣枯分水线，高于50%代表经济为景气向上状态，反之低于50%代表该月经济不景气。

制造业及非制造业PMI商业报告分别于每月第一个和第三个工作日发布，大大超前于政府其他部门的统计报告，所选的指标又具有先导性，所以PMI已成为监测经济运行的及时、可靠的先行指标，得到政府、商界与广大经济学家、预测专家的普遍认同。

国际上，PMI指数体系无论对政府部门、金融机构、投资公司，还是对企业来说，在经济预测和商业分析方面都有重要意义。PMI指数作为预测经济的重要工具，已成为美联储、华尔街、道琼斯通讯社、路透社等经济组织广为应用、传播的重要信息。

1.2.4 广义货币供应量（M2）

广义货币供应量（M2）是指流通于银行体系之外的现金加上企业存款、居民储蓄存款以及其他存款，它包括一切可能成为现实购买力的货币形式，通常反映的是社会总需求变化和未来通胀的压力状态。

我国现行对货币层次的划分是：

M0=流通中现金；

狭义货币M1=M0+可开支票进行支付的单位活期存款；

广义货币M2=M1+居民储蓄存款＋单位定期存款＋单位其他存款+证券公司客户保证金；

另外还有M3=M2+金融债券+商业票据+大额可转让定期存单等。

其中，M2减M1是准货币，M3是根据金融工具的不断创新而设置的。

M0、M1、M2、M3都是用来反映货币供应量的重要指标。M1反映经济中的现实购买力，M2同时反映现实和潜在购买力。

近年来，很多国家都把M2作为货币供应量的调控目标。M2的增长速度，往往能影响CPI等通胀指标，也能影响市场的流动性。M2和CPI、流动性指标等都是正相关关系。

也有观点认为我国M2的增长与一线城市房价涨跌互为因果关系，其逻辑大致为：M2高增长，流动性宽松，房贷宽松，购房者房贷资金流向卖房者（开发商或个人）形成存款，存款增加进一步提供房贷。

如2012年1月M2增速创阶段低点12.4%；2015年4月创前期低点10.1%，2017年5月再创历史新低9.6%。有意思的是，2016年7月一线城市房价同比涨幅阶段性回落到29.3%，当月M2涨幅也创2016年年内低点。

我国对M2增速的调控有自己的逻辑。那就是分阶段把握货币政策的力度、节奏和重点，目前是保持流动性合理充裕，实现M2和社会融资规模增速与名义GDP增速的基本匹配，并且可以略高一些。大家看到2020年2月M2同比增长8.8%，社会融资规模存量同比增长10.7%。

1.2.5 利率

利率是指借出、存入或借入金额（本金总额）中每个期间到期的利息金额与票面价值的比率。借出或借入金额的总利息取决于本金总额、利率、复利频率、借出、存入或借入的时间长度。利率是借款人需向其所借金钱支付的代价，也是放款人延迟其消费，借给借款人所获得的回报。利率通常以一年期利息与本金的百分比计算。利率分为名义利率和实际利率，实际利率随价格水平预期变化而调整。

由于利率变动对经济有很大影响，各国都通过法律、法规、政策的形式，对利率实施不同程度的管理。国家往往根据其经济政策来干预利率水平，同时又通过调节利率来影响经济。

总之，决定利率及影响利率变动的因素很多很复杂，最终起决定作用的是一国经济活动的状况。因此，要分析一国利率现状及变动，必须结合该国国情，充分考虑该国的具体情况，根据不同特点分别对待。

中央银行在制定存款利率水平时，主要考虑以下几个因素：

物价变动率。在制定存款利率时，考虑物价变动因素，是为了保障存款人不致因物价上涨而使存款的实际货币金额减少。

证券收益率。确定存款利率时要考虑证券收益率，因为人们对闲置货币资本的支配方式有多种选择，可以保留在手边，可以存到银行，可以购买国券或企业股票、债券等。

综上所述，可得出理想状态为：物价变动率 < 银行存款利率 < 有价证券收益率。

我们一般接触到的利率主要是法定基准利率和LPR利率。基准利率是人民银行公布的，是人民银行调控金融市场的工具，一般不会经常变动。而LPR是贷款市场报价利率，是一个市场化的利率，每个月都会发生变化，能够更准确反映市场上贷款利率的变化。

1. 法定基准利率

我们日常生活中常常听到的降息、加息，都是以这个基准利率为调整标准。法定基准利率分为存款基准利率和贷款基准利率。

以央行2015年10月24日公布的基准利率为例说明：

贷款基准利率：1年以内（含1年），年利率4.35%；1年到5年（含5年），年利率4.75%；5年以上，年利率4.90%。

公积金利率：5年以内（含5年），2.75%；5年以上，3.25%。

贷款基准利率是央行制定的，给商业银行的贷款指导性利率，并非实际的贷款利率，通常实际贷款利率会高于法定基准利率。

2. LPR 利率

LPR的计算方法由18家银行共同报价产生，计算方法为去掉一个最高价和一个最低价，最后算术平均得出，每月20日重新报价计算，可以简单解读为，这是一个市场化利率。

所以，LPR利率取决于市场供需关系的平衡过程。市场化定价，这个利率既有可能降低，也有可能提高。

2020年3月贷款市场报价利率（LPR）为：1年期LPR为4.05%，5年期以上LPR为4.75%。

1.2.6 经济增长三驾马车

改革开放40多年来，中国经济飞速增长，投资、出口、消费三驾马车功不可没。曾经出口是中国经济增长的主要动力，近年来我国经济由外需向内需推动转型，消费和投资是主力。2019年，消费、投资和出口三驾马车分别贡献了中国经济增长的57%、32%和11%。从对GDP的贡献率来看，进出口是最小的马车，而消费这驾马车则是拉动中国经济增长的主力。

与三驾马车有关的宏观数据。与投资相关的重要数据有房地产投资增长同比、基建投资增长同比和制造业增长同比；与消费有关的重要数据有汽车销售增长同比、社会零售总额、双11销售额等；与出口有关的重要数据有出口同比和进口同比等。关注经济增长的动力就需要关注这三驾马车的数据变化和占比，了解经济发展的质量和趋势。

能反映国民经济运行状态的宏观数据有很多，除了刚刚介绍的GDP、CPI、盈利能力以外，还有利率、社会融资总额、人均可支配收入等，这里我们不一一详细介绍，有兴趣的投资者可以去关注与宏观经济相关的书籍。

1.3 宏观四面分析模型

无论是国内市场还是国际市场，股市、债市还是房地产市场，宏观分析都可以从制度层面、政策层面、经济层面和资金层面这四个维度分析，因此投资者可以建立便于宏观研究的四面分析模型。本节以我国的股市为例，来展现宏观四面分析模型的具体应用。

1.3.1 宏观四面分析模型

针对股市的宏观分析，按四面模型分为制度面、政策面、经济面和资金面。其中，制度面对股市的影响是长期的，时间周期按年度以上计算。而政策面和经济面对股市的影响，按时间级别划分算是中长期的，时间周期按季度以上计算。而资金面对股市的影响是短期的，时期周期以月度以下计算。

首先，我们来分析最重要的制度面。

一直以来，中国A股就被定位为一个“新兴加转轨”的市场。之所以这样定位，是因为中国股市相对海外市场而言，诞生于“有特色的社会主义”背景下，其制度安排也具有自身的独有特点。主要体现在两方面：一是上市公司的股权制度，二是证券市场的准入制度。这特有的制度安排决定了A股运行节奏也有别于海外市场，有着其自身特有规律。

过去，A股的制度安排一直比较稳定，没有太大的变动。2019年，根据监管层的部署，迎来了制度层面的重大变革，即在“市场准入制度”方面，在沪市新设立的科创板中实施“注册制”。另外，在股市退出制度上，针对有财务造假、重大违法行为的上市公司，证监会加强了退市的力度。

其中，“注册制”是针对新股发行制度的市场化改革。相对目前实施的“审批制”而言，“注册制”使公司申请上市的门槛降低，但监管加强，信息披露要求更真实、充分，其目的是将企业上市融资的权限交给市场，监管层只负责市场秩序的维护。

“注册制”虽然是针对新股发行制度的重大改革，但对A股的影响又不仅仅限于发行范畴，而是对“市场准入制度”的一系列改革。因为新股上市制度改了，新股上市容易了，那么后续的监管制度、退市制度等都必须配套改善。否则，只进不出，或者说上市后监管跟不上导致欺诈行为横行，对A股正常秩序无疑会带来灾难性后果，从而也使得“注册制”的推出可能失败。从这一点上说，“注册制”的推出对A股“市场准入制度”改革起到了牵一发而动全身的作用，也有助于价值机制效应的发挥。

如果“注册制”能成功推行下去，市场会对管理结构完善、信息发布透明、经营业绩稳健的公司追捧，对经营不规范、有欺诈行为、业绩差的公司抛弃。好公司就会有好的市场表现、差公司只能有差的市场表现，这有利于资源实现最佳配置，对A股长远、有序、高效运行有着重大积极作用。

但短期的实际情况是，目前A股市场的上市公司很多质量不高，信息披露不够充分，二级市场上也是炒亏、炒重组的投机氛围盛行，“注册制”的推出无疑会对公司质量及二级市场投资行为构成双重冲击，垃圾公司的业绩及股价都面临进一步下行的压力。

那既然“注册制”的推出会对市场造成短线冲击，那为什么监管层还坚持推动?

这里就体现了监管层的高瞻远瞩。因为“注册制”作为证券市场的一项重大制度变革，是对既有制度弊端的一种根除，是对健康机理的一种完善。就好比面对一个病人，要想治愈疾病，吃药、打针甚至动手术都是在所难免的。短期虽然痛苦一点，但是为了长远健康，这个过程是必须要经历的。对于这一点，广大投资者要有理性而正面的认识。

其次，在政策层面上，当前我国政府治理宏观经济，奉行的是逆周期调节理论。因此，在实体经济增速下滑的背景下，宏观调节政策方面面临着放松预期。2018年之前官方在“政策原则”方面表态是“去杠杆、严监管”，但在中美贸易争端升级后，2018年4月17日央行在维持存款准备金率两年不变的情况下第一次降准，意味着宏观政策开始发生变化。

2018年至今央行多次降准降息，表明货币政策已经发生实质性变化，政策由“去杠杆”转变为“稳杠杆”，由“严监管”转变为“松紧适度”。至此，政策监管原则转向已经非常明确，这对股市无疑是正面刺激的。

接下来我们从定量方面来分析政策面转向的力度如何，是否足以对抗经济增速下滑所带来的压力。

历史上面对经济下滑，宏观政策一般都以“宽松货币政策+积极财政政策”来应对，同时推行积极的行业政策。自2008年国际金融危机以来，在国内，政府具体用到的主要手段有降准降息、基建及地产刺激。经过一轮接一轮的政策刺激，市场流动性充足，资金成本持续下降，基建投资增速最高曾达40%（近几年回落到10%以下），房地产价格也处于历史高位。

另外还要注意一个指标：宏观杠杆率。虽然官方没有正式公布数据，但中国人民银行前行长周小川撰写的《守住不发生系统性金融风险的底线》一文中披露，“截至2016年末，我国宏观杠杆率为247%，其中企业部门杠杆率达到165%，高于国际警戒线”。最近几年，政府一直在强调去杠杆，预计杠杆率不会进一步上升。因此，时间虽然已经过去了三年多，但247%的杠杆率还是具有参考性的。

所以，面对经济增速继续下滑、宏观杠杆率高企的情况，虽然央行采用各种手段降息降准，但放松基建和房地产的空间都有限，特别是房地产，当前已经明确了“房住不炒”的基本方针。所以，我们看到，虽然紧缩的政策调控方向早已经放松，但政府实际采取的措施，除了降准持续外，其余方面都没有太大动作。非不愿也，实不能也。

在常规动作空间有限的情况下，政策突破还有另辟蹊径的方式，比如在宏观政策方面推出“减税让利”及在微观层面推出“改善企业经营环境”。前者属于积极财政政策的另一种做法（相对政府支出而言），目的是降低企业经营成本，后者属于市场基础机制建设，目的是减少企业经营障碍。两者的最终方向都是增强企业活力、提高生产效率，属于激发市场自我发展潜能的动作。但这种做法一方面受利益牵制（如减税降费后会降低财政收入，减少政府投资），另一方面花费时间长，见效比较慢。

综合以上情况分析，面对实体经济下滑局面，政府会采取一系列刺激政策积极应对。但由于历史原因及部分政策本身属性的限制，政策最终效应有限，想要短时间内扭转经济下行趋势有一定的困难。

但有没有可能，在流动性宽松的环境下，资金进入实体经济效益不明显，转而流入证券市场等虚拟经济，打造新一轮慢牛市行情？

其实最终还是要看监管层态度。到目前为止，所有的政策调整基本都还是针对实体经济，针对股市的除了一个“鼓励上市公司回购”之外没有任何实质性举措，所以还不能断定股市政策也开始转向积极。

况且之前经历了2015年“股灾”洗礼，政策方面的动作预计会更加小心。目前，我们还是遵循“政策刺激经济向好，惠及股市走牛”的传统逻辑去预测、投资。面对实体经济下滑的局面，政策会发挥逆周期调节作用，但出台的措施还能有多大力度，还需拭目以待。

对于经济层面，我国近些年GDP增速呈下降趋势，当下已面临保不保得住6%的压力，背后原因可以从终端需求的三驾马车入手。2019年全年累计进出口总额同比增长3.4%（上年同期增速是9.7%）、消费增速8.0%（上年同期9.1%）、投资增速5.4%（上年同期5.95%）。可以看出，一年多来，出口、消费、投资增速都是下滑的。

就2020年而言，以上三方面分别做出定性分析如下：

1. 消费增速由于缺乏弹性，尽管下滑，但维持平稳可期。

2. 投资方面，2019年整体固定资产投资增速比2018年略有下滑，2020年第一季度国民经济受疫情影响巨大，预计后三个季度我国会在基建投资上大幅加码，而房地产政策也有可能略有放松，以保证2020年的宏观经济目标。

3. 出口目前已经受到中美贸易争端影响，但是2019年末两国签订第一阶段协议，中美贸易摩擦暂且缓和。在未来的一段时间内，预计中美贸易摩擦不会再升级，这也给中国带来了一个缓冲时期。但是，美国对中国征收的关税还未完全解除，所以2020年中国出口很难大幅复苏，见表1-1。

表 1-1 未来两年进口情况预测

类别	未来两年进口增量（亿美元）			进口绝对额（亿美元）		
	2020 年	2021 年	合计	2020 年	2021 年	合计
制成品	329	448	777	1200	1319	2519
农产品	125	195	320	400	400	800
能源	185	339	524	301	455	756
服务	128	251	379	999	1122	2121
合计	767	1233	2000	2900	3296	6196

数据来源：Wind。

制表：大唐财富。

综合来看，2020年中国经济不确定性因素主要来自房地产投资及对外贸易。从目前发展态势看，假定房地产调控不放松、中美贸易争端不解决，那么房地产投资增速及出口增速都有下滑的压力，势必会拖累整体经济增速下滑。就定性分析而言，2020—2021年，经济增速延续下滑的概率大。

最后看股市的资金面，资金面主要影响股市的短期走势。在短期资金变化比较大的情况下，会对股市走势形成一定冲击。但市场资金是选择流入还是流出，绝大多数时候是和制度面、政策面或经济面的变化相关的。

当制度、政策或经济层面发生利好的变化时，资金大概率会在短期净流入市场；反之，当制度、政策或经济层面发生利空的变化时，资金大概率会在短期净流出市场。

以上介绍了影响股市宏观层面的四大维度：制度面、政策面、经济面和资金面。当下股市运行现状代表着对宏观四大层面的客观反映，每当一个层面发生变化，股市的运行轨迹也会随之改变。而正因为四大层面时时刻刻都有可能发生改变，这才造就了万千变化、永不定型的A股市场。

1.3.2 事实和预期

每当制度、政策、经济或资金层面发生变化时，股市走向就会发生相应变化，这里会涉及一个“事实和预期”的问题。事实，是指已经发生的事件、已经公布的数据或已经颁布的政策等；预期，指市场预计会发生什么事件、未来要公布的数据最有可能是多少、预计要颁布的政策等。

制度面的重大变量有发行制度、退市制度、交易制度和其他制度；政策面主要有两大变量：货币政策和财政政策；经济面的变量来自“三驾马车”这三个方向；资金面主要来自“国家队”、产业资本、外资、代表杠杆资金的融资融券等。

事实和预期，都会对市场产生影响，而预期的作用会提前于事实，因为市场总是跟随预期走的。市场先是对未来进行预测，当事实落地符合预期的判断的时候，预期落地，市场大概率不会剧烈变化；如果事实落地不符合之前的预期判断，市场大概率会剧烈调整，朝着事实指向的方向波动。但在一个事实落地后，此时市场便会立马继续对更远的未来进行预测，带动市场朝着新的预期方向继续变化，而再接着验证新的事实。如此不断往未来演绎，永不停止。

1.4 运用四面模型分析宏观形势

2020年是我国全面建成小康社会的收官之年，意味着我国会同时注重增加绝对经济规模和提升增长质量。但近年我国经济增长速度呈持续下滑趋势，这意味着2020年我国将会实施更多的逆周期调节政策。

下面，我们从制度面、政策面、经济面和资金面这四个层面，来分析我国宏观经济运行状态。

1.4.1 制度面：高瞻远瞩的金融供给侧结构性改革

金融供给侧结构性改革是2020年资本市场主轴。

资本市场在金融运行中具有牵一发而动全身的作用，于2017年逐步推进的金融业供给侧结构性改革，侧重于以银行业为主体的间接融资体系，从而影响以资本市场为主体的直接融资体系。通过改善金融供给、优化金融结构，实现降低融资成本、提高配置效率、提高金融供给满足实体经济金融需求的能力、防控系统性金融风险、促进经济金融持续健康发展。

在2019年2月22日中共中央政治局关于“完善金融服务，防范金融风险”的第十三次集体学习中，习近平总书记提出“要建设一个规范、透明、开放、有活力、有韧性的资本市场，完善资本市场基础性制度，把好市场入口和市场出口两道关，加强对交易的全程监管”。

在总书记高屋建瓴提出建设规范、透明、开放、有活力、有韧性的资本市场的基础上，经过一年的政策储备酝酿，未来以资本市场建设为目标的金融供给侧结构性改革也将加快进度。

金融业供给侧结构性改革具体包括五大任务：稳总量、调结构、防空转、控风险、补基础。

监管机构应在稳定增加权益需求即长期资金供给的同时，均衡增加权益供给，而不能在增量资金有限的情况下单边增加新股与再融资供给。只有在合理可持续的权益盈利效应下居民才会愿意持续增加权益财富比重。企业盈利增长和市场财富效应是美国居民财富中的权益类资产占比33%长期高于房地产占比27%的首要因素。

比较全球四大主要经济体2018年居民财富大类资产分布（见图1-1）：中国居民财富的财产性资产中房地产占比为70%，债券等固收类资产占比27%，股票和基金等权益类资产占比仅3%，同年美国为27∶40∶33，日本为27∶60∶13，欧元区为57∶31∶12。通过金融产品供给侧结构性改革和实质转变替代横向改革，未来居民财富结构将面临重大调整，未来几年房产占居民财富比例将缩小，而债券和权益占居民财富比例将扩大，其中权益占比的增长速度将快于债券。

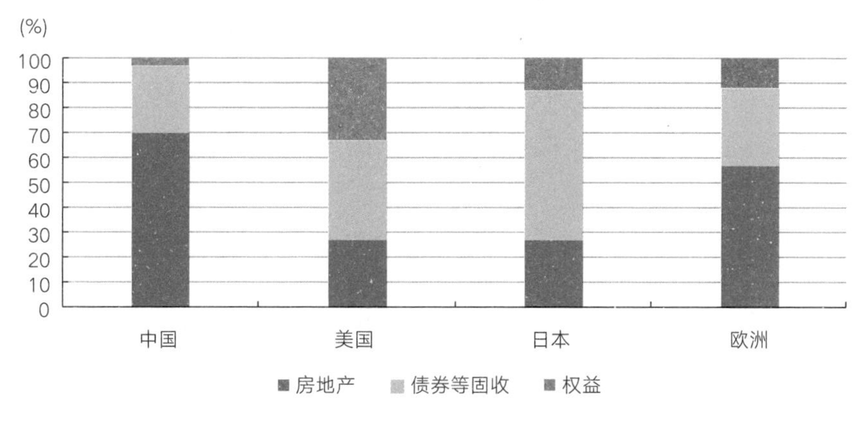

图 1-1 主要国家资产配置比例

数据来源：Wind。

制图：大唐财富。

金融监管部门应鼓励商业银行成为债券市场的主要结构性投资者和股票市场上的合理结构性固定收益基金提供者。股权分置改革完成后，中国直接融资在社会融资中的比重从2002年的5%上升到2007年的11%。在过去的10年中，中国直接融资的比重保持在15%左右，其中股权融资规模只有5%。而美国的股权融资占社会融资规模的80%左右。

商业银行的资产管理子公司可以增加对证券公司、基金和保险等机构投资者的固定收益产品和结构化股权产品的认购规模，这将有助于调整中国的整体融资比率。

金融供给侧结构性改革的重要目标是降低全社会的债务融资成本，有效激励实体经济减轻其负担，增加利润，增加对技术创新公司的研发投入，增加上市公司的利润并增加其利润来源。

中央政府在推进金融供给侧结构性改革时，应鼓励国有资本利用低成本融资能力，根据行业需求筹集资本，增减股本。国有资本应逐步认购技术创新行业上市公司的权益，并通过大宗转让，适当增加充分竞争行业中稳定盈利的公司的股权供应。

近两年来，随着外资流入A股的持续趋势，我们需要重视国内外股票基金的发展，增加外国股票基金的供给。如果监管机构关注外资供应的增加，那么外资在中国优质上市公司股权中的比例将进一步增加。像韩国的三星一样，本地领先的高科技公司也受到国际资本的控制，而中国则需要提前计划。

未来几年，全球机构投资者将被迫增加对中国资产的配置，首先是从严重低估的新兴市场指数的过渡权重0.5%到仍然较低的正常权重1%。随着中国在MSCI新兴市场指数中的比重接近中国GDP的30%和全球新兴市场GDP份额（中国的增量份额约为45%），全球投资者被动配置中国资产的比例将会越来越大。

1.4.2 政策面：基建托底经济下限、科技力争国运上限

2019年第一至第四季度中国GDP增速为6.4%、6.2%、6.0%、6.0%，呈下滑趋势，第三、四季度创1992年GDP季度核算以来新低。未来中国经济增速或步入5时代，但相比同期全球其他国家依然很优秀（见图1-2）。

消费、投资、出口三驾马车近两年全面疲软（见图1-3）：消费受居民收入

增速放缓和高杠杆率抑制，2019年10月社会消费品零售总额增速创2003年以来新低。1—10月社会消费品零售总额消费累计同比增长8.1%，较上年全年下滑0.9个百分点。

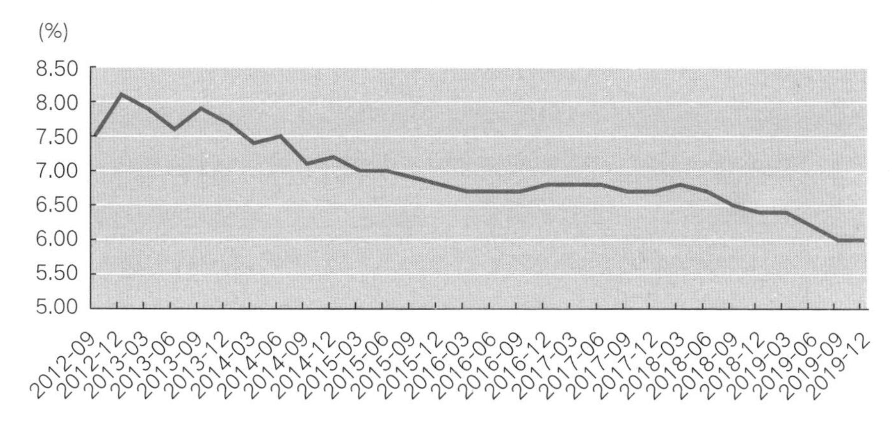

图 1-2　2019 年第三、四季度 GDP 增速创 1992 年以来新低

数据来源：Wind。

制图：大唐财富。

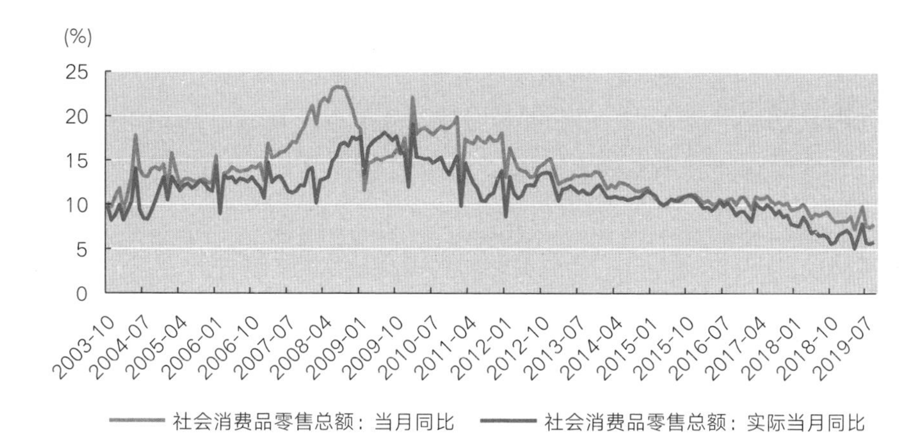

图 1-3　近几年消费持续低迷

数据来源：Wind。

制图：大唐财富。

投资不振，基建反弹弱，制造业投资低迷，房地产投资缓慢下行（见图1-4）。2019年1—12月，全国固定资产投资（不含农户）551478亿元，比上年增长5.4%，其中基建投资反弹力度弱，受土地收入下行和严控隐性债务制约；制

造业投资持续低迷，主因出口受冲击，PPI通缩加剧、企业利润承压，企业中长期贷款占比偏低；房地产融资全面收紧、销售降温、土地购置负增长，房地产投资将缓慢下行。出口受全球经济增长放缓和中美贸易摩擦冲击负增长，1—12月累计同比增长0.5%。

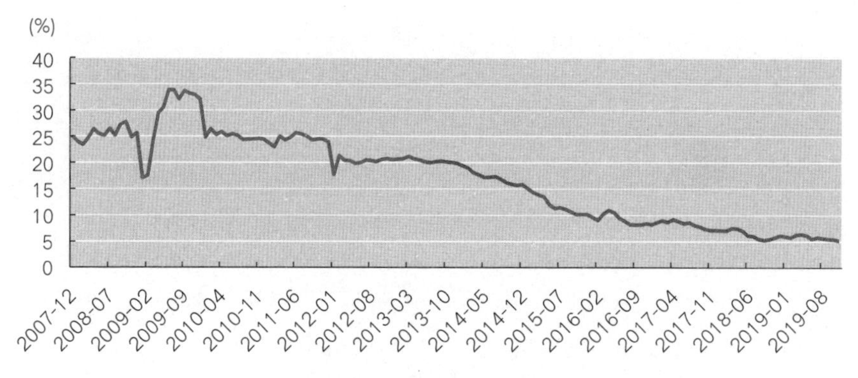

图 1-4　2019 年制造业投资和基建投资增速低迷

数据来源：Wind。

制图：大唐财富。

当前资金环境整体依然偏紧，除去猪肉等肉类上涨因素以后都是通缩，而工业PPI持续下行、企业实际利率上升。从货币环境看，2019年央行3次降准，11月下调MLF利率和OMO利率，LPR利率多次下调，但实际利率仍不断上升。

从M2-GDP-CPI增速看，2019年前三季度M2增速略低于名义GDP增速；从贷款增速–GDP增速看，存量贷款规模增速与GDP增速之差处于历史低点，信用创造不足；从贷款加权利率–PPI增速看，实体经济实际利率持续上行。11月M2同比增8.2%，较上月下滑0.2个百分点；社融存量同比增10.7%，与上月持平。

从物价水平看，11月CPI同比上涨4.5%，较上月大幅提高0.7个百分点。主因11月猪肉价格同比上涨110.2%，带动相关食品价格上涨。但核心CPI同比上涨1.4%，较上月下滑0.1个百分点。11月PPI同比上涨–1.4%，降幅较10月收窄0.2个百分点，工业品持续通缩（见图1-5）。

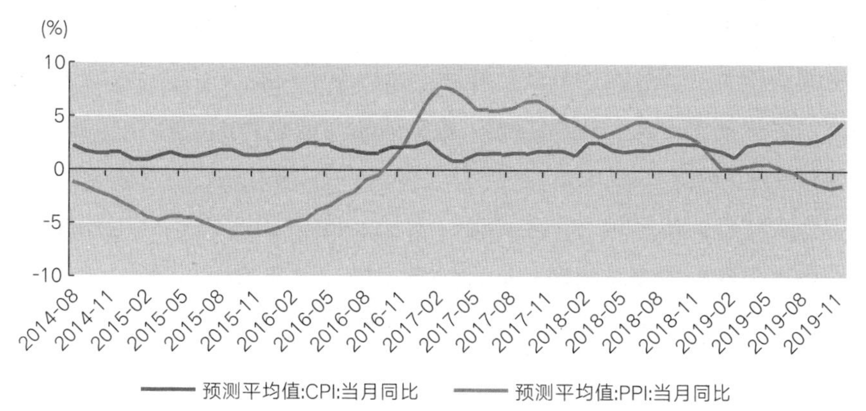

图 1-5　CPI 通胀与 PPI 通缩并行

数据来源：Wind。

制图：大唐财富。

2019年中央经济工作会议提出“保持经济运行在合理区间，确保全面建成小康社会和‘十三五’规划圆满收官”，对于全面建成小康社会，2018年为“承上启下的关键一年”，2019年是“关键之年”，2020年是“收官之年”，意味着稳增长放在更加重要的位置。

由于第四次全国经济普查上修2018年GDP，2020年实现“翻番”目标的压力有所缓解，但仍要求GDP达到5.9%。因此，中央经济工作会议再提“六稳”。

2019年新增城镇就业绝对数完成较好（见图1-6），但是制造业和服务业PMI就业分项均为十年低点，显示就业形势严峻，“稳就业”依然被放在首位，2019年中央经济工作会议强调“要稳定就业总量，改善就业结构，提升就业质量，突出抓好重点群体就业工作，确保零就业家庭动态清零”。

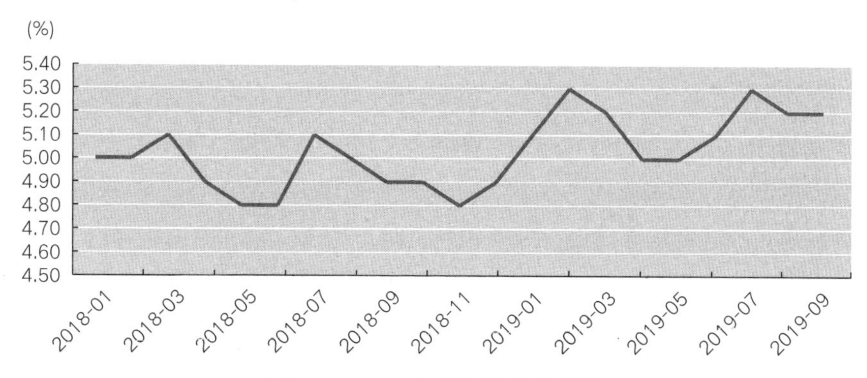

图 1-6　2019 年我国城镇失业率

数据来源：Wind。

制图：大唐财富。

决策层在近期会议中弱化了防范化解重大风险，不仅在表述上有所调整，而且将其从三大攻坚战的首位调至最后。2019年中央经济工作会议认为，“我国金融体系总体健康，具备化解各类风险的能力。要保持宏观杠杆率基本稳定，压实各方责任”。

不提去杠杆，不提地方债务风险，对比2018年中央经济工作会议提出“要坚持结构性去杠杆的基本思路，防范金融市场异常波动和共振”，2019年4月19日政治局会议提出“坚持结构性去杠杆，在推动高质量发展中防范化解风险”，7月30日政治局会议不再提。

因此，2020年政策将以稳杠杆而非去杠杆为目标，减少对经济的冲击。在三大攻坚战的表述上，脱贫攻坚放在第一位，不仅肯定了前期金融监管的成果，而且将防范化解风险调整至三大攻坚战的末位。

2019年1—12月，全国固定资产投资（不含农户）551478亿元，比上年增长5.4%，增速比1—11月加快0.2个百分点。从环比速度看，12月固定资产投资（不含农户）增长0.44%。其中，民间固定资产投资311159亿元，比上年增长4.7%，增速比1—11月加快0.2个百分点。本轮基建投资反弹主要由水电燃气和水利环保行业支撑。

国务院下调基建资本金比例，财政部提前下达1万元新增专项债限额，中央经济工作会议强调发展新型基建，2020年发挥基建稳投资作用。2019年11月27日，财政部提前下达2020年部分新增专项债务限额1万亿元，相当于2019年新增专项债务限额2.15万亿元的47%，同时将港口、沿海及内河航运项目最低资本金比例由25%下调至20%，将在2020年初稳投资。2019年中央经济工作会议强调发展新型基础设施建设，不是传统的“铁公基”，而是能够优化供给结构、惠民生、补短板的领域。

会议提出“加强战略性、网络型基础设施建设，推进川藏铁路等重大项目建设，稳步推进通信网络建设，加快自然灾害防治重大工程实施，加强市政管网、城市停车场、冷链物流等建设，加快农村公路、信息、水利等设施建设”。

积极财政、政策性金融债、下调部分基建项目资本金比例等将支持基建反弹，但受到地方公共财政吃紧、土地财政大幅下降和严控隐性债务的制约而反弹幅度有限。一旦大规模的减税降费落地后，地方财政收入同比迅速下行，且当前PPI持续下滑、企业盈利承压将进一步导致税收收入下行。

中国经济正处于调挡换速的关键阶段，而中国人均GDP也即将跨过1万美元，未来几年也是摆脱中等收入陷阱的关键几年。参照全球其他国家经验，国家经济增长在调挡换速的关键期，并不会天然存在一个“底”，而是需要我国从上而下有一套行之有效的政策，才能让经济最终企稳回升、跨越中等收入陷阱。

而我国在政策上对于大基建的重视，即是托起我国经济增长的底部，不至于让我国经济增速下滑过快、出现大滑坡的情况。而在中美贸易争端升级之前，我国政府对于攻克高新科技、产业链升级已经有全面布局。如果说基建是为了保证当前我国经济增长的下限，那么科技突破和产业链升级就是提升未来我国经济发展的上限。

2019年末的会议相比于上年的经济工作会议和7月30日政治局会议，“科技”一词的出现频度明显提升，共计出现六次。除将“让各类市场主体在科技创新和国内国际市场竞争的第一线奋勇拼搏”作为一项重要认识加以总结外，还将“深化科技体制改革”作为“着力推动高质量发展”的一项具体举措。此外，会议还提及“发挥国有企业在技术创新中的积极作用”，2020年国有企业在科技研发上的投入或将进一步加大。

未来，在新一代信息技术产业、高档数控机床和机器人、航空航天装备、海洋工程装备及高技术船舶、先进轨道交通装备、节能与新能源汽车、电力装备、农机装备、新材料、生物医药及高性能医疗器械等十个重点领域，国家的扶持力度有望继续加大。

1.4.3 经济面：2020 年是全面建成小康社会和“十三五”规划收官之年

在全球经济体普遍徘徊在衰退与复苏的边缘之际，欧日强国已经增长乏力，GDP增速徘徊于1%左右。仍维持GDP增速6%以上的中国与印度等少数几个发展中大国和2019年GDP增速2.5%的美国是延缓全球衰退到来的主要力量。

尽管中央经济工作会议从来不提GDP增速目标，但增速目标一般会在来年的两会上见分晓。

不管是财政政策还是货币政策，在实施过程中都会体现“乘数效应”：1块钱政府开支的扩张能带动几块钱总需求和总产出的扩张。同样，需求的萎缩（不管是政府的需求还是民间的需求）也会有乘数效应，会带来更大幅度的总需求萎缩。此时，如果政府放任经济下滑，经济向衰退方向的自我强化之恶性循环将被开启，经济状况将会恶化至大规模企业倒闭、大规模工人失业的境地。

所以我们认为，2020年政府大概率还是会把增速目标定在“6”及以上。尽管GDP目标早就被定位为“预期性目标”而非“约束性目标（如能耗指标）”，但从中央政府到地方政府依然非常看重这一指标。而2020年是全面建成小康社会和“十三五”规划的收官之年，而建党一百周年的历史性时刻也将到来。这是我国政府即将向全国人民乃至全世界交历史答卷的重要时刻，2020年中央对GDP增长指标很难放松要求，但大概率会比2018年低。

首先，从2015年至2019年，政府工作报告提出的GDP目标，分别为7%左右，6.5%~7%，6.5%左右，6.5%左右，6%~6.5%，除了2017年和2018年两年GDP增速目标都是6.5%外，其余年份的目标都是下调的。例如，2018年末的中央经济工作会议认为，中国经济“稳中有变，变中有忧”，2019年中央经济工作会议也认为“经济下行压力加大”，而世界经济增长持续放缓，“全球动荡源和风险点显著增多”，这就构成了2020年下调增速目标的理由。

其次，2020年是实现全面小康之年，尽管GDP翻番目标只要实现5.6%左右的增速便可，但毕竟还要实现消灭“绝对贫困”。因此，无论是之前的政治局会议，还是2019年末中央经济工作会议，都把“脱贫”移到了三大攻坚战中的最前面。要确保脱贫，就不能让经济失速，故6%的增速还是要确保的。

最后，2019年中央经济工作会议有四处提到就业，上年只提到一次，可见2019年经济增速的下移和贸易纷争下的经济转型，对于就业带来明显压力，尤其在部分低端产业外迁的背景下，低端劳动力的就业压力更大，而这些人恰恰是脱贫对象。

因此，会议提出：“要稳定就业总量，改善就业结构，提升就业质量，突出抓好重点群体就业工作，确保零就业家庭动态清零。”2008年美国次贷危机波及中国之时，提出“保8”，逻辑实际上也是为了保就业。如今，“保6”的逻辑，应该也与稳就业有很大相关。

近期房地产市场局部放松，由全面收紧政策改为“一城一策”；汽车销售有望触底，国民消费和内需有望企稳。在经济数据上，2019年11月中国PMI重回扩张区间，社融数据也企稳回升。叠加2020年是有特殊历史意义的一年，中央将大概率推出其他稳增长政策，除去疫情影响的第一季度，2020年中国经济后三季度增速不是没有反超2019年同期的可能（见图1-7）。

只看到中国增速在减缓就对宏观经济悲观的投资者，还要看到中国2018年新增8万亿元占据了全球GDP增量的三分之一。部分宏观研究者在现阶段散布宏观趋势悲观情绪的做法实际意义不大，若非别有用心就是缺乏大局观。

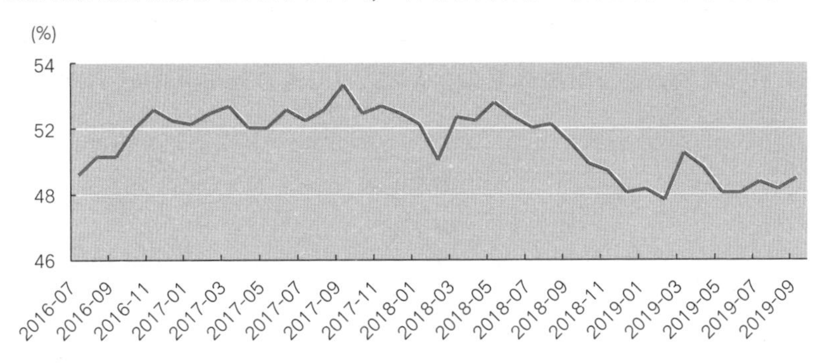

图 1-7　PMI 走势

数据来源：Wind。

制图：大唐财富。

投资者看不清大趋势，就会在趋势底部离场。对全球机构投资者而言，不下注中国资产只下注美国资产是重大战略方向性失误，两边下注中美双方高安全性与合理回报的优质资产是最优选择。对于国内投资者而言，我们应该坚持主投国内资产，以获得较高的长期年化收益；辅以优质境外资产，弥补国内资产短板。

1.4.4　资本面：中美两国依然是国际资本最青睐的国度

一个经济体如果能稳定获得资本的流入，其经济想不继续发展都难。中国近些年是对国际资本最具吸引力的国家之一，而中国最大的竞争对手就是美国。

三元悖论

三元悖论（Mundellian Trilemma），也称三难选择(The Impossible Trinity)，是由美国经济学家保罗·克鲁格曼（一说蒙代尔）就开放经济下的政策选择问题所提出的，其含义是：在开放经济条件下，本国货币政策的独立性(Monetary Policy)，汇率政策(Exchange Rate)，资本的自由流动(Capital Mobility)不能同时实现，最多只能同时满足两个目标，而放弃另外一个目标来实现调控的目的。

“不可能三角”（见图1-8）则形象地说明了“三元悖论”，即在资本流动、货币政策的独立性和汇率制度三者之间只能进行以下三种选择：

（1）保持本国货币政策的独立性和资本的完全流动性，必须牺牲汇率的稳定性，实行浮动汇率制。这是由于在资本完全流动条件下，频繁出入的国内外资金带来了国际收支状况的不稳定，如果本国的货币当局不进行干预，亦即保持货币政策的独立性，那么本币汇率必然会随着资金供求的变化而频繁波动。通过市场化调节将汇率调整到真实反映经济现实的水平，可以改善进出口收支，影响国际资本流动。

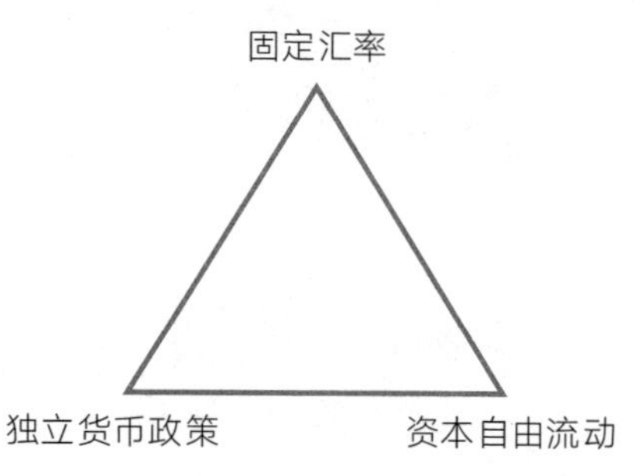

图 1-8　“不可能三角”示意图

制图：大唐财富。

虽然汇率调节本身具有缺陷，但实行浮动汇率制确实较好解决了“三难选择”。但对于发生金融危机的国家来说，特别是发展中国家，信心危机会大大削弱汇率调节的作用，甚至起到恶化危机的作用。当汇率调节不能奏效时，为了稳定局势，政府的最后选择是实行资本管制。

（2）保持本国货币政策的独立性和汇率稳定，必须牺牲资本的完全流动性，实行资本管制。在金融危机的严重冲击下，在汇率贬值无效的情况下，唯一的选择是实行资本管制，实际上是政府以牺牲资本的完全流动性来维护汇率的稳定性和货币政策的独立性。大多数经济不发达的国家，实行的就是这种政策组合。这一方面是由于这些国家需要相对稳定的汇率制度来维护对外经济的稳定，另一方面是由于他们的监管能力较弱，无法对自由流动的资本进行有效管理。

（3）维持资本的完全流动性和汇率的稳定性，必须放弃本国货币政策的独立性。根据蒙代尔—弗莱明模型，资本完全流动时，在固定汇率制度下，本国货币政策的任何变动都将被所引致的资本流动的变化而抵消其效果，本国货币丧失自主性。在这种情况下，本国或者参加货币联盟，或者更为严格地实行货币局制度，基

本上很难根据本国经济情况来实施独立的货币政策对经济进行调整，最多是在发生投机冲击时，短期内被动调整本国利率以维护固定汇率。可见，为实现资本的完全流动与汇率稳定，本国经济将会付出放弃货币政策独立性的巨大代价。

全球绝大多数国家的经济运行都满足三元悖论理论，即不能同时实现本国货币政策的独立、汇率稳定和资本的完全流动这三大目标。比如加入欧元区的各国，虽然欧元区内部国家间的相互结算再也不受汇率变动影响，且各自之间资本也是完全流动的，但欧元区国家丧失了货币政策的完全独立性，每个国家并不能根据自己国家经济运行的周期来决定货币政策，而由欧洲中央银行来决定。但欧元区内各个国家的经济周期并不完全一致，比如当年希腊出现债务危机，即使希腊政府希望通过采取宽松的货币政策来缓解危机，但希腊央行并没有为本国超发欧元的权力。

再比如日本等国，这些国家坚持保留货币政策的独立性，让央行货币政策能适配本国经济周期。并且这些国家资本项目完全对外开放，为了吸引国际资本所以需要让资本自由流动。但是这些国家采用了浮动汇率制，放弃了汇率的稳定。这种模式的弊端是，因为汇率的不稳定性，市场预期也随之不稳，这些国家的进出口贸易存在很大的潜在风险。就像当年美日签订广场协议之后，日元汇率暴涨，导致本国出口商品竞争力迅速下滑，最终在其他不利因素的叠加下进入了“失去的二十年”。

全球有两个国家是例外：美国和中国。两国凭借自身特有的杀手锏，能让本国经济运行接近同时满足本国货币政策的独立、汇率稳定和资本的完全流动这三大目标。在这样的体制优势下，中美两国不管是面临全球经济顺周期还是逆周期，相对其他国家都能做到“涨得快、跌得慢”。比如2008年国际金融危机之后，中美两国是恢复较快的国家，但欧洲和日本等地区至今仍然没有恢复元气。反之，中美两国的杀手锏同时也是自身的经济命门所在，在面对其他竞争对手时就是自己的一个软肋。

美国的杀手锏就是美元，依赖的体制是国际货币体系。美联储毫无疑问是美国货币政策的制定者和执行者，而美联储每一轮加息或降息所依据的都是美国国内的经济数据，最终都是为了熨平美国的经济周期而服务。美联储不会因为其他国家流动性紧缺而去放水，也不会因为全球通胀而去缩表，美联储的货币政策从来只考虑美国。全球其他国家经济周期如果和美国一致，那么就会幸运地搭上美元的顺风车；如果经济周期运行和美国不一致，那么美联储的货币政策还可能放大该国的风险。历史上，当很多新兴国家经济体大举借债发展，需要宽松美元环境的时候，美联储的加息政策能在短时间内让这些国家经济发展陷入停滞。

美国作为资本主义世界的领头羊，一贯喜欢打出“自由”的旗号。美国除了偶尔会冻结敌对国家的资产以外，对国际资本而言也是完全自由流动的。一般而言，为了实现独立的货币政策和资本自由流动，那就必须要放弃汇率的稳定性了。

美国的特殊在于美元的全球霸主地位。美元在全球货币支付体系和储备体系中都是占绝对主导地位的，其中美元占全球货币支付比例达40%，而占国际货币储备比例更是高达60%。而全球绝大多数原油交易也是使用美元支付，虽然美元相对于其他货币的汇率是浮动的，但美元是其他货币的锚，其他货币在国际清算的时候都是以美元标价，比如7元人民币大约换1美元，但是1美元永远都是1美元。所以说，美元即使名义上是浮动的，但实际上币值是非常坚挺稳定的。只要美元一如既往地保持霸主地位，美国对外贸易整体上不会因汇率波动而受到太大影响。

而中国的撒手锏是香港，依赖的体制是中国特色的“一国两制”。众所周知，中国内地坚持货币政策的独立自主和基本稳定的人民币汇率，但是放弃了资本的完全自由进出，即资本项目未完全对外开放；而中国香港采取的是联系汇率制度，港元与美元兑换比值始终维持在一个固定区间，同时中国香港是允许国际资本自由进出的，但中国香港放弃了独立的货币政策，港元的发行需紧跟美元，才能保证港元汇率的稳定。

不管是中国内地还是中国香港，分开看都满足三元悖论，即必须牺牲一个经济调控目标。但中国作为一个整体，依靠特殊的“一国两制”制度，却能同时实现全部三个目标。中国内地虽然没有完全放开资本项目，但国际资本依然可以通过香港这个通道自由进出中国市场，就比如外资可以通过陆港通参与中国内地的资本市场；而中国香港虽然不能实现货币政策完全独立自主，但在遇到重大金融风险时，可以依赖中国内地援助渡过难关。中国内地和香港携手，双方在实际上都实现了全部的经济调控目标。

因此，美元是美国的经济命门，而香港是中国的金融命门。中美双方都希望国际资本能自由进入本国，所以中国未来将致力于人民币国际化；而美国也不想中国香港保持安宁，会明里暗里破坏中国香港正常的金融功能，以动摇国际资本对这个国际自由港的信心。

1.5 大咖离你并不远

如果想要学习宏观经济分析更多方法，平时应该多读几本通俗易懂的经济书籍，浏览并关注一些常用的财经网站和热门公众号。

● 经典宏观经济书籍推荐

《宏观经济学（19版）》（诺贝尔经济学奖获得者保罗·萨缪尔森绝笔之作）（美）萨缪尔森 著

《微观经济学（19版）》（诺贝尔经济学奖获得者保罗·萨缪尔森绝笔之作）（美）萨缪尔森（美）诺德豪斯 著，萧琛 主译，人民邮电出版社

《宏观经济学（原书第5版）》（美）布兰查德 著，楼永，孔爱国 译，机械工业出版社

《宏观经济学（第五版）》斯蒂芬·D. 威廉森 著，中国人民大学出版社

《宏观经济学》张苏 编著，清华大学出版社

《宏观经济学（第6版）》（美）布兰查德等 著，王立勇等 译，清华大学出版社

《宏观经济学》任保平，宋宇 编，科学出版社

《宏观经济学（英文版·第七版）》（美）亚伯，（美）伯南克，（美）克劳肖 著，中国人民大学出版社

《宏观经济学（第二版）》李晓西 著，中国人民大学出版社

● 财经网站分享

东方财富网 http://www.eastmoney.com/

财经日历 https://rl.fx678.com/

快易数据 https://www.kylc.com/stats

领带金融网 https://www.ilingdai.com/

第一黄金网 http://www.dyhjw.com/

同花顺金融 http://www.51ifind.com/index.php?c=index&a=trade

中国养猪网 https://www.zhuwang.cc/

- 大咖公众号分享

大唐财富智库

泽平宏观

香农圆桌沙龙

华尔街见闻

扑克投资家

预远科技

渔夫财经

中信建投证券研究

21世纪财经报道

如是金融研究院

量化先行者

券商中国

02 鸡蛋分开放，怎么放

2.1 为什么要做资产配置

诺贝尔经济学奖得主詹姆斯·托宾曾说:“鸡蛋不要放在一个篮子里。”这也是多数人经常听到的资产配置最通俗的表达,但真正将其落到实处的投资者并不多。

投资具有不确定性,所以投资者通过分散投资来降低风险。资产配置是把投资分配在不同种类的资产上,如股票、债券、房地产、保险及现金等,投资者追求的是在获取理想回报之余,把风险减至最低。资产配置方案可以根据个人财富水平、投资的动机、投资期限的目标、风险偏好、税收等因素来制订。

很多人看似遵照了分散投资的原则,但实际上并没有达到降低投资风险的目的。其实,很大原因在于,你所选择的多个篮子,很可能本质上是同一个篮子,你投资了那么多平台,那么多理财产品,你以为是分散投资,其实是在堆积风险。

诺贝尔经济学奖得主马科维茨曾说过,资产配置多元化是投资的唯一免费午餐。国内投资者正处在一个资产配置的黄金时代,财富的积累、政策的放开、渠道的拓宽,让投资者拥有更为多样化的选择。但篮子多了,如何选择篮子、应该选择几个篮子、篮子放在哪个桌子上又变得非常困难。本章我们来讨论应该如何读懂资产配置的逻辑,如何通过简单易操作的模型来享用资产配置的免费大餐。

2.1.1 什么是资产配置

资产配置是指投资者根据投资需求,将可投资的资金在可选择的不同资产类别之间进行自由分配。一般是把资金在低风险低收益的资产与高风险高收益的资产之间进行选择分配。其实是利用不同资产间的风险差异,降低整体风险,降低投资组合的波动率。

最初在选择资产时，一般有几种主要资产类型：货币市场工具、固定收益证券、股票、不动产和贵金属（黄金）等。最终资产配置是寻找最佳组合的过程，在满足投资者面对的限制因素的前提下，选择最能满足其风险收益目标的资产组合，确定实际的资产配置战略。

如何进行资产配置是投资过程中最重要的环节，同样也是决定投资组合相对业绩的主要因素之一。研究表明，如何进行资产配置对投资组合业绩的贡献率占比可以达到90%以上。

一方面，在有效市场环境下，投资目标的盈利状况、信息、投资品种的特征、规模以及特殊的时间变动等因素对投资收益都有影响，因此合理的资产配置不仅可以让投资者降低风险，还可以提高收益。

另一方面，投资领域从以往配置单一资产发展至多资产类型配置、从单一国内资产发展至全球化资产综合配置，其中既包括在国内与国际资产之间的配置，也包括对货币风险的处理等多方面内容，单一资产投资方案难以满足投资需求，资产配置的重要意义与作用逐渐凸显出来，可以帮助投资者降低单一资产的非系统性风险。

从投资者的实际投资需求看，资产配置的目标在于以资产类别的历史表现与投资者的风险偏好为基础，决定不同资产类别在投资组合中所占比重，从而降低投资风险，提高投资收益，消除投资者对收益所承担的不必要的额外风险。投资者做资产配置时需要考虑以下因素：

1. 投资目标和限制因素

通常投资者需要考虑能承受多大的投资风险（本金损失的可能）、流动性（赎回变现）需求和投资时间。比如，货币市场基金就常被投资者作为短期现金管理工具，因为其流动性好，风险较低。股权投资通常被当作收益高、期限长的投资工具，因为其一般来说需要5~10年的投资周期，且预期回报率较高。

投资者的风险偏好不同、对资产流动性的要求不同、可投资资产的使用时间不同是影响金融产品选择的主要因素。

2. 资本市场的期望值

这一因素非常关键，投资者可以利用历史数据和经济分析，评估具体投资在持有期内的预期收益率是否合理可接受。专业的机构投资者在评估资本市场期望值方面具有相对优势。

3. 影响投资者风险承受能力和收益需求的其他因素

国际经济形势、国内经济状况与发展动向、通货膨胀、利率变化、经济周期波动、监管政策等，这些因素会影响各类资产的风险收益状况以及相互关联的资本市场环境，还需要考虑投资者的年龄或投资周期、资产负债状况、财务变动状况与趋势、财富净值等因素。

资产配置是一个综合的动态过程，投资者的风险承受能力、投资资金都会不断发生变化，所以对不同的投资者来说，风险的含义不同，资产配置的动机也不同，所以最终选择的组合也不一样。

2.1.2 可以配置哪些资产

站在国内投资者角度看，全球资产可以分为国际资产（海外资产）和国内资产两大类。海外资产中，国内投资者常接触的有外汇资产（即外币资产）、海外地产、海外股市、海外债市和海外保险等。国内资产主要有股票、债券、非标固收、国内保险、公募基金、私募基金、股权基金、大宗商品和房地产等。

投资者在选择每一类资产时，都需要了解这类资产的配置逻辑和对整体资产配置的作用。后面的章节会详细介绍国内保险、A股市场、非标固收、公募基金、私募基金、海外房产、股权基金、家族信托产品的配置逻辑。本节以投资者比较熟悉的股票市场为例，分析美国股市的投资逻辑与中国股市的区别。

美国股市在美国经济中的地位很高，美国人大量财富都在股市里。美股经过百多年成熟发展，其已经成功成为美国经济的“晴雨表”。2000年之后，美国出现了互联网经济泡沫，最后终于在次贷危机后崩盘，美股随之大跌。

但股市终究是一个资金游戏。美国股市在2008年之后，经过美联储4轮QE大放水，总市值不断被抬高。之后再经过上市公司不断发债回购本公司股票，造就了美股十年大牛市（见图2-1）。

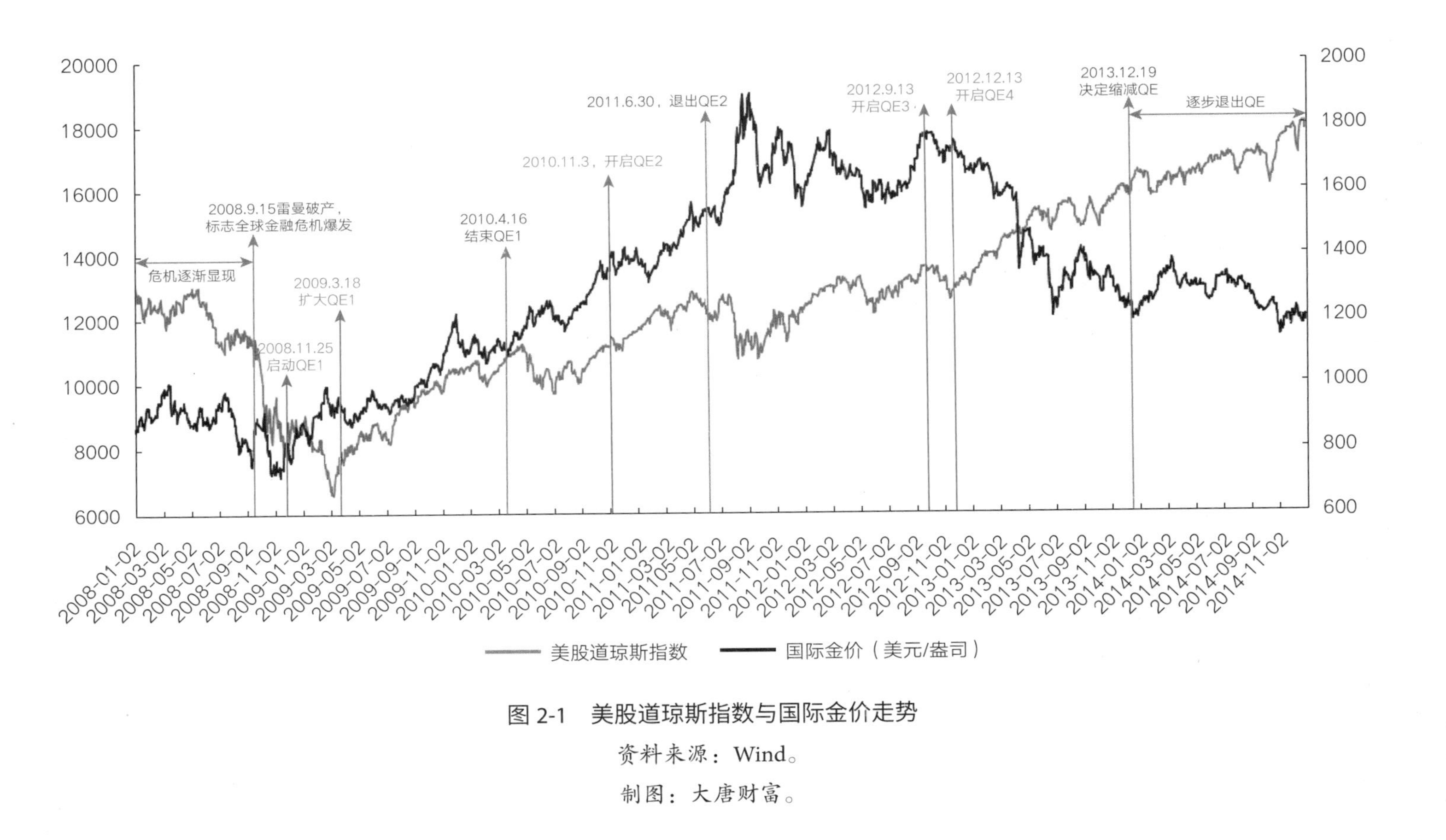

图 2-1 美股道琼斯指数与国际金价走势

资料来源：Wind。

制图：大唐财富。

这十年里，美股泡沫不断积累。到了2019年，国际市场上已有很多人预言美股将会再一次大跌，以出清这十年积累的泡沫。但当时还没有人能够预测美股将倒在哪只黑天鹅上，直到2020年新冠肺炎疫情暴发，美股泡沫终于被戳破（见图2-2）。

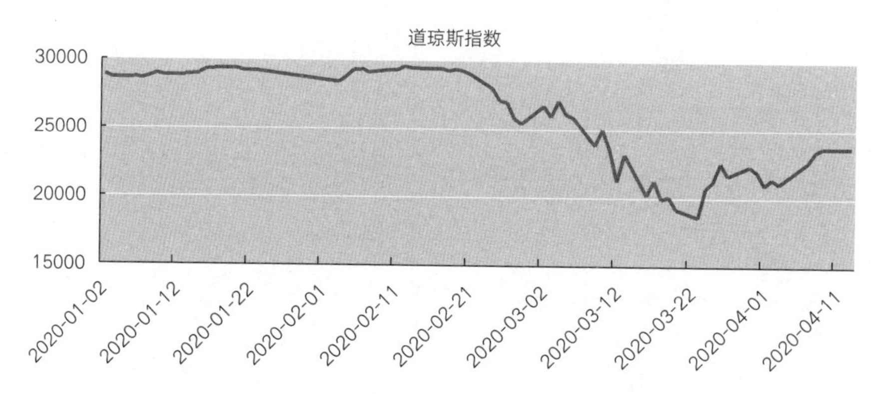

图 2-2　2020 年美股道琼斯指数走势

数据来源：Wind。

制图：大唐财富。

尽管难以预测美股底部在哪里，但迹象显示美股最恐慌的时刻已经过去；美股暴跌、金融环境收紧，大部分资产都受到恐慌抛售，但美联储重启非常规政策，提供巨量流动性支持，市场并未出现金融机构大量倒闭、债务兑付危机及大量企业陷入困境的迹象。并且从中国经验看，疫情是可以得到有效控制的，一旦欧美经济基本面从疫情拖累中回暖，海外市场底部将出现。

没有人能准确预测美股底部在哪里，但有理由相信美股最恐慌的时刻正在过去，主要原因是：

其一，疫情属于短期冲击。中国防疫经验及效果显示，新冠肺炎疫情可以被有效防控；欧美国家也在不断升级防控举措，这有助于提振市场对疫情防控信心。

其二，政策强力支持。美联储重启非常规政策，“无限量”供应流动性，2008年国际金融危机救助显示，这有助于缓解金融危机发生，并且美国政府着手推出大规模经济刺激计划，也有助于稳定市场情绪。

其三，中国经济回暖。中国经济自2020年3月以来回暖态势良好，并有望在第二季度率先出现修复型反弹。

但这并不意味着美股立刻出现“V”形反弹，主要是中国以外地区疫情仍在快速扩散，第二季度欧美经济衰退可能性大，第二季度海外市场有宽松政策（货币、财政政策）支撑，但缺乏经济基本面支持，投资者短期仍以防御为主，预计在疫情防控出现积极改善迹象前，市场震荡恐难避免。

2.2 怎么做资产配置

在具体做资产配置时，投资者需要搭建自己的资产配置框架，分配好每一类资产的比例，并根据情况定期调整。

分散投资、资产配置的投资理念是从海外引进来的，资产配置模式在海外有三个标志性的模型：股债混合模型、耶鲁模型、全天候模型。本节我们在介绍分析这三个经典模型的基础上，结合案例为您解读大唐财富的资产配置三阶模型。

2.2.1 马科维茨的股债混合模型

资产配置是建立在“多样化投资可以分散风险”的理论基础之上的，也就是以马科维茨理论为基础。简单地说，就是不同类型资产之间是不相关的或者相关度比较低的，这样不同资产之间的波动性就能相互抵消，从而降低整个投资组合的波动性。

美国著名学者罗杰·吉布森指出，投资收益的91.5%由资产配置决定，择时只占1.8%。他的论文证明资产配置是投资组合绩效的主要决定性因素，择时操作和证券挑选只起到了次要作用（见图2-3）。

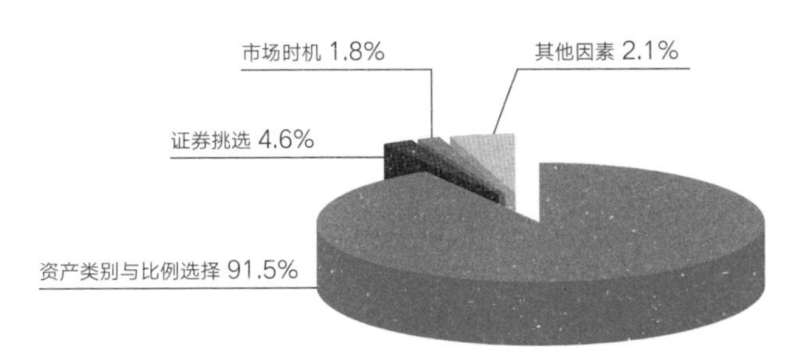

图 2-3　罗杰·吉布森资产配置理论

制图：大唐财富。

1990年，哈里·马科维茨因为他1952年提出的“资产组合选择理论”获得当年的诺贝尔经济学奖。从此奠定了“资产配置”在财富管理行业中的核心地位，甚至被誉为“华尔街的第一次革命”。资产组合理论的主要观点可以通俗理解为：

1. 投资任何金融产品，都有收益和风险。

2. 不相关资产组合之后，收益不变，风险下降。

3. 组合资产间越没有关系（相关系数低），组合风险越低。

4. 可以通过计算，形成组合资产之间的最优比例。

马科维茨的股债混合模型通过60%股票+40%债券的经典组合（见图2-4），分散了部分风险，但因为资产种类仅两种，风险降低还远远不够。随着金融产品的不断丰富，在美国这样的成熟市场已经显得过于简单，显然也不适合中国投资者直接套用。

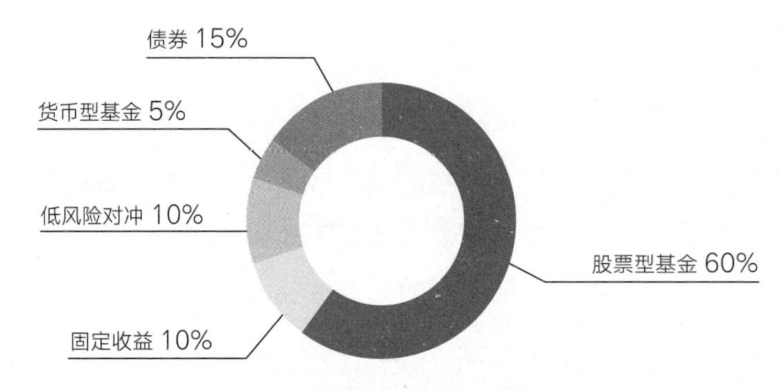

图 2-4　资产配置比例（积极型）

数据来源：马科维茨的股债混合模型

制图：大唐财富。

如果有人把这样配置方案拿给您，配置比例正好为股票类60%，其他类债券40%，那他应该还在研究近30年前的方案。如果有人跟您说，资产配置组合比例是得过诺贝尔经济学奖的，可以问他资产组合理论是怎么做到最优配置的，这也是检验理财师的一块试金石。

2.2.2　大卫·斯文森的耶鲁模型

大卫·斯文森1985年担任耶鲁大学捐赠基金管理人以来，获得了12.3%的年化收益，30多年仅2009年亏过一次，这纪录算是神操作了！投资最难的不是赚多少钱，而是持续赚钱，不亏钱。耶鲁大学捐赠基金从1985年的13亿美元飙升至2018年的294亿美元，增长了22倍。

“耶鲁模型”相对于股债混合模型的进化之处（见图2-5）：边缘化美债和美股两个核心投资品种，加入房地产、油气林矿、PE股权、对冲基金等多元化资产，坚持长期投资、定期调整，最大程度分散风险，稳健增值。

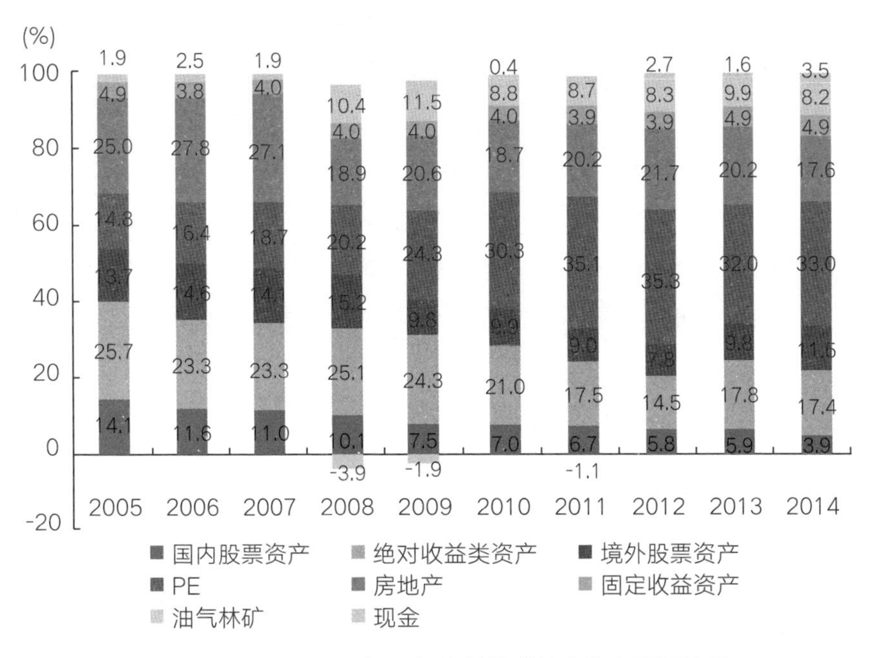

图 2-5　2005—2014 年耶鲁大学捐赠基金资产配置情况

图片来源：清科研究中心。

耶鲁大学捐赠基金最大的特点是打破以往传统的主要配置股票—债券，少量配置另类资产的配置方式（见图2-6）。提升另类投资的比重，偏爱PE投资以及高回报品种。“耶鲁模型”对多种资产类别进行重新界定，按照资产配置的理念，每年进行再平衡调整，以确保可以在变化的时间和投资环境中，不断追求投资收益的“阿尔法”，而不是追求市场基准的“贝塔”。这也说明了资产配置对收益持续、稳定的重要性。

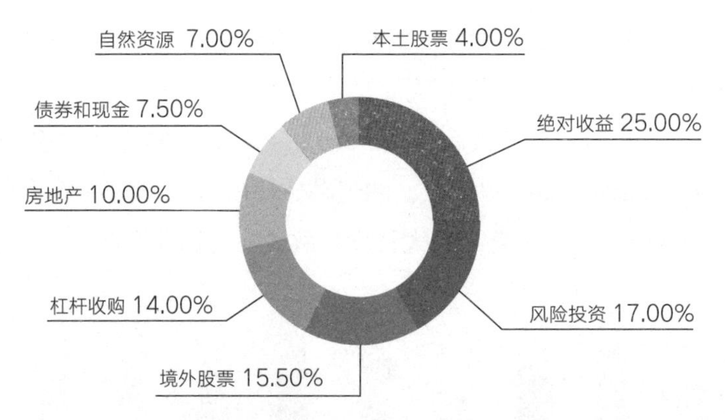

图 2-6　耶鲁捐赠基金 2018 年目标头寸

图片来源：新全球资产配置（公众号）。

耶鲁模型无论在业绩还是对投资品类选择上都自成一派，收益率也遥遥领先，但它对PE投资的偏爱以及高回报，在国内可否复制也需要画个问号。

2.2.3　达里奥的全天候模型

达里奥创办的桥水基金是目前全球最大的对冲基金，管理资产约1600亿美元，主要服务于机构投资者。达里奥独创了“全天候资产配置模型”，虽然在桥水基金投资要运用这个全天候策略，让达里奥来帮你管理资产，需要至少有50亿美元的身家，并且至少投资1亿美元，但这并不妨碍我们学习和了解下全天候策略，这个策略稳健得可怕，在过去的30年间，只有4年是亏钱的，这4年的平均跌幅只有1.9%。

达里奥提出了一个颠覆性的观点，认为股债各占50%传统的观点是错的。论据就是在市场暴跌的时候，传统的平衡投资组合竟然会下跌25%~40%。之所以会出现这样的情况，是因为股票的波动性要比债券高3倍，换句话说就是股票的风险比债券高3倍。当你配置50%股票、50%债券时，也就意味着股票资产在投资组合中承担了绝大多数风险，而只有非常少的一部分风险来自债券。如果想要达到所谓的平衡，就需要让债券占更大的比例，减小股票的占比，只有这样才能让两者的风险平衡。

达里奥的全天候模型强调它配置的是风险而不是资产，通过平衡分配不同资产类别在组合风险中的贡献度，实现投资组合的风险结构优化。简化版的全天候模型配置方案为：

股票资产配置：30%（标普500指数），中期国债：15%，长期国债：40%，黄金：7.5%，大宗商品：7.5%。

表 2-1　标普 500 与全天候策略的比较（1927—2013 年）

标普 500	全天候策略
87 年中有 24 年亏损	14 年出现亏损 73 年斩获收益
大萧条阶段，标普指数在 1929—1932 年四年间下跌 64.4%	全天候模型累计仅下跌 20.55%
平均回撤幅度 13.66%	平均回撤幅度仅 3.65%

数据来源：Tony Robbins,《Money Master the Game: 7 Simple Steps to Financial Freedom》。

达里奥的简易版全天候策略是一个风险极低，但是收益却不低的策略。但在现实中，全天候策略通常会给国债和债券头寸加杠杆，以保障收益和风险敞口。也有人质疑全天候策略赚钱只是因为放大了债券上的收益，赶上了债券几十年大牛市。在现实中，如果有人跟你谈起他的对冲基金很牛，风险低，收益不低，可以试着让他解释一下全天候策略，能解释明白的应该才算基本专业过关，否则骗子居多。

为了不交资产配置的"智商税"，我们介绍了三种比较有代表性的国外资产配置模型。你会发现，无论哪一种模型都需要在专业人士帮助下配置和不断平衡。投资者的资产配置需求日益迫切，但相应国内金融机构对于客户的资产配置要求难以落地。

目前各金融机构的考核还是以产品销售为主，大部分还是股票类＋债券类配置，独立的第三方财富管理机构产品相对丰富一些，但理财师的专业素养参差不齐，能够提供专业资产配置方案的机构屈指可数。投资者也需要搭建自己的资产配置框架，在这个基础上尽量选择头部机构、选择职业道德和专业素养较高的理财师提供资产配置服务。

2.2.4　资产配置三阶模型

毫无疑问，过去十年中国最好的投资品是房产，尤其是一二线城市的学区房，北上广深房价上涨3倍左右。2009年底北京市平均房价为21196元/m²，2013年涨至39796元/m²，2018年底飙升至60230元/m²。但未来十年呢？随着"房住不炒"和全国房市调控政策的不断收紧，房产投资在居民资产配置中的比重应该会逐步下降，金融资产的占比则会稳步上升。自2000年至2019年9月，中国家庭财富总值从3.7万亿美元增长至63.8万亿美元，规模是原来的逾17倍，增速超过多数国家的3倍。中国目前的家庭财富总值排名全球第二，仅次于美国。

一方面，中国的GDP年平均增速从10%下降至6.5%左右，缺少好的投资渠道，大大降低了我们钱包的变厚速度。

另一方面，资产荒是近年来被投资者最频繁提及的一个词。企业效益下降，导致优质资产的供给减少；国家为了稳定经济增长，扩大货币规模；市场上增加的货币追逐有限的优质资产，收益高又相对安全的投资变得不是那么容易了。

结论就是，单一资产类别的时代早就已经过去了，大家不再追逐某个可能产生高收益的单一资产，转而去做更加理性的资产组合，赚取稳健的收益，稀释投资风险。

本节我们将结合中国高净值客户特点，解读大唐财富的资产配置三阶模型。

中国目前的百万富翁人数为440万（按百万美元富翁人数计，仅次于美国），财富超过5000万美元的超高净值人士超过18000人，全球排名第二。按照国内私人银行业务的分类，可投资者资产在600万元人民币以上的客户为高净值人士，他们对资产配置的需求有两大特点：

首先，他们财力雄厚，并不存在财务缺口。与社会大众不同，他们并不会为孩子的学费、房子的首付、退休养老金发愁。他们更关心的是孩子如何获得一流的教育资源、哪个国家的资产更值得投资、哪种养老方式更舒适。而传统的财富规划理论中，并没有涉及相应内容。

其次，单纯的分散投资往往不能使财富大幅提升、实现社会财富等级跃升。中国的特殊国情，要求资产长期保持较高的收益率，才能够保证不出现财富贬值，不落后于社会总财富增加速度。

大唐财富研究中心深入研究了资产配置三阶模型，突破了传统投资组合理论的局限。模型包含三个阶段（见图2-7）：

图 2-7　私人银行财富规划三阶模型

制图：大唐财富。

第一阶段，顶层设计定框架

在顶层设计框架里，我们将高净值客户需要面对的三大风险（保障风险、市场风险、成就风险），与三类特定资产（防御性资产、市场性资产、进攻性资产）进行精准匹配，以实现对三类风险的全面抵御。

第二阶段，市场分析定策略

在大类资产分析系统中，我们参照当前所处的经济周期，结合各类资产的风险收益属性，对市场性资产进行细化配置。

第三阶段，量身规划定方案

最终我们将按照生命周期理论，结合投资者的职业特征、家庭情况以及资产状况，提供精细化、定制化的产品配置策略。

1. 第一阶段：顶层设计定框架

在财富配置框架中，个人或家庭承受的风险被划分为三种维度（见图2-8）：

保障风险，即无法保证最基本生活水平的风险；

市场风险，即无法维持现有财富水平和社会地位的风险；

成就风险，即渴望打破财富瓶颈并提升生活水平的风险。

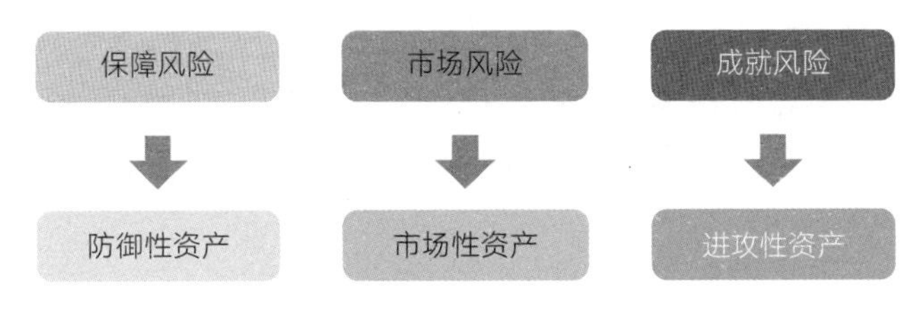

图 2-8　三类风险对应资产

制图：大唐财富。

为抵御这三类风险，需将财富按照适当比例配置于三类资产：

（1）防御性资产

对应保障风险的资产为防御性资产，主要功能是满足家庭日常所需，维持基本生活水平。

防御性资产不追求收益，最主要是保证资金的安全。该类资产的业绩比较基准可以选择3个月期上海银行间同业拆放利率（简称Shibor）。防御性资产包括现金类、保险、自住型房产、人力资本等。

现金和货币基金等可以保证家庭流动性，在遇到特殊情况时保障家庭生活，数额可以参考半年左右的家庭开支。外汇的配置也非常重要，它可以是基于某种需求，比如未来的移民、求学、养老规划等，在当前外汇管制趋严的环境下，投资者需要按照外汇局配额早做购汇规划；配置外汇资产也可以有效分散地域风险，保障财富安全。

保险是抵御各类风险的有效工具，在多种极端情况下保障投资者的生活水平。建议客户按照自身和家庭的需求，关注境内外优质保险产品，尽早加入商业医疗保险和人寿保险等，年龄越小，缴纳的保费越低。不能进入老年期才开始考虑购买保险，因为老年期内能够购买的保险种类非常有限，且保费十分昂贵。

黄金的市场需求比较稳定，供给有限，下行贬值空间不大，黄金是通胀时期的保值首选。相较于其他资产而言，黄金也更适合在个体之间、代际之间传承，定价简单，没有税收和转让费率的困扰。黄金具有货币属性，在非常时期可充当货币，流动性高。但在具体投资时，建议购买黄金ETF而不是实物黄金。

自住型房产，在限购限贷限卖、租售同权、提高房贷利率等长效机制的综合调控下，房地产回归“住”的属性，房地产投资三年翻番的盛况已难再现。但是不管收益如何，对于高净值客户来说，自住型住房还是必要的配置。

人力资本，除实物资产以外，人力资本是个人财富的重要组成部分，尤其是对于企业家、医生、律师、明星等群体，人力资本的价值很高。最好的投资不仅在于赚到高收益，也在于多看多学多尝试，投资自身，提升人力资本。

（2）市场性资产

对应市场风险的资产为市场性资产，主要功能是抵御通货膨胀，实现财富增长和经济增长同步。

市场性资产承担市场平均风险并获得市场平均收益。该类资产的业绩比较基准可以选择M2增速，2017年下半年以来，M2增速走低。

市场性资产包括各类债券、股票、大宗商品、避险资产、股权FOF和投资性房产等，我们将在后面的章节着重结合经济周期分析、解读市场性资产，这里暂不展开。

（3）进攻性资产

对应成就风险的资产为进攻性资产，主要功能是最大限度实现资产增值，达到财富等级进阶。进攻性资产收益一般高于市场平均收益，承担的风险也较高。

进攻性资产组合，主要功能是助力财富等级跃升。如何定义“财富等级跃升”大家看法各不相同，这里我们倾向于定义为三年左右财富翻番，即年均增速达到30%。

能达到这么高收益率的资产主要包括单一股票、股权类投资、其他另类投资等。股权类投资包括私募股权、创业投资、并购基金等，尤其需要关注新兴产业，根据国家战略规划，未来部分新兴产业的年增速可能超过20%，因此这其中的优质公司很有可能达到30%的收益率。

对于很多高净值客户来说，其拥有的最重要的进攻性资产就是赖以发家致富的企业，是否需要进行其他股权投资，可以对比扩大已有企业投资能够取得的回报和投资其他企业能够获得的回报来决定。

古玩字画等另类投资很大程度上依赖于投资者的个人爱好、鉴赏能力，应当根据自身情况量力而行。

2. 第二阶段：市场分析定策略

市场分析定策略是每个季度以宏观经济周期分析为基础，并通过大类资产研究和经典金融理论相结合，从而实现对市场性资产配置方案专业制订的过程（见图2-9）。

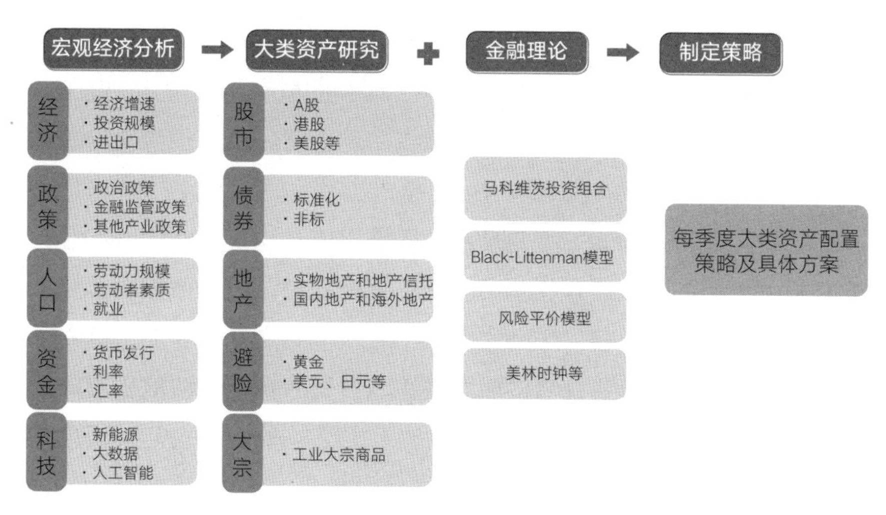

图 2-9　市场分析逻辑

制图：大唐财富。

在防御性、市场性和进攻性三类资产中，市场性资产的细分类型最为复杂、配置难度最大（见图2-10）。

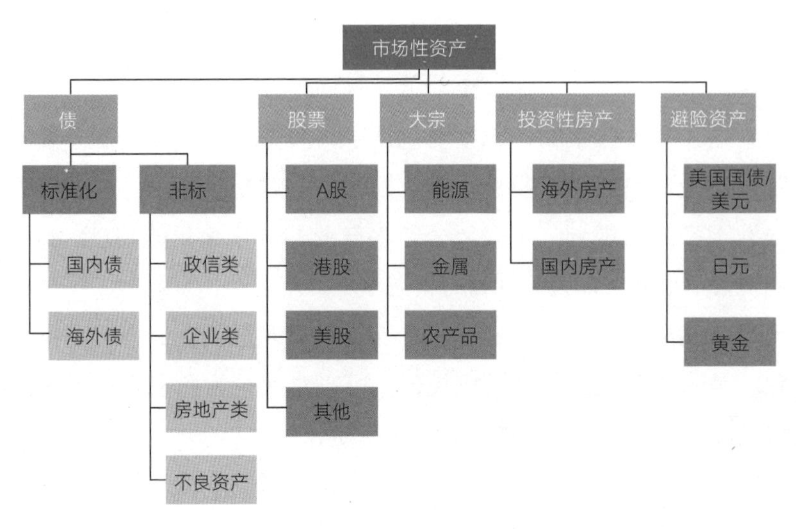

图 2-10　市场性资产分类

制图：大唐财富。

因此，我们基于当前的经济周期和各类资产的风险收益特征，对市场性资产进行细化配置，对各类型市场性资产提出了配置建议。

（1）债券类

标准化债券。“利率债牛”是2018年资本市场中最具确定性的行情，未来在国内经济增速放缓的压力之下，“利率债牛”延续的概率仍然较大。此外，由于改善货币政策传导机制是2019年发力的重点，因此部分高收益债的配置机会将逐步显现。

非标债权。所谓“非标”主要是针对标准化债券而言，非标是不在银行间市场或交易所流通的债权，包括信贷资产、信托贷款、委托债权、承兑汇票、信用证、应收账款、收益权、带回购条款的股权型融资等。非标产品收益远高于标准化债券，更能满足投资者的收益要求。投资者需要关注底层资产质量和风控措施，投资优秀管理人的产品。

（2）股票

A股。我们认为A股整体趋势是向好的，仍然是在2006年开始的牛市延长线上，价格中枢一直在抬升。但是由于中美贸易摩擦的反复叠加信贷紧缩，导致波动率放大，风险偏好下降。如果眼光放长远一些来看，这些信息随着下跌已经被充分定价，很多好企业已经被错杀，拉长投资周期的话，现在是加大配置的时候。

美股。美股在货币政策由松变紧、估值高企、盈利预期持续性存疑、持仓过于拥挤以及股市涨跌周期接近临界点的情况下，从风险收益比的层面看，配置价值明显降低。

港股。港股价值洼地事实不变，经过回调低估值优势进一步凸显，制度改革后，港股将吸引更多新经济公司赴港上市，企业结构持续优化，同时上市公司回购股票也给市场以信心。长期来看，港股将跟A股共同受益于外资推进对中国资产配置的进程。

（3）大宗商品

2019年受贸易摩擦、全球流动性冲击、新兴市场债务风险上升的影响，市场预期全球经济复苏受阻对铜价的普遍预期偏空，第二、三季度跌幅较大。2019年在宏观、微观双双趋弱的情况之下铜价或将承受较大的下行压力，但是贵金属的配置机会将逐渐显现。

（4）投资性房地产

国内房地产。我们认为在“房住不炒”的大基调下，楼市投机被打压，未来需求端的管制不会松，但供给端的行政干预可以适度放松。长效机制充当稳定器，“资源红利”转向“经营红利”。

海外房地产。海外国际大都市核心地段的优质房产投资价值最大。从移民的角度看，希腊等具有购房移民优惠政策的国家也具有配置价值。海外购房要做好尽职调查，掌握房屋详细情况以及持有的相关各项税费。美国、迪拜、泰国都是我们看好的市场，如果没有条件开展尽调，可以通过海外房地产基金进行投资。

（5）避险资产

避险资产一般包括美元、日元、黄金等，指当市场发生突变时，价格不会波动太大的一类较为稳定的资产。美国经济基本面复苏趋势明显，科技优势地位更加强势，长期来看，美元地位毋庸置疑，美元和美债对高净值客户来说具备配置价值。

3. 第三阶段：量身规划定方案

最后，我们需要将投资者个人特点与产品属性相结合，将财富配置规划落实到具体产品上（见图2-11）。对于客户而言，需要重点关注的方面包括其生涯规划、职业属性、风险偏好、资产规模以及其投资经验等；对于产品而言，需要分析当前经济周期的影响、监管政策的约束性条件，以及产品的可获得性、产品策略的容量和产品自有特征等。

图 2-11　量身规划定方案

制图：大唐财富。

具体而言，对处于不同生命阶段的人，理财目标和理财倾向往往也不同。同时也要考虑投资者的职业属性、区位属性等，比如企业主的股权投资比例先天就高，一线城市投资者的房产占资产比例通常较大。我们根据生命周期理论和理财实践，同时结合客户自身特点与产品属性，最终得到成熟的综合财富配置建议（见表2-2）。

表 2-2　生命周期综合财富配置建议

阶段	综合财富配置建议	防御性资产	市场性资产	进攻性资产
单身期	基本的防御性资产配置 多样化配置市场性资产 大胆尝试进攻性资产	10%	40%	50%
家庭形成期	适当增加防御性资产配置 持续配置市场性资产 敢于配置进攻性资产	20%	40%	40%
家庭成长期	增加防御性资产配置 关注市场性资产的流动性 继续配置进攻性资产	20%	50%	30%
家庭成熟期	增加防御性资产配置 持续配置市场性资产 维持进攻性资产	30%	40%	30%
老年期	重点配置防御性资产 持有市场性资产 少配进攻性资产	40%	40%	20%

制表：大唐财富。

2.3 宏观分析＋资产配置三阶模型应用

在第1章，我们建立了宏观分析的四面模型，详细从制度面、政策面、经济面和资金面对宏观分析进行了全面阐述。而宏观分析的最终目的，就是要服务于资产配置。

宏观分析可以为资产配置指引方向，在一个时点里，根据当时的宏观环境，分析哪类资产可以配置、哪类资产不可以配置，而各类可以配置的资产，各配置多少比例。在决定配置一定比例的资产后，预计持有时间多长、预计的收益和可接受的回撤分别是多少，这都是在资产配置实操过程中必不可少的工作。

下文我们将以2020年2月末为资产配置的起始时间点，运用宏观四面分析模型，讲解资产配置实际案例。

2.3.1 案例背景

唐女士和王先生家庭的基本情况如下：唐女士2020年32岁，家庭主妇，与丈夫王先生结婚8年，儿子6岁，丈夫王先生今年42岁，是某民营企业高管。

王先生前妻2020年40岁，有一个16岁的儿子。

最近唐女士发现丈夫的身体不太好，虽无大恙但日渐体弱多病，力不从心。结婚后家庭财务由唐女士掌管，家中闲置资金较多，唐女士感到存放在银行的利息收益已越来越低，很不划算，因此计划进行更多投资，并且全家人有晚年移民国外打算。唐女士就家庭的情况咨询专业的理财师如何进行资产配置。

唐女士夫妻在一二线城市拥有不动产4处，价值合计约为3000万元，存款和理财等投资性资金5000万元，合计在8000万元左右。

2.3.2 案例的宏观四面模型分析

根据宏观四面分析模型，我们从四个方面分析案例的宏观经济环境的变化。

第一个是制度层面。国外制度的重大改变主要是英国成功脱欧，从此不再属于欧盟。对英国而言短期利空，但利空因素在股市、地产、汇率等各个市场已基本被消化；对英国长期有利有弊，还需看英欧后期谈判以及英国能不能拓展其他贸易伙伴。而对欧洲而言，长期短期都是利空，英国脱欧不仅给其他欧盟国家带来了示范效应，也让欧盟的吸引力和竞争力下降，影响欧洲的各行各业。

国内的制度。影响房地产市场的有基础利率的调整，但没有明显变动，只能理解为不是利好。金融市场的制度变动主要来自金融供给侧结构性改革，影响最大的是股市，金融供给侧结构性改革在股市的表现，那就是注册制的逐步推行。2019年中，注册制正式在A股的科创板试点，对市场意义深远。A股随后在经历短期的波动之后，逐步趋稳，朝着市场期望的“长期慢牛”发展。

不管是国内还是国外，制度面的规则都很少有大的变动，但一旦有大变动则影响深远。近年以国际视角看制度变动，影响最深远的就是A股注册制逐步推行和A股不断纳入国际指数。这是两大利好的叠加，注册制让优秀公司加速进入市场，倒逼上市公司增强主业经营和弃炒概念。而A股纳入国际指数，不仅可以获得源源不断的国际资金进入，也会被国际机构投资者的“价值投资”影响，会让好公司比以往获得更高的关注度，而垃圾公司则逐渐被市场抛弃。

所以，在制度层面，国内A股获得了两大利好，欧盟各类资产受到利空，英国各类资产或是黄金坑，其余各类资产则没有明显影响。

第二个是政策层面。全球各国政府每年出台的政策很多，这里我们主要分析国内政策和国外对中国影响较大的政策。先谈国内政策，分为货币政策和财政政策两大方面。国内货币政策经历了“2015年加杠杆”—“2016年去杠杆”—“2018年稳杠杆”—“2019年保证流动性合理充裕”几个阶段。新冠肺炎疫情之前，央行货币政策是不断放松的，具体动作是不断降息降准，以完成2020年稳增长的大目标。在新冠肺炎疫情暴发后，央行加大了货币宽松力度，以对冲疫情给国内经济带来的利空影响。仅春节前后，央行便向市场释放了1.7万亿元的流动性，且降低了逆回购利率。疫情之后，房地产是否有所松动尚难判断，但大科技和大基建是确定性受益于宽货币的。而且，高科技产业，不仅受疫情影响不大，有些细分行业反而受益甚至是长期受益，比如云计算、人工智能、创新药等细分行业。

财政政策方面，近年国内也是不断加码。2018年A股大跌，国家提出“基建补短板”，以稳定市场情绪，但2019年起已经不提“补短板”，标志着基建范围的进一步扩大。而且未来基建不仅是传统的修路修桥，还包括电力物联网建设、通信基础设施建设等新型基建。目前财政政策值得期待的是，因受疫情影响，财政政策会不会出台更多的减税降费政策，让利于民，对冲疫情的负面冲击。

以上是国内近期的政策动向，而国外政策中对中国影响大的，主要来自美国近年越来越把中国视为最大挑战者，出台了越来越多对中国不利的政策。尽管中美两国达成了贸易谈判的第一阶段协议，但美国针对中国高科技企业的限制政策仍在不断出台。美国试图从产业链供给端入手，掐死中国产业链升级的努力。但也因为美国的这些限制，反而激发了国内国产替代的进程，高科技产业升级也成为中国政府重点扶持方向，从而带动了A股市场上的“科技牛”，并成为未来一段时间的主流趋势。

综合来看，国内国际政策面的变化，国内高科技制造业偏利好，国内传统制造业偏利空。若国内高科技产业能挺住美国压力，上升空间极大，所以给市场的想象空间也很大。对国内房产和固定收益产品影响不大，但未来风险的增加，提升了保险产品的配置重要性，利空国际原油等需要全球经济景气的大宗商品，利好有避险属性的黄金白银等大宗商品。

第三个是经济层面。分为国际视角和国内视角。从国际视角分析，全球经济近几年增速不断下滑，陷入了存量竞争阶段。所谓存量竞争，就是全球的蛋糕就那么大，增长不再明显，某个国家想要获得更好的生活水平，就需要争抢其他国家的蛋糕。全球性风险的增加，意味着保险资产和黄金资产的配置价值在增加。

在2008年国际金融危机之后，中国通过宽松的货币政策和财政政策迅速走出了危机，而美国也通过输出宽松的方式逐渐走出危机，但欧洲和日本则陷入了长期停滞的状态，十几年来GDP规模几乎没有增长。

全球经济增长，这十年来主要由中美两国带动。但近几年来，中国GDP增长速度开始下降，美国经济则出现了新一轮危机的预兆，比如国债高企、长短期利率倒挂等。整体而言，全球经济当前是不景气的，导致全球贸易冲突加剧，影响最大的，可能就是被称为全球经济金丝雀的韩国，2019年经济增速大幅下滑至1%多一点。另外，英国民众受不了欧洲的移民和其他政策，决定脱欧，短期内经济受到了一定影响，但也避免了未来可能存在的移民危机。

从国内视角看，中国经济增长凭借三驾马车：出口、投资和消费。三驾马车的地位，出口占比呈长期下降趋势，消费占比呈不断上升趋势，这代表着我们经济越来越依赖内需，而外需的重要性相对在下降。

改革开放以来，我们一直把出口放在重要的位置。我们从低端制造业做起，凭借人口规模效应，积累了一定的财富来升级产业链，在2007年左右完成了传统行业的产业链升级，如钢铁、电力、煤炭、化工行业等，带动了2007—2008年的周期股牛市。随后，中国GDP超越日本成为全球第二，在互联网经济诞生后，与美国成为全球双雄，诞生了阿里巴巴、腾讯、百度等一些大型互联网企业，促成了2014—2015年的互联网牛市。而当下，中国处于高端制造业升级的关键时期，在美国的封锁下，尽举国之力在芯片、人工智能、5G、操作系统、物联网、量子通信、新能源汽车、创新药等各个行业展开全面国产替代，掀起了一轮大科技牛市趋势。可以说，我们这代人，正在经历的，是人类历史上最为波澜壮阔的超级大国崛起历程，中国本轮产业链升级若能成功，将是人类历史上最伟大的一曲英雄壮歌，也是史无前例的超级大国和平崛起。而高科技行业覆盖面很广，升级之路很漫长，在未来关键的几年内，高科技都是国内市场的主流趋势。

但我们也不能盲目乐观，近几年我国出口增速、投资增速和消费增速都在不断下滑。出口增速受中美贸易摩擦影响，下降速度最快。投资方面，可以分为基建、房地产和制造业。房地产因为“房住不炒”政策，未来一段时间估计都难以再被大幅放开。在房地产被限制的情况下，基建投资筑成了我国经济增速的下限。而制造业投资，特别是高新制造业投资，决定了未来我国经济增速的上限。消费方面，近几年增速略有下降，尤其是传统汽车领域下降特别明显，连续好几个季度负增长，但新能源汽车却逆势增长。消费企业中，越是龙头企业在未来越能占据更有利的竞争地位。

第四个是资金层面。从国际视野看，就是全球资本流向哪些国家或地区，哪些国家或地区就短期受益，反之亦然。长期看，中国和印度都是能吸引国际资本流入的国家，中印只要处理好国内问题，自身经济增速保持在一定范围内，国际资本就会持续流入。而中国的资产与全球相比，股市估值偏低、房产估值偏高，所以国际资本主要青睐A股和港股。

美国长期以来都是最能吸引国际资本的国家，尽管近些年美国国债规模偏高，但美元的避险作用依然是其他货币不能替代的，短期资本青睐美国的特征不会改变。欧盟地区，短期经济不振，但欧元长期被低估，一些优质资产依然吸引投资者，但不太可能诞生大牛市。英国刚刚脱欧，利空有没有出尽，市场分歧很大。可以说，当前英国资产是全球弹性最大的，而英镑本身也是弹性最大和投机性最大的货币，所以投资英国资产就带有了极大的投机成分，未来必然会大涨和大跌。日本的未来，取决于在中美竞争的东北亚格局中，是能吸收两边的好处，还是被推向冲突前线。观察日本政府近年态度，中日关系持续缓和，且中日产业链互补，与中韩不一样，所以日本未来大概率能搭上中国发展的快车。澳洲地区，经济依赖中国、政治依赖美国。只要中国经济持续发展，可以说澳洲也不愁国际资本，只要未来和中国的关系稳定其经济就不会太差。

2.3.3 资产配置三阶模型案例应用

上文我们根据宏观四面模型，对当前国际经济形势和国内经济形势进行了全面分析。下面我们就结合唐女士家庭的资产情况和目标需求，来制订资产配置方案的初步建议。

家庭情况分析如下：

客户职业——无

生命周期——家庭成长期

风险偏好——平衡型

经济周期——弱复苏期

唐女士目前处于家庭成长期，在家庭财富的稳定和保值的基础上，可以寻求更多财富等级跃升的机会。唐女士的风险偏好为平衡型，因此建议在控制整体风险的同时，可以适度接受一些高风险高收益的项目，为自己赚取不错的回报（见表2-3）。

1. 防御性资产：建议配置比例 20%

首先需要重点考虑王先生的身体状况，一般而言40岁之后身体状况已经进入下行阶段，患病概率上升，未来医疗、保健等开支将会增加，再考虑到王先生是家庭的中流砥柱，因此建议主要以王先生作为被保险人，合理配置境内外保险，包括重疾险、寿险、意外险等。

唐女士可以将部分资金投资于流动性较高的金融产品，保持家庭资金灵活性，以备不时之需，由于目前银行活期存款利率过低，建议适当配置货币基金等产品。

未来移民适合养老的国家是比较不错的选择，并且唐女士子女或许也会有移民需求，建议针对当前各国的移民政策，抓住稍纵即逝的优惠政策，提前规划早做准备，关注部分欧洲国家的购房移民政策，又可获得海外房价上涨收益，分散地域风险。

另外，建议唐女士合理利用外汇管制额度，持续购入外汇。

鉴于王先生的身体状况欠佳，夫妻二人已经可以开始考虑财富传承方面的问题，建议借助家族信托早早进行财富规划，防范日后亲属，尤其是王先生前妻的子女争夺，导致财产分割风险。

家族信托优势在于：其一，委托人可以灵活指定受益人，决定不同受益人之间的分配比例；其二，只有委托人知道信托利益的分配，不用将财产暴露在所有人面前，隐蔽性强。

2. 市场性资产：建议配置比例 50%

为了实现现有资产保值增值的目的，建议唐女士尝试各类投资产品多元化配置，包括优质股票基金、优质债券基金、不良资产投资基金等，在获取较高收益的同时分散风险。

固定收益产品方面，需要选择具有优质标的资产的投资项目，认真考察融资人的资信情况和管理人的资质。

证券类投资和大宗商品投资方面，由于唐女士可能没有足够的精力和专业能力来进行对宏观经济、行业状况以及投资标的基本面、信息面、资金面、技术面的研究，因此更建议购买基金，借助金融人员的专业和经验进行投资。

房地产投资方面，国内房产减少配置，卖出投资型房产，转为房地产基金和其他非标债权投资。如果唐女士对投资房产热情较高，建议了解海外购房项目，实现购房移民一步到位。

此外，还可通过股权母基金进行间接股权投资，分散风险，分享顶级私募、风投的投资盛宴。

3. 进攻性资产：建议配置比例 30%

建议优化进攻性资产结构，对潜力产业股权进行配置，尝试私募二级基金、股权投资基金和产业并购基金等，提高收益率，分散投资风险。

表 2-3 唐女士财富配置方案

三类资产	细分资产类型	配置比例	配置金额（元）	配置理由
防御性资产（20%）	现金类	2%	160 万	需要保持部分流动资金，作为生活基本开支和应急资金。
	自住型房产	10%	800 万	将原有 4 套房产中的 1~2 套作为自己及子女的自住型房产。
	实物黄金	1%	80 万	黄金保值性较高，通过黄金进行财富传递没有税收和转让费率的困扰，并可以在极端非常时期发挥流通货币的作用。
	保险	5%	400 万	保险是风险的最后一道防线，能够有效保障投保人的生活水平。因此建议唐女士合理配置境内外多类险种。
	外汇	2%	160 万	合理利用外汇管制额度，持续购入外汇，满足未来境外消费、置业、安家需求。
市场性资产（50%）	投资性房产	8%	640 万	可在价格合适时将原有的 4 套房产卖掉 1~2 套，提高资金流动性，用于其他更高收益产品的投资。建议仅保具有更高升值空间的优质房产。
	房地产基金	3%	240 万	改变房产投资模式，积极参与专业房地产机构投资的地产项目。
	A 股基金	3%	240 万	建议唐女士通过基金进行 A 股配置。可以根据市场行情，切换不同策略，比如股票多头策略。
	港股基金	3%	240 万	港股的低估值优势和充足资金，使港股具有较高配置价值。另外，港股和美股都是机构投资者的盛宴，建议通过基金的形式间接参与。
	美股基金	2%	160 万	从风险收益比的层面看，配置价值明显降低。
	债券基金	3%	240 万	债券市场对个人投资者限制较多，唐女士可以通过基金的形式间接参与。
	CTA 基金	2%	160 万	期货类产品与股市相关性较低，有利于平抑风险。
	不良资产类基金	2%	160 万	尝试多类投资产品，抓住不良资产类产品红利。

续表

三类资产	细分资产类型	配置比例	配置金额（元）	配置理由
市场性资产（50%）	其他固收产品	10%	800 万	选择优质标的非标债权进行多元化投资。
	欧洲购房（移民）	7%	560 万	海外房产相对国内房产具有价格优势，可分散配置，降低地域风险。同时可按家庭意愿，规划移民事宜。
	股权 FOF	8%	640 万	在缺乏产业经验的情况下，建议通过母基金参与投资。股权 FOF 可使个人投资者覆盖更多行业，与顶级机构并肩投资。
进攻性资产（30%）	明星股权项目	30%	2400 万	关注热门领域股权项目，包括智能制造、医疗健康、文化娱乐等风口行业，并精选其中的优质标的进行投资。

制表：大唐财富。

当然，我们建议投资者在选择投资机构和理财师时，要考察机构和理财师的专业性，有无相关资质证书。拿到资产配置方案时要学会提问，在当前经济形势下配置这些资产的逻辑和理由。资产配置方案也需要定期检视和调整，我们建议投资者半年检视一次配置，结合宏观经济走势和家庭情况变化及时调整。

2.4 资产配置的动态调整

资产配置不能一劳永逸，而是长期且动态调整的概念。在资产配置的过程中，需要随时动态调整各类资产的配置比例。具体来讲，个人家庭财富的配置需随着家庭资产状况、家庭成员状况（如健康状况、工作状况、婚姻状况等）以及当前的宏观经济形势、大类资产走势的变化而定期进行相应的调整。如果你的配置思维是静态的，那么再完善的初期规划都是徒劳的，未来注定会失败，会被淘汰。调整的前提是在原有的资产配置模型的基础上进行动态调整，包括长期战略调整和短期战术调整，因此投资者在进行资产配置的过程中，要依据当下的家庭情况，把握市场趋势进行适时调整，这是非常重要的。

资产配置的核心是把握各类市场的长期收益规律，通过稳定比例的组合，大概率获得各类市场的加权平均收益。资产配置的动态再平衡，一是基于整体配置规划调整的再平衡，二是伴随资产价格波动的再平衡。就是随着时间的推移，家庭财富配置的需求会发生变化，不同的资产价格也会发生变化，当初设立的投资比例就会发生变化，从而导致原始的资产配置比例发生改变，需要动态调整将配置比例回归到正轨。本节我们将结合资产配置三阶模型，推演在家庭生命周期和资产价格波动发生变化时如何做资产配置的动态调整。

2.4.1 基于家庭生命周期的动态调整

根据投资者的家庭财务状况和家庭所处阶段，对家庭配置的长期规划进行战略性的、整体性的配置规划。主要参考资产配置三阶模型中所处的生命阶段。如前所述，根据生命周期理论和理财实践，同时结合投资者自身特点与产品属性，从而规划出相应的“三阶”中各类资产（防御性资产、市场性资产、进攻性资产）的配置比例。实际上我们的一生就是厘清防御性资产、市场性资产和进攻性资产三者之间的关系，平衡它们之间的变化。我们先来看看家庭不同生命周期的特点和财务需求：

1. 单身期

单身期通常指的是参加工作到结婚这段时期，参考年龄范围在20~30岁。此阶段往往刚参加工作不久，一般花销大于收入，但通常父母处于事业高峰期，身体健康，家庭负担小，因此这个时期个人的风险承受能力相对处于最强的时期。此时财务目标不应拘泥于短期获利，而在于长期财富积累及投资经验，为未来的生活打下基础。由于这个阶段个人没有太多家庭负担，风险承受能力强，可以适当尝试较为积极的投资，因为这个时期有试错的成本，同时建议为自己考虑意外和医疗保障。

2. 家庭形成期

形成期指从结婚到生小孩之前，享受二人世界的时期，参考年龄25~35岁，这个时期不长，基本就1~5年。此时是主要消费期，支出较大，消费压力和负担逐渐加重，但随着事业进入稳定期，收入逐渐增加，生活趋于稳定，此时家庭已积累了一定的资本。在投资方面可稍偏向积极的风格，但需兼顾稳健原则，确保家庭的消费支出。同时配备必要的保险，以规避不确定风险给家庭带来的

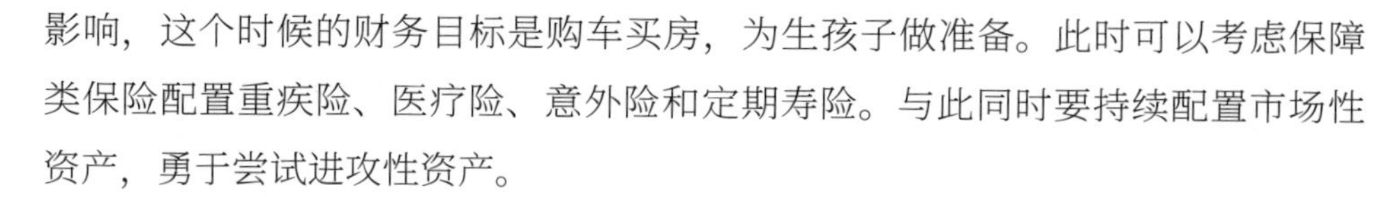
影响，这个时候的财务目标是购车买房，为生孩子做准备。此时可以考虑保障类保险配置重疾险、医疗险、意外险和定期寿险。与此同时要持续配置市场性资产，勇于尝试进攻性资产。

3. 家庭成长期

成长期是指从孩子出生到孩子参加工作，参考年龄30~50岁。这个时期的时间跨度长，但是又非常辛苦，同时要面对孩子慢慢长大和父母逐渐衰老的问题。我们通常所说的夹心层的中年人，正好是上有老、下有小的年龄，往往是家庭负担最重、压力最大的时期，家庭开支更多地集中在以养孩子为主的生活必需品、教育、医疗保健等方面，此阶段的理财重点是合理安排这些家庭支出，做好现金流管理。鉴于此阶段负担是最重的，相应的保险需求也有所加大，所以这个时期财务需求最主要的是配置好保障类资产，并且要兼顾到子女教育金和个人养老金的积累。但是不能忽视的是，这个时期也是家庭财富积累的重要时期，也是决定家庭财富阶级的关键时期，因此绝对不能忽视市场性资产和进攻性资产的配置。

4. 家庭成熟期

家庭成熟期主要是指从孩子参加工作、结婚到自己退休的这段时期，参考年龄一般是在50~60岁。通常情况下，这个时候的家庭已经步入了较为稳定的发展阶段，子女已经基本完全独立，负债基本偿清，生活、工作压力逐渐减小。相对而言，此时是人生中财务上最轻松自由的时期，也是家庭财富积累的巅峰时期。此时期的财务目标是巩固个人和家庭的资产，增强投资收益，同时考虑给孩子准备婚嫁金以及为自己规划退休养老生活。

5. 退休期

退休期是指自己退休以后，即年龄在60岁以上。在退休期，家庭已经没有劳动性收入，如果前期没有做好规划，家庭收入可能将出现大幅缩水。这个阶段财务首要目标是保障家庭财富的安全，合理安排各项开支，保证退休后的医疗费用、保健费用和各项生活费用，确保养老生活品质。此时应更多倾向于保障性的资产配置，在保障自己个人养老品质的同时，剩余的资产依然需要进行合理的投资规划，由于退休期的个人工作收入的提升空间已经非常有限，更多的家庭收入来源于投资收益，这也是避免个人家庭财富快速缩水的重要方面。

由此可见，基于家庭生命周期的资产配置动态调整的主要条件和逻辑是家庭生命周期的发展。比如说个人家庭从单身期步入形成期，或者从成长期步入成熟期，那么都需要根据现阶段家庭财务状况的变化、家庭成员状态的变化、家庭财富配置目标和风险承受能力的变化，对个人家庭的资产配置进行一次重新的审视和调整。

当然，这些配置方案并不能生搬硬套，尤其是不能完全以家庭成员的年龄为标准，其判断的主要依据应该是实际的家庭资产现状，不同家庭的生命周期之间也存在差异。举个简单例子：有的人可能30岁了还没有结婚，但可能有的人30岁的时候孩子都已经上小学了，因此在实践中，还应该依照自己家庭的实际情况以及当前家庭财富配置的长远规划、特定需求来进行战略性的动态调整。

2.4.2 基于资产价格变化的动态调整

基于资产价格变化的动态调整可以基于家庭生命周期的变化调整，也可以是在3个月或者半年市场环境发生变化引起了资产价格变化的基础上调整，这里主要指的是市场性资产的动态调整，防御性资产和进攻性资产的调整一般只是比例的调整而不是类别的变化。调整的原则是要在比例许可的范围内，可以倾斜但不是颠覆原来的配置。如果仅仅是短期的追涨杀跌或者轮动，总的来看效果并不好，因为短期失误的概率很大，并且频繁操作成本很高。

所以，即使是基于资产价格变化做的战术调整也必须非常慎重，而且必须是有条件的，不要把精力全部投入短期不丢掉任何一个机会、去避免任何一个可能的风险上去，这既不现实，也不可能做到，也没有人做到。

现实中投资者可以做的，或者说能够有效做到的是审视自己的市场性资产组合的合理性：市场发生什么样情况下，组合中的哪类资产、哪些产品需要调整，容易在什么条件下受到冲击，需要加强什么资产的配置，同时要减配什么资产的配置，哪种资产的配置比例和规模无须做过多的调整，等等。从资产配置角度去看待市场性资产的组合，基于市场的变化对家庭财富的配置方向和比例进行动态调整。

下面我们以二级市场变动为例来进行市场性资产的动态调整。正如前文所述，我们认为A股整体趋势是向好的，拉长投资周期的话现在是加大配置的时候。所以说在市场性资产的配置上，就可以适当增加对A股市场的配置比例。再比如说美股，美股在货币政策由松变紧、估值高企、盈利预期持续性存疑、持仓过于拥挤以及股市涨跌周期接近临界点的情况下，从风险收益比的层面看，配置价值明显降低，所以说就需要适当减少美股的配置比例。在实践中，我们可以将资产的调整方向大致分为增配、标配和减配三大标准，从而便于理解和记录。

当然，基于资产价格变化的资产配置动态调整比较专业，投资者可以借助专业机构和专业理财师的意见，定期（通常为一个季度或者半年）对自己市场性资产中的每一类资产的配置进行监视，完成自己的市场性资产动态调整配置表（见表2-4），并依照该表对自己的市场性资产配置情况进行适当的战术性调整，在尽可能提升整体组合收益的同时，降低所面临的风险。

表 2-4 市场性资产动态调整表（示例）

市场性资产	细分资产	配置建议
股市	A 股	增配
	港股	增配
	美股	标配
债权	标准化债权	标配
	非标债权	增配
房地产投资	国内房地产	减配
	海外房地产	增配
大宗商品	工业大宗商品	标配
避险资产	黄金	标配
	美元	标配

制表：大唐财富。

2.4.3 资产配置动态调整案例

我们继续以上文中的唐女士和王先生为例，随着其家庭生命周期的不断变化，动态调整也是不能避免的，下面我们将从生命周期变化和资产价格变化两个方面来对王先生的家庭财富配置的情况进行重新的规划。

在王先生的案例中，我们对其财务进行规划的假设前提是其生命周期处于成长期，即其家庭的大致情况是家庭核心成员的年龄在30~55岁，上有老下有小，家庭收入高，但是同时家庭负担也重，在这个阶段的家庭财富的整体规划是要更多配置市场性资产，并且关注市场性资产的流动性，继续配置进攻性资产。

依照我们战略性动态调整的规划，王先生还有5年左右的时间将步入家庭成熟期，此时王先生的家庭财富情况基本达到生命周期的峰值。但是正如案例中所述，王先生的身体不太好，虽无大恙但日渐多病，力不从心。并且全家人有晚年移民国外打算。因此可以提前对家庭财富配置进行调整，在成长期和成熟期之间形成平稳过渡。

从具体的调整方案来看，首先可以适当增加各类防御性资产的配置（具体调整方案见表2-5），尤其是保险的配置，构筑家庭财富的第一道防线，同时积极购汇以应对未来的移民需求。同时适当降低市场性资产的配置比例。依照我们财富规划三阶模型的配比，建议增加10%的防御性资产配置，同时减少10%的市场性资产配置，从而使家庭财富的配置比例逐渐从形成期向成熟期过渡。

基于家庭生命周期变化的资产配置方案调整见表2-5。

表 2-5　唐女士基于家庭生命周期变化的资产配置方案调整

三类资产	细分资产类型	配置比例	配置金额（元）	配置理由
防御性资产（20%）+10%	现金类	2%	160 万	需要保持部分流动资金，作为生活基本开支和应急资金。
	自住型房产	10%	800 万	将原有 4 套房产中的 1~2 套作为自己及子女的自住型房产。
	实物黄金	1%	80 万	黄金保值性较高，通过黄金进行财富传递没有税收和转让费率的困扰，并可以在极端非常时期发挥流通货币的作用。
	保险	5%	400 万	保险是风险的最后一道防线，能够有效保障投保人的生活水平。因此建议唐女士合理配置境内外多类险种。
	外汇	2%	160 万	合理利用外汇管额度，持续购入外汇，满足未来境外消费、置业、安家需求。
市场性资产（50%）-10%	投资性房产	8%	640 万	可在价格合适时将原有的 4 套房产卖掉 1~2 套，提高资金流动性，用于其他更高收益产品的投资。建议仅保留具有更高升值空间的优质房产。

续表

三类资产	细分资产类型	配置比例	配置金额（元）	配置理由
市场性资产（50%）–10%	房地产基金	3%	240 万	改变房产投资模式，积极参与专业房地产机构投资的地产项目。
	A 股基金	3%	240 万	建议唐女士通过基金进行 A 股配置。可以根据市场行情，切换不同策略，比如股票多头策略。
	港股基金	3%	240 万	港股的低估值优势和充足资金，使港股具有较高配置价值。另外，港股和美股都是机构投资者的盛宴，建议通过基金的形式间接参与。
	美股基金	3%	240 万	未来美股可能继续维持高位震荡，建议通过美股基金适当进行配置。
	债券基金	3%	240 万	债券市场对个人投资者限制较多，唐女士可以通过基金的形式间接参与。
	CTA 基金	2%	160 万	期货类产品与股市相关性较低，有利于平抑风险。
	其他固收产品	10%	800 万	选择优质标的非标债权进行多元化投资。
	欧洲购房（移民）	7%	560 万	海外房产相对国内房产具有价格优势，可分散配置，降低地域风险。同时可按家庭意愿，规划移民事宜。
	股权 FOF	8%	640 万	在缺乏产业经验的情况下，建议通过母基金参与投资。股权 FOF 可使个人投资者覆盖更多行业，与顶级机构并肩投资。
进攻性资产（30%）	明星股权项目	30%	2400 万	关注热门领域股权项目，包括智能制造、医疗健康、文化娱乐等风口行业，并精选其中的优质标的进行投资。

制表：大唐财富。

但是这时我们就会发现，在我们确定对三类资产比例进行战略性调整的同时，细分资产类型的配比一定也需要相应调整，才能做到配置比例的再平衡。这就涉及各类资产的动态调整，即需要以当前的宏观经济周期分析为基础，并通过大类资产研究和经典金融理论相结合，从而制订市场性资产的配置方案。

直接按照同比例的减配并不科学，可以先挑选出需要调整比例或者删除的市场性资产，将减配产生的富余资金直接配置到相应的防御性资产当中，例如在唐女士的案例中，假设基于当前宏观经济形势和大类资产的表现，我们相对不看好实物房产（尤其是部分二、三线城市）未来的升值空间，所以首先可以减少投资性房产的配置。再假设我们不看好美股下一阶段的表现，那么也可以相应减少对美股基金的配置。当然，这里的增减配建议是指基于假设的特定环境和特定的家庭配置需要下。以唐女士和王先生为例，基于家庭生命周期变化基础上，结合资产价格变化所做出的综合资产配置调整示例见表2-6。

表 2-6　唐女士综合资产配置调整方案

三类资产	细分资产类型	配置比例	配置金额（元）	配置理由
防御性资产（20%）+10%	现金类	2% +1%	160 万 +80 万	需要保持部分流动资金，作为生活基本开支和应急资金。
	自住型房产	10%	800 万	将原有 4 套房产中的 1~2 套作为自己及子女的自住型房产。
	实物黄金	1% +1%	80 万 +80 万	黄金保值性较高，通过黄金进行财富传递没有税收和转让费率的困扰，并可以在极端非常时期发挥流通货币的作用。
	保险	5% +5%	400 万 +400 万	保险是风险的最后一道防线，能够有效保障投保人的生活水平。因此建议唐女士合理配置境内外多类险种。
	外汇	2% +3%	160 万 +240 万	合理利用外汇管制额度，持续购入外汇，满足未来境外消费、置业、安家需求。
市场性资产（50%）−10%	投资性房产	8% −8%	640 万 −640 万	可在价格合适时将原有的 4 套房产卖掉 1~2 套，提高资金流动性，用于其他更高收益产品的投资。建议仅保留具有更高升值空间的优质房产。
	房地产基金	3%	240 万	改变房产投资模式，积极参与专业房地产机构投资的地产项目。
	A 股基金	3%	240 万	建议唐女士通过基金进行 A 股配置。可以根据市场行情，切换不同策略，比如股票多头策略。

续表

三类资产	细分资产类型	配置比例	配置金额（元）	配置理由
市场性资产（50%）–10%	港股基金	3%	240 万	港股的低估值优势和充足资金，使港股具有较高配置价值。另外，港股和美股都是机构投资者的盛宴，建议通过基金的形式间接参与。
	美股基金	3%–2%	240 万–160 万	未来美股可能继续维持高位震荡，建议通过美股基金适当进行配置。
	债券基金	3%	240 万	债券市场对个人投资者限制较多，唐女士可以通过基金的形式间接参与。
	CTA 基金	2%	160 万	期货类产品与股市相关性较低，有利于平抑风险。
	其他固收产品	10%	800 万	选择优质标的非标债权进行多元化投资。
	欧洲购房（移民）	7%	560 万	海外房产相对国内房产具有价格优势，可分散配置，降低地域风险。同时可按家庭意愿，规划移民事宜。
	股权 FOF	8%	640 万	在缺乏产业经验的情况下，建议通过母基金参与投资。股权 FOF 可使个人投资者覆盖更多行业，与顶级机构并肩投资。
进攻性资产（30%）	明星股权项目	30%	2400 万	关注热门领域股权项目，包括智能制造、医疗健康、文化娱乐等风口行业，并精选其中的优质标的进行投资。

制表：大唐财富。

综合来看，无论是基于家庭生命周期的调整还是基于宏观经济引起的资产价格的调整，都需要投资者在专业人士的建议下，根据实际情况灵活地对各类资产配置的比重进行取舍。投资者在选择专业财富管理机构服务时需要综合评估机构的实力、股东背景、资质和牌照、产品线、过往产品兑付情况、合规情况等，在选择理财师服务时需要综合考量理财师是否具有从业资格、是否持有专业证书、能否提供完整的资产配置方案以及在金融行业的工作经验、从业经历等。投资是专业的事情，资产配置更是专业的服务，一位优秀的理财顾问不仅能为投资者的财富保值增值，还可以帮助投资者提前预估家庭面临的投资和人生风险，搭建抵御风险的保护伞。

03 我敢打赌，你的保险买得不对

近几年，保险作为重要的金融保障工具之一越来越受到大众关注，然而我国的保险配置距离发达国家仍有不小的差距。数据显示，我国寿险保单持有人只占总人口的8%，人均持有保单仅有0.13张。我国的保险赔付远低于国际平均水平。要知道，美国人的投保率是420%，即人均拥有5份保单；日本更厉害，投保率是650%，每一个人平均拥有6.5份保单。

其实，有理财保障意识的投资者或多或少都有一些保险产品配置，但是配置的险种、顺序、金额都缺乏全面规划和管理。很多人明明需要的是重疾理赔险，结果买成了普通医疗，明明需要的是养老金，结果买成了终身寿险，明明想实现资产保值，结果买成了投资连结险。

那么，保险到底有哪几种？不同的保险功能是什么？购买保险的误区如何避免？配置保险的逻辑是什么？境内保险和海外保险区别在哪里？本章将通过对这些问题分析并结合案例来指引投保人到底该如何购买和选择保险，相信看完本章，您会对保险有更完整的理解。

3.1 买保险，其实是最应该着急的事儿

一个有趣的现象，很多理财师跟投资者沟通资产配置时，不管是类固收理财信托，还是二级市场的权益类产品，投资者在了解之后往往都能很快下决定是否购买，但是谈及保险，即使投资者知道自身的家庭保障有缺口，却反而不着急了，总觉得保险随时都能买，和家里人商量后慢慢考虑再定。

很多投资者对保险仍有一些偏见，一听“保险”两字，就认为是骗人的，觉得保险缴费时间长，收益低，不好理赔。

事实真的是这样吗？

实际上中国保险已经过了最初野蛮生长的时期，很多人对保险的误解源于

销售人员的不专业，误导销售，乱给承诺。例如一位投保人，非常排斥保险，因为他以前买过一款重疾保险，销售人员告诉他，只要得病就能得到赔付。过了几年他患阑尾炎到医院做手术，本以为可以领到保险公司的赔偿，不想却被拒赔。因为他买的是重疾险，而非医疗险，而阑尾炎仅仅是一个小手术，不在重疾险的保障范围。

误导销售在保险发展早期销售时期问题较多，销售人员为了成交，过度夸张了保险的功能。如果投资者配置保险产品时既追求保障功能，又要求收益高、有赎回灵活性、产品安全，这么多的要求希望仅仅通过保险产品来实现，实实在在是为难“保险”了。

我们在资产配置三阶模型中提到，家庭面临三类风险：保障性风险、市场性风险和成长性风险。保险对家庭而言主要是覆盖保障性风险，生老病死，人生无常，保险可以转移各种风险带来的高额财务损失，保险同时也有杠杆功能，用较少的资金换取数倍数十倍的保障。保险姓保不是一句空话，让保险真正回归保障也是银保监会一直倡导的。

保险位于资产配置金字塔的底层，属于防御性资产，风险等级较低，相对权益类产品来说比较安全。在国内，险资的投资渠道多以固收债券类为主，收益自然不高，但是保险有独有的优势，如养老保障功能、婚前财产隔离功能、传承功能、杠杆功能等。

3.1.1 保险的养老保障功能

2019年中国社科院的一份报告将大众的目光聚焦到了养老保险这一民生问题上，根据《中国养老金精算报告2019—2050》，预测养老金将在2035年耗尽。这个预测意味着，如果没有其他资金注入，到了2035年，退休老人的养老金将无法足额发放，只能依靠政府补贴以及当期劳动人口所缴养老金来领取。中国正在从老龄化社会步入深度老龄化社会，预计2030年，中国65岁以上人口占比将超过日本，成为全球人口老龄化程度最高的国家。

现在我们平均有两个缴纳养老金的人来给付一个离退休者，但根据报告，到了2050年这个数字将接近1，压力是非常大的。同时我们退休后领取的养老金要看各个地区的养老金替代率。我国基本养老保险的目标替代率为60%，也就是说假设现在底薪为10000元，退休后平均每月领到6000元就算是完成目标了。而世界银行建议如果退休后生活水平与退休前相当，养老金的替代率需要达到

70%以上。而现实情况来看，我国基本养老保险的替代率不断下降，近两年大约只有45%，同时加上国内通胀，想要在退休后享受高品质的养老生活仅仅依靠国家的养老金是远远不够的，还需要自己提前做一些规划。

既然要填补养老金的缺口，我们所投资的这笔资金就需要相对安全和稳健增值，而年金保险就是个不错的选择，在赚钱能力还比较强的时候提前积累一些资金到养老年金里，退休后再拿出来使用，相当于对养老金的一个补充。

例如，唐女士35岁，民营企业高管，近几年收入非常不错，因为担心未来行业不稳定，想要提前给自己规划养老保障，选择投保商业养老年金，年缴保费30万元，缴5年，从第五年开始就可以每年领取年金。如收入稳定，暂时不用这笔资金，可以转入万能账户按照4.5%的预期收益率累积生息（根据历史表现），到了55岁可以一次性领取125万元左右（以4.5%预期累积生息计算），之后每年可领32700元作为养老补充至身故，同时在66岁那年还可以获得养老奖励金32.7万元，除此之外身故后还能将之前所缴保费150万元指定赔付给自己的子女作为传承。

3.1.2 保险的婚前财产隔离功能

婚姻风险是现在父母和年轻人关注的一大重点话题，近几年来明星离婚打官司的话题频频上微博热搜，婚姻风险已经不是个例。结婚后夫妻的资产很容易就混同了，一旦混同之后再离婚，自然面临财产分割的问题。根据民政部发布的《2018年全国社会服务统计数据》，2018年我国各地区平均离婚率已经高达37.6%，一些地方的离婚率甚至高达60%以上（见表3-1）。

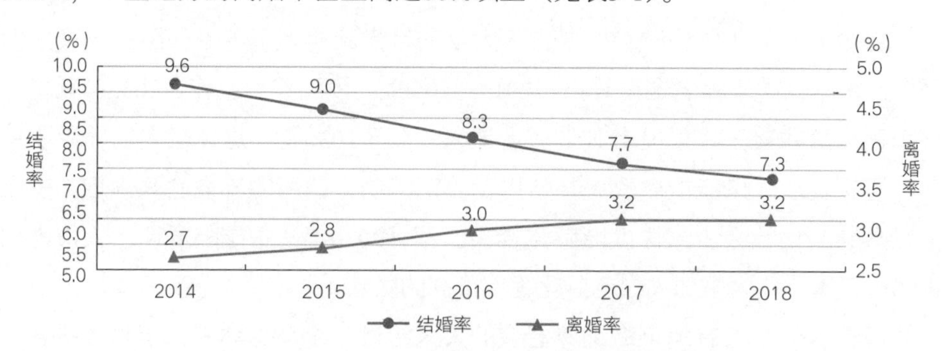

图 3-1 2014—2018 年全国各地区结婚率离婚率数据

数据来源：《2018年民政事业发展统计公报》，民政部。

离婚之后，夫妻间的资产应该如何分配？婚前买的房子是否属于自己的个人资产？父母给自己的钱是否会变成别人的钱？这样的问题接踵而来。

保险如果规划得当，也可以抵御婚姻财产风险。很多地方的风俗是男方准备婚房，女方准备彩礼，如果以后不幸走到了离婚这一步，按照目前的婚姻法规定，婚前的婚房属于男方个人财产，彩礼可就属于共同财产要进行分割了。

案例：钱总是民营企业家，家产颇丰，独生女小丽和女婿小王通过朋友介绍认识，在一起半年后闪婚，小王的父亲王总也是企业家，两家算得上门当户对。双方领结婚证后，开始筹办婚礼，婚房自然由王总准备，一栋价值2000万元的别墅，婚前全款购买，登记在小王名下，小丽提出要增加自己的名字，小王同意了，但因为筹备婚礼事情太多没有及时办理。钱总对小丽宠爱有加，为了让小丽嫁过去后有地位，钱总花了300万元装修他们的别墅，同时给了女儿1000万元的现金和价值100万元的保时捷作为嫁妆。不曾想，由于都是独生子女，两人性格都比较自我，婚后女儿和女婿才发现二人性格不合，且女婿经常大打出手，屡教不改。钱总和小丽都认为，趁着还没有孩子，赶紧离婚。但女婿不同意，无奈小丽将小王告上了法庭，经过两审，耗时一年多终于离婚成功，但是财产分割让小丽很不满意。

因为别墅是小王婚前父母出资全款购买，登记在小王名下，根据婚姻法司法解释，属小王个人财产；300万元装修和1000万元现金及保时捷车因属小丽婚后所得，均属夫妻共同财产，两人依法分割。

父母都希望子女有一个美满幸福的婚姻，但是类似案例却往往出现在现实中，大家可以再思考几个问题，假如小丽突发意外身故怎么办？小丽的父母突然意外身故又该怎么办？如果小王卖掉别墅换房或者小王公司资金需用房子抵押贷款判决结果是否会不一样？

那么，有没有办法很好地去隔离婚姻破裂时资产分割的风险呢？当然有，最好的办法就是进行婚前财产公证，但是对于中国人而言，从理性的角度来说是认可的，从感性的角度却很难让人接受。而保险，从一定程度来说能更好替代嫁妆，将一部分资金作为子女的个人资产，即使婚后出现风险也不容易进行分割。当然对于国内的年金险有一定的前提要求，前提是父母需要在孩子结婚前交完所有的保费，同时保单的签署也仅需要被保险人签字，因此更加安全和私密。

3.1.3 保险的传承功能

对于很多富起来的第一代而言，随着子女或孙辈年龄的增长已经逐渐开始考虑传承问题，而涉及传承最大的担忧就是“富不过三代”。美国统计局曾经做过一次统计，仅有30%的企业可以传承到第二代，12%的企业传承到第三代，3%的企业传承了三代以后。在中国，我们很少听到有富过三代的家族，而在国外，却有很多家族在传承上做得非常出色。比如，美国的洛克菲勒家族，从19世纪中叶到现在经历6代人、150余年，期间经历两次世界大战及诸多经济危机，家族仍然屹立不倒，家族财富更是稳中有升，资产遍布全球。除此之外还有法国的穆里耶兹家族、意大利的安东尼家族、德国的罗斯柴尔德家族等。国外的家族财富传承多采用家族信托和保险的方式。而家族信托设立的金额是1000万元以上，保险作为中产家庭的财富传承工具，合理设计的保单能够将财富精准、灵活、分批次传给下一代。

家庭财富在传承的时候可能面临哪些风险呢？我们来看看几类比较典型的风险。

1. 传承时没有规划或规划不足的风险

因为“创一代”和“富二代”的知识背景、经营思路差别巨大，一代意外去世，二代接班过于年轻，缺乏经验，如果再加上没有合理的安排，很容易将创一代累积的财富败掉；或者子女志不在此，无法胜任，导致企业无法传承。

2. 法定继承风险

多个继承人存在的前提下，至亲之间容易对簿公堂。

案例：独生女小红在继承父亲遗留的房产时，由于父亲未曾立遗嘱，被房管局告知需要提供公证处出具的继承公证书或提供法院判决书。小红找到公证处，由于小红的父亲去世时奶奶还在世，所以父亲的三个兄弟姐妹从法律的角度讲也是房产的继承人，公证处则要求她把父亲的亲戚都找到，带到公证处，只有这些人都放弃了继承权，小红才能办理继承公证拿到房子。

出现这样的情况是因为我国法定继承第一顺序是被继承人的配偶、子女、父母，如果被继承人父母健在，与独生子女享有同等继承权。而往往在继承前还需要做继承权公证，也就是案例里提到的，需要所有涉及继承的继承人（无论其是否为遗嘱继承人）共同配合前往公证处进行继承权公证。如有任何继承人对遗嘱分配不认可或者不予配合，或者由于各种原因而联系不上，都可能导致整个继承过程中断，结果可能是亲人互相起诉，进行旷日持久的继承诉讼大战，而我国这类案件平均审理期限为2~3年。

3. 遗产税问题

据统计，全球共有114个国家开征遗产税，如我们比较熟悉的美国、加拿大、英国、德国、日本、韩国等，见表3-1。

表 3-1　主要国家遗产税对比

国家	税率	明细
美国	40%	全球征税，特朗普执政期间美国居民免税额为 1140 万美元一人。非美居民在美国本土的资产免税额为 6 万美元，超过部分征收 40% 遗产税
加拿大	无	虽无遗产税，但需要交 50% 资本增值税
英国	最高 40%	全球征税“七年原则”，可往前追溯 7 年
德国	7%~50%	分级遗产税制，死亡人或赠与人的配偶享有基本免税额 25 万欧元和额外免税额 25 万欧元。每一个子女可免税 9 万欧元，每一个孙子女免税额为 5 万欧元。
日本	10%~70%	采取继承税制，根据各个继承者继承遗产数额的多少收税，总共分 13 个档次，从 10% 到 70%
韩国	最高 50%	继承的遗产价值超过 30 亿韩元

制表：大唐财富。

案例：韩国LG集团是全球知名的电子企业，也是仅次于三星的韩国第二大集团，员工75000人。其会长具本茂拥有12%的LG集团股份，但在2018年5月20日，具本茂因病去世，其子具光谟继承了他8.8%的股份，加上自己原有的股份共计15%股份，价值约15.5亿美元（当年约合108亿元人民币），成了LG新晋掌门人。要继承百亿身家，这本来是天大的好事，但是想要拿到这笔钱，他得先交遗产税。如表3-2所示，当继承的遗产价值超过30亿韩元（当年约合1500万元人民币）时，遗产税支付比例将高达50%，而且当转让最大利益相关者所拥有的股份时，还将额外征收20%的税。这样算下来，具光谟得支付近6.3亿美元（当年约合44亿元人民币）的遗产税，才能合法继承遗产，据悉，这将是韩国历史上金额最高的一笔遗产税，具光谟计划在未来5年内全部完成支付。

很多人认为中国现在还没有遗产税，暂时不用做这方面的规划。但很多企业家在海外都有资产，国内的资产可能暂时没有遗产税的问题，但还有“创一代”身体因素或者企业经营的风险。我们认为，凡事都要提早规划、未雨绸缪，保险规划须尽量提早安排。

传承类的保险可以通过终身寿险以及中国香港的储蓄分红险来配置。终身寿险的原理是客户自己给自己投保，身故受益人写子女，目的为身故后的指定传承；储蓄分红险的原理是客户自己给自己投保，且在缴完保费后更改被保险人为自己想要传承的子女，目的在于身前的指定传承。越早准备，沉淀的时间越长，需要的资金越少，杠杆也越大，所以保险才应该是最先配置的金融产品。

如果遗产税以后真的开征，也可能被保险人那时的年龄已经偏大，身体存在或多或少的小问题，已经没办法购买终身寿险了，那个时候再想配置传承类保险已经晚了。

保险金的赔付如何能够精准给到想要传承的继承人也是投保人关心的问题。我国最高人民法院《关于保险金能否作为被保险人遗产的批复》规定：“人身保险金能否列入被保险人的遗产，取决于被保险人是否指定了受益人。指定受益人的，被保险人死亡后，其人身保险金应付给受益人；未指定受益人的，被保险人死亡后，其人身保险金作为遗产处理，可以用来交税、清偿债务或赔偿。”以终身寿险为例，也就是说如果提前购买了保险，并把受益人指定为自己的孩子，例如可以要求两个孩子各继承50%，那么这份保险的身故赔付金额明确指定传承，不会引发任何经济纠纷，同时由于保险的起投金额低，多数不需要受益人到场签字，因此更加私密和安全，适应人群也更广泛。

3.1.4 为什么要优先配置保险

保险的保障功能并非像投保人以为的那样，随时都可以购买，被保险人的健康状况不合格可能会被拒保。对于真实存在保障性风险的家庭来说，购买保险才是最应该着急的事儿。

多数家庭关注的保险产品通俗来说，主要分成两大类，一类是保人的保险，如重疾险、医疗险、寿险等，这类保险以人的生命及健康为赔付标的；另一类是保钱的保险，如国内的年金险、万能险，国外的储蓄分红险等，以保障资金安全为目的，以稳健增值为主的保险。

投保人交纳的保险费用往往因被保险人的年龄不同而不同，年龄越小，保费越便宜，同时免体检额度也越高，表3-2以国内某款重疾险为例。

表 3-2　某重疾险不同年龄保费对比

女性，20 年缴费，50 万元保额		
年龄	每年保费（元）	最高免体检额（元）
0 岁	4125.00	80 万
20 岁	7790.00	80 万
30 岁	10820.00	80 万
40 岁	15010.00	80 万
50 岁	20465.00	50 万

制表：大唐财富。

越早购买保费越便宜，例如0岁的女孩子如果一出生父母就有意识给她配置重疾险，那么仅需年缴4125元就立刻享有50万元的保额，缴费20年，总缴保费82500元；而到40岁的时候再来配置重疾险，年缴保费需要15010元，总缴费需要300200元，整整比前者多出217700元。

重疾险跟被保险人的身体健康有直接关系，在购买此类保险时需要填写健康告知声明，如果隐瞒不报，可能会直接导致未来的理赔不能顺利进行。而随着年龄越大，身体或多或少会出现一些问题。

例如，35岁的唐小姐想配置重疾保险，之前体检发现乳腺有结节，其实这对于女性而言是非常普遍的情况，医生也表示不用进行进一步医疗治疗，但是由于结节比较大，保险公司核保后仍然予以除外处理，也就是说唐小姐可以购买该款重疾险，但以后所有有关乳腺的重疾不会给予赔付。除此之外，也可能因为一些身体上的小问题，保险公司予以加费投保，也就是说投资者购买同款产品的保费要高于其他同龄人，因此这类保险一定要尽早购买。

一些高净值投资者往往希望购买更高保额，而年龄越小相对免体检额更高，省去了不少麻烦，当年龄偏大后超过一定的额度就需要提供体检报告。体检除了要花费投保人更多的时间和精力外，还要担心被保险人的体检结果是否包含影响因素。有些小病在我们平时看来可能不太重视，但在购买保险时却可能带来不一样的结果。

对于保钱的保险而言，一般是在该保险的可投保年龄阶段都可以投保，但是国内的年金产品一般都是保终身，越早投保，交同样的资金，领取的时间越长，因此领取的总金额越多。

例如，以国内的某款产品为例：0岁男孩，父母每年交30万元，交5年，至孩子60岁，账户的可领利益加退保现金价值为1378万元，而同样的缴费金额和年限，换成30岁的男性，至他60岁时账户的可领利益加退保现金价值仅为386万元，这还仅仅是到60岁，越往后差别越大。如果家长想要提前给孩子规划成长金或准备自己的养老金，虽然随时都可以投保，但是在领取同样金额的前提下，越早投保需要投入的资金越少。

3.2 保险那些坑儿

保险是家庭资产配置中必不可少的一个环节，但是市面上的保险产品种类繁多，让人眼花缭乱。而保险又是一个极特殊的商品，保险不能试用，也没有实物，不像其他产品买了就能看到、摸到，还能体验。而投资者在购买保险时对相关常识不够了解，普遍存在一些误区。我们来看看有哪些购买保险的误区，扒去这些因为舆论而披上的外衣，回到保险的本源，帮助您选择一份最适合自己的保险产品。

3.2.1 购买不同险种类别的常见误区

人身保险分为人寿保险、人身意外伤害保险、医疗保险、重大疾病保险和年金保险。投保人在购买时误区较多的是重大疾病保险和有理财功能的保险。

1. 重大疾病保险

重大疾病保险是以保险合同约定的重大疾病的发生为给付条件的保险。投保人通常将医疗保险放在一起考虑如何搭配投保。购买重疾险可以在重大疾病确诊后及时获得保险金赔付，可以用于治疗，治疗后的康复费用，同时也可以作为暂时无法获得工作酬劳时的补偿费用。这类保险投保人在购买时可能有以下误区：

（1）所有疾病都可以赔、保险公司不赔就是说话不算话

重大疾病指医治花费巨大，且在较长一段时间内，严重影响患者及其家庭的正常工作和生活的疾病。2007年4月3日，中国保险行业协会联合中国医师协

会正式出台《重大疾病保险的疾病定义使用规范》，2007年8月1日后，各保险公司新开发重疾险的保障范围，必须包括25种疾病中发生率最高的前6种，如果要用其他的19种，必须使用该规范中的定义。

目前国内的重疾险一般都包含50种以上的疾病，甚至有的高达100多种。当然，包含的疾病越多保费越贵。投保人在购买时选择适合自己的即可，也可以结合家族病史和自身的健康情况选择包括自身高危疾病的险种。

投保人如罹患重疾险合同中所包含疾病的，提供理赔需要的手续，保险公司就会给付相应的保额。重大疾病保险既不是我们误解的普通疾病就可以理赔，更不是我们口中的“不死不赔”“赔不赔保险公司说了算”。

（2）得了重疾有社保，看病也花得起，不用买重疾险

社保在我国医疗体系中承担着基础性的作用，是普通百姓面对疾病威胁的重要保障措施，但是社保“保而不包”，有起付线、封顶线、报销比例、特需病房、进口药、特效药、自费药等诸多限制。同时，一些隐性开支，比如家人的误工费、护工费、营养费等社保也不可能都包含。

社保属于报销型保险，看病报销，解决看病费用问题。重大疾病属于给付型保险，得病赔钱，除了看病费用还能解决家庭生活保障问题，两者互为补充，互不冲突。

例如，王先生罹患恶性肿瘤，2018年9月1日第一次化疗，住院费5.2万元，职工医保报销2.6万元，自费2.6万元，下半年总计化疗6次，累计治疗费用约25万元，社保仅报销14.5万元。此费用尚未包含家属误工费、王先生个人收入损失、营养费等费用支出。

此外，王先生于2015年购买过一份重大疾病保险，保额50万元，缴费4次，累计缴费约5.6万元，得到保险公司理赔50万元。

重大疾病险除了可以支付高额的医疗费用之外，还可弥补严重的收入损失以及长期的康复治疗费用。正所谓“一病回到解放前”，购买重疾险的意义不仅在于有充足的医疗费用去接受更好的治疗，更是在得病后收入降低甚至中断时对家人生活的保障。所以，重大疾病保险为家庭保险配置的重中之重。

（3）现在身体健康，不着急购买重疾险

重大疾病保险是在健康的时候购买，生病的时候使用。购买重大疾病保险时一个重要的环节就是健康告知。随着年龄的增长，各种亚健康问题凸显，或

者体检、就医等过程中留下健康问题记录，可能就会无法购买健康险。

另外，重疾险的保费与年龄直接挂钩，年龄越大保费越高。

因为我们不知道明天和意外哪一个先来到，因此，购买重疾险要越早越好。

（4）大公司比小公司更有保障

购买重疾险主要参考两个方面，一个是保险责任，另一个是保费，如果在保险责任相同的情况下，保费越低越好，在相同保费的前提下，保险责任越全越好，投保人在购买重疾险前可依此方法进行不同产品之间的比较。

对于大公司服务好，理赔快，赔得起等说法，更是过分夸大，大公司小公司因成立时间先后、股东实力、公司发展战略等因素有所区别，但服务好坏与公司大小无必然联系。

对于大公司有保障、小公司会破产等说法，中国保险监督管理机构对于保险公司的经营监管非常严格，不允许单方宣布破产倒闭，即便监管部门宣布撤销经营不善的公司，仍会有其他公司接手原有保单。同时，保险保障基金制度、责任准备金制度、再保险制度等制度的存在，又充分保障了保险公司的持续、稳定经营。投保人可参考：《保险法》第八十九条、九十二条、九十七条、九十八条、九十九条、一百条、一百零三条等相关规定，真正做到“不买贵的，只买对的”。

2. 有理财功能的保险

目前国内市场上的储蓄分红险、年金险、附加万能账户的年金险、增额终身寿险、投资连结险等均属于理财类保险的范畴。其中，投资连结险因不保证本金安全，需符合一定条件的投资者才可购买，不推荐普通人群进行购买。

投保人在购买理财功能类保险时一般会有以下误区：

（1）有理财功能的保险收益不如房子、股票、其他理财产品等，不值得买

保险的本质是保障，每一种理财工具均有其特殊的功能属性，就好像冰箱用来保鲜，空调用来调节温度，两者缺一不可，不是简单的哪个更好的比较。

首先，理财类保险更多的是一种家庭财务规划，将未来的不确定变为确定，如子女的教育、婚姻、养老及终身的现金流规划等。又可以用于家庭经济风险的防范，如投资风险、婚姻风险、债务风险、传承风险等。因此购买理财类保险应首先考虑其特殊的功能，而不是仅仅的收益对比。

其次，仅就收益而言，理财类保险具有安全性相对较高、稳定性强的特

点，多数年金产品的收益率是非常稳定的，且中长期来看收益更稳健，更高于目前市场上大多数货币基金理财产品。

（2）大公司的产品就是好产品

投保人在购买理财类保险时应该多考虑产品本身的类型、预定利率、保底收益投资能力，而不是仅仅纠结保险公司的大小。影响投保人的主要因素有：

①产品类型。产品本身的功能是否满足投保人特定需求，如少儿教育金保险、养老保险、增额终身寿险、储蓄分红险等。

②预定利率。预定利率的高低是保险理财产品收益高低的重要决定因素，不同预定利率产品固定承诺部分收益会存在较大差别。

③保底收益。万能账户的保底收益决定了未来利率下行的环境下我们的最低收益率，仅从此因素考虑，保底3%的万能账户要优于保底2.5%甚至1.75%的账户。

④投资能力。大公司的投资能力或者万能账户的结算利率高于小公司的说法是片面的，但是由于万能账户高于保底利率的部分是不保证的，如果保险公司未来出现经营问题或投资风险，导致收益率降低，那么保底以上的收益就会受到影响。考虑到银保监会对于保险公司运营及投资的诸多严格监管手段，这种经营风险也是小概率事件。

因此，投保人做好产品功能及收益的对比，选择真正符合自己需求的产品才是配置保险的最好方法。

（3）万能账户高结算利率就是好产品

我们经常会听到业务人员“现行结算利率6%”“近几年结算利率5.5%”等说法，甚至会有业务人员采用万能账户现行结算利率为客户进行利益演示，或者与其他公司进行对比。从严格意义上来讲，这种做法具有一定的销售误导性。

上文有提到万能账户保底利率以上的部分是不保证的，我们可对未来收益有一个较好的预期，但不可盲目。同时，万能账户的保费多为主险返还的年金，不做领取而进入万能账户的，一般为购买保险后第五年开始返还，且初期返还金额较低，因此，现行结算利率不能代表以后甚至终身的结算利率，甚至不具备过多的参考价值。

3. 其他保险

除了重疾险及理财类保险之外，意外险、寿险、医疗险等不同类别的保险，要根据投保人的需求购买。保险产品本身没有好坏对错，符合投保人需求的产品就是好产品。

例如，经常出差或者开车的人购买一份意外险还是很有必要的；家里老人或者孩子没有社会医疗保险的，可选择购买一份普通医疗险；对于看病品质有特殊需求的高净值人群，比如海外就医、私立医院等，可选择购买高端医疗保险；对于想做定向传承规划的，可以通过寿险去实现。

总之，不同的险种解决不同的问题及需求，根据需求去匹配产品，同时做好保费及责任的对比，才能真正买到适合自己的产品。

3.2.2 保险功能常见误区

有些保险代理人为了成交，有时会夸大保险的功能。打包票跟客户说“保险金的功能特别强大，有债务不用还、离婚不用分”。但投保人如果有这两类需求，还是需要具体问题具体分析，做好保单设计。

1. 债务不用还

投保人期望的保险避债功能，一般都是基于《保险法》第二十三条：“任何单位和个人不得非法干预保险人履行赔偿或者给付保险金的义务，也不得限制被保险人或者受益人取得保险金的权利。”

此规定仅是说明了受益人或被保险人可正常领取保险金，任何人不得干涉。而领取完保险金之后，这部分钱又变成了个人财产，保险金是否需要用于偿还债务，需要具体分析。另外，保单自身的现金价值，在偿还债务时是否会被法院强制执行用于还债，都需要进一步探讨。

比如我们购买的年金保险，当年金返还后，债权人除了可以直接执行年金，也可能会执行现金价值。2015年浙江高法通知提供了强制执行的法律依据，规定保险公司有义务配合法院冻结保单。如果债务人在明知资不抵债、无法偿还的情况下，购买保险进行恶意避债，按照《合同法》的规定，债权人有权要求法院撤销其购买保险合同的行为。如果保险合同是成立在债务发生之前，保险合同和债务产生的合同属于两个平等且合法的合同，保险合同很难撤销。

保险的避债功能是基于保险合同所规定的保单资产在投保人、被保险人及受益人之间流转而实现的，分为以下几种情况：

（1）保单的现金价值、分红、万能账户属于投保人，投保人为债务人的父母或子女。

（2）保单的生存年金、疾病理赔金属于被保险人，无须承担除夫妻关系外的其他人的债务。

（3）被保险人的身故保险金归属于身故受益人，如为指定受益人，则为个人财产，无须承担他人债务，如为法定受益人，则属于被保险人的遗产，需先偿还被保险人债务，再继承遗产。

当然，以上所有功能的实现，均是基于债务危机产生之前的债务风险防范规划，任何恶意逃债行为均属违法，不受法律保护。因此，利用保险进行家企分离、资产保全、债务风险隔离的规划，需提早布局，合理规划。简单地认为只要购买保险就可以避债，这种想法显然是片面的。

2. 离婚不用分

《婚姻法》第十八条规定，有下列情形之一的，为夫妻一方的财产：

（1）一方的婚前财产；（2）一方因身体受到伤害获得的医疗费、残疾人生活补助费等费用；（3）遗嘱或赠与合同中确定只归夫或妻一方的财产；（4）一方专用的生活用品；（5）其他应当归一方的财产。

简单来说，（1）婚前购买的保险属夫妻一方的婚前财产；（2）无论婚前、婚后，如果是意外伤害保险、重大疾病保险、以死亡为标的寿险等人身保险的保险理赔金，属于夫妻一方个人财产；（3）如果婚后以夫妻共同财产购买的保险，离婚可分割现金价值；（4）如果是婚后非夫妻共同财产购买（如父母），或者接受保单赠与变更为合同持有人的，属夫妻一方个人财产。

因此，如果为子女做婚姻风险规划，需在结婚之前提早准备。婚后利用婚内共同财产购买保险试图离婚不分的恶意行为，不会受到法律的保护。

3. 风险防范、资产保全、传承、教育金、婚嫁金、养老金等规划

保险种类繁多，不同险种防范不同风险，解决不同问题及需求，即便同一险种亦有区别，如年金险分为少儿教育金型、养老型、终身返还型等多种类型；寿险也分为定期寿险、终身寿险、定额终身寿险、增额终身寿险等。因此，投保人清晰的需求认知及代理人专业程度均是重要因素，而绝非简单的购买就可以，保单设计错误往往导致产品无法匹配需求，南辕北辙。

3.2.3 其他购买误区

除了保险的种类、功能，投保人对保险产品本身也存在一些误解，例如认为买了保险没有用上就是亏了、买时容易赔时难、孩子先买保险大人不着急等。接下来我们详细看看为什么存在这些误区。

1. 买了保险没有用上就亏了

这种顾虑一般出现在购买重疾险或者消费型意外险、医疗险等情况下。首先，重疾险一般都会有身故责任、身故赔付保额或保费，所以不存在用不上的现象。而消费型保险一般保费便宜、保额高，具有其特殊存在的意义。

我们做一个比较，买了保险没有发生意外和发生意外了没有买保险哪个更亏呢？显然是后者。

购买保险是为了当风险来临的时候实现风险的防范和转移，保障家人的生活。无论是否购买保险，意外、疾病都会发生，只是发生后的结果不同。保险不能改变你的生活，是为了保证我们的生活不被改变。

2. 买的不如卖的精，买时容易理赔难

首先，《保险法》规定，所有的人寿保险在上市之前，保险条款和费率都必须经过监管部门批准，才可以上市销售。

其次，保险合同为正规的、受国家法律监管的契约合同，保险公司作为受国家监管的正规金融机构应当严格按照合同条款执行。

最后，需求错配也是此类问题产生的另一重要原因，如购买了重大疾病保险发生了意外，购买了高额的年金险发生了重大疾病等。一张保单不可能解决全部问题，需明确自身需求，组合购买。

投保人需在购买保险前认真阅读保险条款，重点关注保险责任及责任免除的内容，清楚什么赔，什么不赔，就不会受到代理人所谓的“买了什么都赔”的误导，发生风险是否在理赔范围内自身也会清楚明了。

3. 孩子买了大人却在裸奔

很多家长认为所有的爱都要给到孩子，且孩子年龄小需要受到更多的保护，而自己已经成年，有什么风险自己可以承担，因此只给孩子买了保险却忽略了自己的保障。

其实，父母才是孩子最大的保障，父母健康、有工作能力即便孩子生病也可保证有能力去治疗。但是一旦父母生病或发生意外、失去工作能力，孩子也将失去保障。父母为自己购买的重大疾病保险、意外保险，其实是为孩子的健康成长增加了一份金钱上的保障。

而父母为孩子购买理财类保险是在保障将来无论父母发生任何事情，孩子都有终身的现金流保障；父母为自己购买养老金保险，是为了将来靠保险养老不给孩子增加负担。

4. 对保险反感，不要跟我谈保险

保险行业作为国家三驾金融马车之一，受银保监会监管，属于国家正规金融机构。而且保险作为家庭风险防范及资产保全的最重要的工具，为我们解决了看病、养老、传承等诸多问题，在西方国家保险已成为每一个家庭的必需品。而我们对于保险的误解又是什么原因造成的呢?

中国的保险行业起步较晚，发展前期又出现了诸如业务人员销售误导，夸大收益，“狂轰滥炸销售”等行为，导致了诸如理赔难、收益与预期差距大、“防火防盗防保险”等诸多问题，但是保险的本质及重要的作用并没有变。

随着中国保险行业的发展进步，国家监管的进一步完善及加强，业务人员及客户素质的提升，大家对于保险的认知已经开始发生了变化，保险也已经走进了千家万户，成为每一个家庭的必备。作为合格的投资人，我们应该认真学习并了解各类重要金融理财工具，让金融工具为我们服务，帮助我们解决问题，而不是凭刻板印象直接拒绝，因为在我们拒绝了保险的同时，也是拒绝了一个重要的防范风险的工具。

3.3 保险这样买才对

保险的配置方法在很大程度上取决于具体的家庭资产配置情况，不同的家庭，应该有不同的保险配置方法。从配置种类来说，应该先配置保障类、再配置理财类保险；从配置顺序来说，先家庭经济支柱后其他家庭成员，先大人后孩子。最优选择为全家人都购买，因为我们不知道风险会发生在谁的身上。

3.3.1 保险对于家庭资产配置的意义

保险作为资产配置三阶模型中的防御性资产，应对的是家庭的各种保障性风险。那么，保险是如何做到保障家庭的资产和现金流的呢？

首先，从货币和投资市场配置多样性看，大部分国内家庭的资产都是以人民币资产为主，而人民币本身存在着汇率贬值和通胀等不确定性，适当增配一些美元保单，可以有效对冲人民币的风险。

大部分国内家庭的资产都是以投资国内市场为主，适当增配一些可以投资海外市场的保单，可以有效对冲国内经济和资本市场的风险。

其次，从投资风险的角度看，进攻性资产例如股票投资、股权投资风险较高，市场性资产例如信托产品、银行理财产品，风险适中但无保障功能。保险产品既可以选择单纯保障类，也可以选择理财类，保险配置的不同险种能够满足家庭的风险管理需求，同时和其他大类资产形成对冲，降低整体的配置风险。

再次，从投资期限的角度看，如果一个家庭大部分的资产都集中在短期限资产类别，变现容易，那么适当地增配一些长年期的保险产品就是正确的选择，因为短期的流动性不是问题，所以不用担心保单在最开始的几年内现金价值较低，这样一来通过牺牲短期流动性，可获得长期更为稳健的收益，实现资产保值。

最后，从税务筹划的角度看，如果一个家庭大部分的资产是重税型资产，比如说房产，那么通过保险来实现合理的税务筹划就很有必要了。绝大部分人寿保险产品的理赔都是免税的，一方面可以减轻家庭应税资产的总额，另一方面可以为其他应税资产准备出税源，一举两得。

3.3.2 不同险种配置的功能选择

不同的险种具有不同的保障功能，每个家庭应该根据自身实际情况配齐各个险种，避免配置的险种过于集中，达不到全面保障的效果。

1. 重大疾病保险

如果说人生只能有一张保单，那一定是重疾险，因为重疾险的保障最为全面，既可以实现重大疾病理赔，又可以实现身故赔付，部分有分红的产品甚至还具备储蓄养老的功能。

需要注意的是，重疾险的功能并不只局限在“病有所医”的层面，更重要的是有“收入替代”的意义。对于中产阶级家庭而言，重大疾病所带来的医疗费可以通过社保、平时的储蓄应付，而收入损失才是更大的风险。罹患重大疾病的大多数人通常需要长时间治疗和休养，很难继续往日的工作，进而失去创造财富的能力，对于“上有老下有小”的家庭支柱来说，这是最令人头疼的，孩子的教育金或者自己的养老金很可能都会被挪用。这时候，如果有一张重疾险，可谓是“雪中送炭”。

2. 终身寿险

终身寿险也是一种常见的提供人身保障的保险。和重疾险不同的是，终身寿险的保险利益主要在身后实现，被保险人在世的时间内一般很难兑现，是一种专注于家庭保障和资产传承的保险。

对于中产阶级家庭而言，终身寿险的功能主要集中在家庭保障方面。在现今社会中，30~55岁的中年人通常肩负着较重的家庭责任，老人需要照顾，子女需要抚养，身上可能背负着房贷，甚至还有其他的贷款。因此一旦家庭的“顶梁柱”出现人身意外，无论是因为交通意外，还是因为疾病意外，其家庭必然遭受重大的经济损失，其他家庭成员也很可能背负上巨大的经济压力。在这种情况下，保险再次扮演“消防员”的角色，为受益人送上真金白银的理赔，切实减轻其经济负担。

对于高净值人群，终身寿险的配置意义就更加凸显了。如今国内的高净值人群基本上以民营企业家、上市公司高管或者影视明星为主体，他们的大额财富同时也面临更为复杂的传承风险。巨额资产在传承的过程中可能给继承人的家庭带来巨大持续的困扰，甚至存在亲人反目，对簿公堂的情况。

终身寿险是目前市场上最灵活、最便捷、确定性最高，且成本最低的传承工具。通过设置保单的受益人，被继承人可以指定继承人和继承比例，无须按照法定继承要求提供复杂的证明文件，也无须律师公证，或者征得其他有继承权的继承人的同意。受益人设定的过程是私密的、灵活的，保单持有人随时可以对其进行变更。更为重要的是，终身寿险的理赔金在绝大多数国家和地区都是免税的，既可以免去继承人巨大的继承成本，又可以为其他需要缴税继承的财产提供税源。总而言之，终身寿险是高净值人群家庭资产配置当中必不可少的工具。

3. 年金险

年金险也是市场上最常见的险种之一。年金险是以生存为给付保险金条件，按约定每年给付生存保险金的保险。和重疾险或者终身寿险不同，年金险主要的功能是对“现金流”提供保障，而不是针对人身。

年金险是家庭资产中保值增值的资产，尤为适合作为未来某项支出的专项基金账户，比如说子女的教育金或者自己的养老金。这是因为这些类别的支出大多数是“大概率事件”，是关系重大的家庭主要支出，因此不适合通过一些高风险资产投资来实现。

年金险的保险利益以保证利益为主，投资风险较小。年金险的给付用于教育金、养老金支出中的基础部分，保证基本的生活质量。年金险以生存为给付条件，年年都有现金流，不必担心有挥霍的风险，更加适合作为长期的现金流管理工具。除此之外，年金险的资产隔离属性也很强，非常适合赠予有婚嫁计划的子女，作为一份“婚前财产”。

重疾险、终身寿险和年金险是最常见的三类保险险种，对家庭资产配置有着各自重要的意义。除了这三类险种之外，高端医疗险、意外险、定期寿险也是常见的人身保障类险种；分红险、投资连结险在年金险的基础上，将储蓄类险种的收益提高，让消费者在稳健投资的策略下可以获得更高的收益。

3.3.3 不同保险险种的额度选择

保额是出现保险事故时保险公司赔付的额度。对于健康险，保额就是患病时保险公司赔多少钱（不一定是最高上限）；对于寿险，就是身故后保险公司赔多少钱；对于年金险和分红险，保额决定分红和年金的数量或比例。

在选择重疾险的保额时，投保人应该考虑以下三个因素：

1. 预期的治疗成本

重大疾病的治疗成本通常在30万元至50万元之间，但这只是最基本的最常规的手术或者其他治疗方式的成本，如果想要获得更好的治疗，比如说使用最先进的药物，或者到医疗水平更为发达的欧美国家治疗，那么治疗的成本可能还会翻几倍。

2. 年收入

重疾的保额应该覆盖至少两到三年的家庭收入。因为一旦罹患重疾，治疗的过程短则几年，长则终身。

3. 未来的医疗通胀

投保重疾时一定要有长远的眼光，不能以当下的医疗成本作为参考。通常情况下，一个人在投保的时候还比较年轻，短期内罹患重疾的概率并不大，即使罹患重疾，大概率也会发生在投保后的若干年之后，而那个时候的医疗成本大概率会比当下的治疗成本高出很多。

医疗一直是一个高通胀的行业，根据国际货币基金组织给出的数据，在过去数年的时间里，全球各地的医疗通胀一直稳定在每年7%左右，而中国国内的医疗通胀则常年高居两位数。这也就意味着，15年后的医疗成本很可能比今天的医疗成本高出一倍以上。今天治疗某种疾病的成本可能是50万元人民币，15年之后治疗同样的疾病可能就需要100万元以上。因此，我们建议30岁以下的人在投保重疾险的时候，保额应该至少设置为（预期治疗成本+年收入）×2。

终身寿险的保额和重疾险类似，同样需要考虑资产总量和年收入状况。从遗产税的角度，终身寿险的保额需要覆盖应该缴纳的遗产税税额，大致可以设置为总资产的40%~60%。同时，终身寿险的保额还必须覆盖家庭的所有负债，并且给受益人留下足够生活的资金。需要注意的是，投保时选择过高的保额可能会被要求体检，所有终身寿险的保额设置也需要“量力而为”。

储蓄型保险的金额设置原则相对更为灵活，可以在家庭每年的年收入的基础上，选择一个固定的比例，比如说10%或者20%，作为每年的固定投入，存入保单中，这样一来不会影响到家庭正常的消费和开支。

3.3.4 家庭保险配置案例分享

不同的人有不同的消费观念，所以就算年收入差不多，保险配置也可能完全不一样。下面我们以一个典型中产家庭为例，看看具体的保险方案可以怎么设计。

唐先生和妻子生活在三线城市，两个人都在国企任职高管，家庭税后年收入稳定在50万元左右，其他福利待遇也非常不错。儿子今年 5 岁，报了几个兴趣班；家里有两个老人，身体都一般；还有几十万元的房贷要还。唐先生夫妇名下有300万元人民币的现金资产，目前存在银行里，每年的收益大概有12万元人民币。

虽然夫妇两人的工作十分稳定，但家庭责任也非常重，如果有人不幸患病或遭遇意外，巨额的医疗费用可能会击垮整个家庭。夫妻两人毕业后就一直在国企上班，所以唐太太希望买保险也要尽量选择大品牌，而且希望能保障终身，这样会更有安全感。根据唐太太的需求，可参考设计方案见表3-3。

表 3-3　唐先生家庭的全方位保险规划

被保人	保险类型	产品名称	保额（元）	保障期	缴费期	年缴保费（元）
唐先生（36岁）	重疾险	HX 常春藤	50 万	终身	20 年	15870
	定期寿险	TPY 爱相守	100 万	至 60 岁	20 年	3100
	意外险	RB 百万意外	100 万	1 年	1 年	300
	医疗险	RB 好医保	200 万	1 年	1 年	428
唐太太（33岁）	重疾险	HX 常春藤	50 万	终身	20 年	9950
	定期寿险	TPY 爱相守	100 万	至 60 岁	20 年	1550
	意外险	RB 百万意外	100 万	1 年	1 年	300
	医疗险	RB 好医保	200 万	1 年	1 年	299
儿子（5 岁）	重疾险	活耀人生	70 万	终身	20 年	8988
	年金险	HX 玉如意	14 万	终身	10 年	5 万
	意外险	TK 少儿	20 万	1 年	1 年	60
	医疗险	RB 好医保	200 万	1 年	1 年	166

上述方案：每年交保费91011元，用每年家庭年收入的10%再加上一部分理财收益即可实现，方案提供获得的保障包括：唐先生夫妇各自拥有50万元重疾保额，若因疾病身故将留下150万元财产，若因意外身故则留下250万元财产，同时享有200万元医疗报销的额度；唐先生的儿子拥有70万元重疾基础保额，保额逐年递增，年金险HX玉如意年缴保费5万元，占了整体保费的50%以上，主要是保证其儿子享有终身不断的现金流，且可以复利增值，作为一生的生活基础，同时享有20万元的意外身故额度和200万元医疗报销的额度。

由于唐太太偏好大公司，所以这套方案选择了HX、TPY、RB、TK等大品牌产品，重疾险都选择了保终身。虽然唐先生家庭收入稳定，但万一夫妻双方有人不幸早逝，赡养老人、养育孩子、偿还房贷的重担都会压在对方的身上，所以为两人分别配置了100万元的定期寿险。尽管唐先生夫妇都有职工医保，但我们还是配置了200万元的商业医疗险作为补充，产品 6 年保证续保，解决了大额医疗费用的开支。

3.3.5 保险合同该怎么看

前期选择好了保险配置的种类、保额、缴费方式，到了最后投保的时候，投保人都会接触到保险合同。保险合同一般是保险公司拟好的制式合同，投保人只需要在关键地方填写个人信息即可。

保险合同是投保人与保险人约定保险权利义务关系的协议，因为其内容比较专业，很多人觉得看不明白。为了帮助大家更好地理解保险合同，挑选产品，我们将列出一般保险合同中重要的条款和专有名词，并进行简单解释。

1. 保险责任

保险责任是指人身保险金给付的责任，即保险合同中约定由保险人承担的危险范围，在保险事故发生时所负的赔偿责任，包括损害赔偿、责任赔偿、保险金给付、施救费用、救助费用、诉讼费用等。

2. 除外责任

除外责任亦称“责任免除”，指保单规定的保险人不负赔偿责任的灾害事故及其损失范围。由这些除外责任造成的经济损失，保险人不负赔偿责任。常见的除外责任包括：

（1）投保人、受益人故意伤害或杀害被保险人；

（2）被保险人犯罪、企图犯罪、拒捕、自伤或自虐；

（3）被保险人斗殴或醉酒；

（4）被保险人服用、吸食、注射毒品或未遵医嘱使用管制药物；

（5）被保险人在合同生效日起两年内或最后复效日起两年内（以较迟者为准）自杀。

3. 如实告知

如实告知是要求投保人在投保时应将与保险有关的重要事项告知保险人的一项保险法律原则。投保人的陈述应当全面、真实、客观，不得隐瞒或故意不回答，也不得编造虚假情况用来欺骗保险人。需要告知的内容包括但不限于：投保人、被保险人和受益人的基本信息（姓名、出生日期、证件号码、性别），投保人收入状况、被保险人健康状况以及投保人、被保险人和受益人之间的关系等。

4. 保险标的

保险标的亦称“保险对象”“保险项目”“保险保障的对象”，它是依据保险合同双方当事人要求确定的。

保险标的，在财产保险中是投保人的财产以及与财产有关的利益；在人身保险中是人的生命或可能发生的疾病以及退休养老的人；在责任保险中是被保险人的民事损害责任。保险标的如为人的生命和身体，应包括被保险人的性别、年龄，有的还包括被保险人的职业、健康情况，视具体险种而定。

5. 投保年龄

投保年龄即被保险人参加保险时的年龄，其对保险的保额，投保所需的保险费以及能否投保都有重要的影响。一般来说，老年人的投保较贵，而且保额少，而儿童的保额一般少于成年人，这都是根据人的生理周期所制定的一项旨在维护保险业合法利益的规定。

6. 生效日期

生效日期是指保单或其相关附加契约的保障开始生效的日期。生效日期于保单资料页内部列明，若保单的原有条款和保障于生效后有所更改，其生效日期则应在有关批注中注明。若保单曾办理复效，则生效日期同时是保单及／或其附加契约的复效日期。

7. 保单周年日

保单周年日指保单日期后每年与其日期相同的那一天。若保单日期为闰年的2月29日，保单周年日于平年则为2月28日。

8. 保单年度

保单年度指由保单日期起以每十二个月作为一个保单年度的时期。保单周年日和保单年度更常见于年金险和分红险中。比如客户投保时是30岁，当客户60岁时，这张保单正在经历第30个保单年度（60－30）。

9. 保险期间

保险期间又称“保险期限”，是指保险合同生效的起讫时间。保险期间内发生保险事故时，保险人须承担赔付责任。保险期间的长短，也是决定保险费高低的依据。保险期间越长，保费越高。

10. 缴费期

缴费期指应缴付保险费的期限，又称供款期，按缴费方式不同可分为一次性缴费（趸缴）、期缴等不同方式。重大疾病和终身寿险的缴费期通常较长，杠杆较大；年金险和储蓄分红险的缴费期通常在10年以内；高端医疗保险的缴费期通常为1年。趸交的保险通常无法新增附加险，同时也无法享受保费豁免的条款。但是另一方面，趸交的保险在前期的现金价值较高，退保的损失因此较小。

11. 保险合同宽限期

保险合同宽限期是指保险公司对投保人未按时缴纳续期保费所给予的宽限时间，我国《保险法》规定宽限期为60天。假设某张重疾险保单每年的缴费日期是1月1日，客户只要在3月1日之前缴费保单就不会失效。假如在1月1日到3月1日之间客户确诊了重大疾病，保险公司依然进行赔付，但是要从给付金额中扣除欠交的保险费。但如果过了3月1日客户还没有交保费，保险合同将会中止。保险中止后，只有提出复效，才会重新恢复效力。

12. 犹豫期

犹豫期是指投保人在收到保险合同后10天（银行保险渠道为15天）内，如不同意保险合同内容，可将合同退还保险人并申请撤销。在此期间，保险人同意投保人的申请，撤销合同并退还已收全部保费。客户收到合同签订了回执之后10天（或者15天）内，如果反悔，是可以无条件退保的，而且不会有损失，这是对投保人的一种重要保护措施，类似于各大网店推出的“7天无理由退货”服务。

13. 观察期

在医疗保险、重大疾病保险这几类健康保险中，观察期是指被保险人在首次投保时，从合同生效日算起的一段时间内被保险人患病，保险公司不予承担赔偿责任。从观察期的时限来看，在普通住院类医疗保险中，观察期一般为60天或90天；在重大疾病保险中，观察期一般为90天、180天、一年。

14. 间隔期

间隔期是指在医疗、健康类保险中，如果两次事件发生的时间长度小于间隔期，那么在理赔时，将这两次事件视为一次事件处理。不同的险种，间隔期的定义有所不同。

3.4 客观看待境内外保险

每个投保人在购买保险产品时都希望花最少的钱办最大的事情，最近几年中国香港、美国保单火爆，不少明星去香港买保险的新闻也经常能看到。很多人直接问境内的保险好还是境外的保险好，其实这个问题比较复杂，需要综合来看。

其实，从专业角度来讲，直接问境内保险好还是境外保险好，这个问题本来就是一个伪命题。因为一个保险产品的设计，会参考多个方面的因素来制定，不存在绝对好的产品，也不存在绝对不好的产品，保险产品的上市都需要通过严格风控和合规限制。境内保险和境外保险所处的发展阶段和监管环境不同，这两类保险产品上市时参考维度的具体情况也不同。

第一个维度是市场需求

保险产品的推出一定要考虑所在市场投资人的大概率需求。例如，由于境内社保医疗补充并不是特别完善，所以境内卖出的10张保单中，有5张甚至6张保单都是重大疾病保险。但美国则完全不同，因为美国的社保是保大病不保小病的，所以，美国保险公司都不重视重大疾病保险产品。但美国遗产税和投资税费很高，所以其寿险的需求量很大，也就是说，美国卖出去10张保单，大部分是寿险保单。

第二个维度是所在区域的法律约束

拿香港和内地来比较，香港属于海洋法系的地区，它的法律政策是以个人利益最大化为导向的，所以香港地区出现了一些为家族信托服务的保单类型，例如可以更换被保险人的分红储蓄，甚至可以把保单和资产装入不可撤销信托保单里。也就是说，如果第一代人是有钱人，第二代、第三代都可以传承第一代的财富，并且规避人性风险、市场风险，让这个家族世世代代都是有钱人。但是内地是大陆法系，所以内地保单设计倾向于补偿人身风险、养老风险、教育风险，但想通过配置某一类单一资产就实现财富传承的目的还是有难度的，例如内地家族信托目前还不能直接装入房子这类不动产。而且，内地保险公司牌照稀缺，大多为国有背景、国有参股，前十大保险公司的销售几乎占了整个保险市场90%以上的份额。所以，市场具有很大的垄断性，内地保险公司创新的动力不足。

第三个维度是产品设计所需要的数据库

保险产品的设计很大程度上要依赖一个数据库支撑，数据库越完善对产品设计越有利。对于境外市场来讲，境外保险公司已经运营了百年历史，甚至还有170年以上历史的公司，他们经历过“一战”、“二战”、1997年亚洲金融危机，2008年国际金融危机，所以相对来讲数据库是比较完善的，有几代人从0岁开始一直到中年、老年、身故的数据。所以境外保险产品相对来说开发的时候是比较容易的，也能通过数据精算合理规避风险。但中国境内真正的保险史开始于20世纪90年代初，到现在无非也就是40多年的时间，第一代生命周期的大多客户还没有走过一生，所以境内保险公司开发产品时，相比之下比较保守，不是因为开发产品能力欠缺，更多的是因为数据支持不足。

第四个维度是投资方向和预期收益

相对而言，境内采取外汇管制，同时保险公司投资的监管限制比较多，银保监会对于保险公司有很强的制约，比如说保险公司必须把大量的资金放入风险账户作为储备，权益类风险投资的占比不能超过20%。境外的保险公司虽然也有相应的监管，但它走的是完全市场化竞争的道路，境外保险公司做投资的时候就是哪里利润高，哪里相对来讲风险可控，它就会去选择投资哪一个。所以境外保险产品的投资种类更加多样化、市场化，也可以做对冲。例如境外保险可以投期货、期权、房地产、股权，甚至可以投资到房地产板块之后再买个该项目的看跌期权。

境内和境外保险产品各有不同，但是不能简单地说哪个地区的产品更好，下面我们来分析境内保险和境外保险的相对优劣势。

3.4.1 境内保险公司和境外保险公司的对比

1. 境内保险公司相对优势

（1）安全性高

多数保险公司有国企、政府参股，所以相对来讲其安全性、稀缺性会更高。而且，《保险法》规定保险公司除了兼并改制之外是不允许破产的，又在安全性上加了把锁。可以毫不夸张地说，境内保险公司的安全性是全球最高的。

（2）重大疾病保险运营效率高、产品较好

多数境内的投保人会选择重大疾病保险作为第一张保单，所以境内保险公司在设计产品的时候，特别重视重大疾病这个业务板块，花大量的精力、时间和人力成本来开发产品，所以产品相对来说比较完善。而且银保监会规定，保险公司的理赔，尤其是重大疾病的理赔，要求正常件7天之内必须出理赔与否的结果，即使非正常件必须30天进行答复。

2. 境内保险公司相对劣势

境内保险公司创新方面做得有所欠缺，在产品的创新、运营方面积极性不高。境内保险公司之间竞争性没有那么激烈，所以创新的积极性并不影响其销售额。同时，境内的保险公司收益要求也不像境外保险公司那么高，同时险资投资的限制因素比较严格。所以相对来讲，境内保险公司本身的投资收益并不是很高。

3. 境外保险公司相对优势

（1）收益相对较高、产品创新亮点较大

境外保险公司所处市场是充分竞争的市场，所以，境外保险公司在做投资的时候，追求在法规、法律的允许之下，实现自己利益最大化，具有较高的逐利性。甚至在中国香港会出现个人购买保险公司的现象，这种情况内地是几乎见不到的。

（2）设计产品更市场化

例如，投资人经常在中国香港买的分红储蓄保险，其中有个特点是可以更换被保险人，等于说让投资人的家庭不断通过被保险人和投保人的更换，在进行资产保值增值的同时实现资产传承，等于说第一代富有了之后，第二代和第三代依然延续上一代人的资产，并且可以通过家族章程和信托的制约进行合理分配，这就是创新和家族利益最大化的体现，到目前为止，这种类型的保单全球只有中国香港可以做到。

（3）全球投资的优势

境外保险产品的监管限制较少，可以更充分发挥资本逐利的特点，在全球范围内选择高收益的投资项目。另外，境外保险公司货币的计价单位是美元和港元，对偏好境外资产配置的投保人来说使用资金更加方便。

4. 境外保险公司相对劣势

（1）境外保险公司法律层面是允许破产的

境外保险公司通常通过一系列的风控措施达到规避破产风险的目的。保险公司实行很严格的风险准备金制度，当保险公司的风险准备金低于理赔金额的150%时，该保险公司就不能再营业了，除此之外，境外保险公司也需要在再保险公司进行投保，从而达到分保的目的。

（2）投资风险

境外保险公司是高度市场化的，投资好的地方会出现很高的回报，但是如果投资失败的话，其风险也是比较大的，也会出现损失的可能。在风控措施上，保险资管公司在决定投资某个项目的同时，很多时候会做一个该项目的看跌期权，所以在某种程度上，可以抵御一部分风险。

（3）境外保险公司运营效率偏低

几乎所有境外保险公司运营和服务都不如境内保险公司。因为境内的人力成本更低，所以境内开一家保险公司，可能招聘上百位客服人员，有专门处理投诉的，有专门处理客服电话的，有专门处理理赔的，有专门处理核保的，分工都非常细。

但境外保险公司就不同了，境外的人力成本较高，所以不可能做到这一点，所以它的效率相对来说比较低。例如，在内地重大疾病理赔7天就可以出结果了，但是在香港有可能会需要30~60天。

（4）境外保险公司理赔和领理赔款时没有境内方便

在境内买保险的话，投保人可以用支付宝交保费，银行扣款交保费，甚至可以授权保险公司划账来扣保费。但是境外支付系统以及银行系统没有境内那么方便，所以境外保险交保费需要投保人自己用境外账户往保险公司对公账户打款，然后给保险公司缴费凭证让保险公司查账，来进行确认。

3.4.2 境内年金保险和境外分红储蓄保险对比

境内没有境外的分红储蓄保险，我们经常听到分红理财险本质上只是具有分红保险责任的年金保险，客户购买了保险之后，每年可以根据保险公司的经营状况享受一定量的分红收益。境外保险则不同，是有分红储蓄这个险种的。境外分红储蓄产品除了可以享受保险公司的经营红利外，领钱还不受到年金领取限额的影响。选择境内年金险的客户通常来讲比较保守，更看重稳定性和安全性，选择境外保险的客户，更看重收益性和保险运营规则的便利性。这两种类型的保险并没有完全的谁好谁坏，各有各的特点。

1. 境内年金保险的相对优势

（1）安全性相对高

境内年金保险的保障主要分两个方面，一方面是年金部分，另一方面是现金价值，现金价值会随着时间增长不断提高，但是保单的年金部分会按照合同规定，强制性按比例分给客户，不管保险公司出现了亏损还是盈利，投资人都能得到这笔钱。

（2）年金保险是按年去领取的

投资人在合同规定的时间段都可以去领取这部分钱，以解决刚性需求，财务安排。

（3）年金的保险往往附赠万能账户

万能账户有保底利率，通常来讲在2.5%~3%，当然也会有一部分是浮动利率，这个浮动利率会根据保险公司经营状况和市场竞争状况来决定，通常来讲5%~6%是比较普遍的。

2. 境内年金保险的相对劣势

（1）抗通胀性比较弱

因为境内年金保险是没有分红的，所以货币贬值时，投资人还是按合同标明的金额来领取，不会随着通胀增加而增加，这样，等于投保人多了一重通胀风险防御。

（2）收益较低

虽然境内年金保险看上去收益还不错，甚至一些投资人还觉得比较高，但是如果拿保单整体收益来进行计算的话会发现它的整体收益性并非很高，究其原因是境内理财保险主要做的是短期返还的年金险，也就是短期内返还的生存金占所交保费的比例比较高，前几年，有客户甚至交过第一年存10万元，下月就返3万元的产品，投资人会觉得第一年投资回报高达30%，但忽略整体收益与合计所交保费的比例，要知道整体收益和合计所交保费的比例才是我们保单的收益率。

（3）万能账户的缺点

万能账户想取钱的时候，只能按部分退保的方式去领取，投资人不能把钱一次性取光，而且，万能账户每年往往会有领取次数的限制。虽然，我们看到公布的万能账户的收益率是较高的，但我们要知道，万能账户并不是按照整张保单来计算利息的，计算利息的部分只是客户没领取的年金，所以算下来整体保单收益并不高。

3. 境外分红储蓄保险的相对优势

（1）可投资范围更广，收益普遍更高

境外保险公司除了投资传统的金融产品外，还可以投资另类资产、股权，还可以做期权。大多数香港保单的整体IRR收益率相对较高。

（2）境外分红储蓄保险被保险人可以更改

境内保险只有投保人和收益人可以更改，也就是保单标的这个锚是不能动的，但是，境外保险被保险人也是可以更改的。对投保人的好处就是，我们保障的期限更加长了，理论上保单还可以世袭，让投保人世世代代享有这张保单的权益。

4. 境外分红储蓄保险的相对劣势

境内实行外汇管制，每年每人只有5万美元的外汇使用额度，不管是购汇还是结汇，额度只有5万美元或等值人民币。所以，如果投保人一次想把保单的钱取出来5万美元以上在境内结汇就不可以了，所以境外保险更适合在境外有资金需求或者投资配置的人群。

我们来看唐先生的境外分红险配置案例：

客户背景：唐先生，45岁外企高管，年收入200万元，孩子上国际初中，未来想送孩子去国外名校上学。唐先生在2016年时预测人民币会走弱，随后，刷银联卡实现资金出海300万美元，其中用100万美元在伦敦买了房产。唐先生现在发现把美元存在境外银行利率太低了，但发现境外投资的风险性和不确定性比境内要大，这个时候找到了理财师咨询。

1. 客户特点

境外拥有大量美元，除了房产之外，还有200万美元现金；

为了让孩子上国际名牌大学，一直规划国际学校和资金出海事宜；

客户属于风险厌恶型，但又觉得银行收益低；

客户知道单一货币会有汇率风险，有双边配置对冲货币风险的配置理念。

2. 解决方案

建议客户留有一部分现金当作境外短期现金流。同时选择境外分红产品，年交10万美元，交5年。领取方式如表3-4海外分红年金险示例。

配置原因分析：

（1）香港分红险，收益相对稳定，具有保证现金价值，中期红利和终了红利。

（2）未来想用钱，8年之后就可以提领，实现稳定的现金流，为孩子的教育金、婚嫁金作补充。

（3）美元保单随时可以变成英镑、港元等外币，具有全球流动性。

（4）美元保单可以对冲人民币单一币种风险。

表 3-4　创富传承计划书（为例）年缴 10 万美元——5 年缴

单位：美元

		退保价值				身故赔偿				
		保证金额	非保证金额		总额 (A) + (B) + (C)	保证金额 (D)	非保证金额		(G) + (A) + (F)	总额 (G 或 D) 之较高者 + (E)
保单年度终结	缴付保费总额	保证现金价值 (A)	累积每年红利及利息 (B)	终期红利 (C)			累积每年红利及利息 (E)	终期红利 (F)		
1	100000	0	0	0	0	100000	0	0	0	100000
2	200000	0	0	0	0	200000	0	0	0	200000
3	300000	25795	60	52710	78565	300000	60	52710	78505	300060
4	400000	96558	217	104312	201088	400000	217	104312	200870	400217
5	500000	205437	687	148592	354716	500000	687	148592	354029	500687
10	500000	314920	4575	285515	605010	500000	4575	285515	600436	605010
15	500000	387048	12772	471465	871285	500000	12772	471465	858513	871285
20	500000	501000	25839	742635	1269474	501000	25839	742635	1243634	1269474
25	500000	568089	48779	1206894	1823762	568089	48779	1206894	1774983	1823762
30	500000	617665	90905	1890416	2598986	617665	90905	1890416	2508082	2598986
65 岁	500000	1018428	1719948	23364662	26103038	1018428	1719948	23364662	24383090	26103038
70 岁	500000	1076.271	2314743	33934848	37325862	1076271	2314743	33.934848	35011119	37325862
75 岁	500000	1136178	3064920	49286.990	53488088	1136178	3064920	49286990	50423168	53488088
80 岁	500000	1200214	4007947	71584450	76792611	1200214	4007947	71584450	72784664	76792611
85 岁	500000	1267353	5189531	103969.292	110426.176	1267353	5189531	103969292	105236645	110426176
90 岁	500000	1338621	6665773	151005053	159009448	1338621	6665773	151005053	152343674	159009448
95 岁	500000	1414022	8506156	219319817	229239995	1414022	8506156	219319817	220733839	229239995
100 岁	500000	1493557	10798971	318540215	330832744	1.493557	10798971	318540.215	320033772	330832744

为例：

15年一次性全额领取，年化6%（1.75倍）

20年一次性全额领取，年化8.8%（2.53倍）

25年一次性全额领取，年化11.76%（3.64倍）

30年一次性全额领取，年化15.26%（5.2倍）

数据来源：香港宏利保险公司建议书。

3.4.3 内地重大疾病保险和香港重大疾病保险对比

1. 内地重大疾病保险的优势

（1）理赔迅速

银保监会规定，重大疾病理赔件之中正常件要求7天内必须理赔；非正常件也要30天给答复。这个监管力度还是很大的，理赔速度没的说，真的可以解决燃眉之急。

（2）境内重大疾病险具有轻症、中症豁免的条款

也就是说，人在选择了相关豁免条款的前提下，当患有保单规定的轻症和中症疾病的时候，不仅能得到保单约定的理赔金，之后的保费也可以不用交了。

（3）轻症、中症理赔不占用重大疾病保额

这个优势其实是相对而言的，因为香港的保险公司，即使有轻症或者中症保险责任，也会占用整张保单的保额，理赔次数越多，保额下降越快。但内地重大疾病保险不存在这个问题

2. 内地重大疾病保险的劣势

（1）保险偏贵

内地重大疾病保险还是比较贵的，尤其是45岁以上的客户，买了保险后发现，保费和保额相差不太多，50岁以上还有可能出现倒挂的情况。

（2）无法抗通胀

内地保险公司很多未推出具有增额分红的重大疾病险，一是增额分红的保险贵，二是增额确实增不了多少。所以，很可能客户从购买到理赔的时间较长，到真正理赔的时候发现钱不值钱了。

3. 香港保险重大疾病保险的相对优势

（1）双分红

保单的保额和现金价值都在分红，一是避免了未来可能出现的通货膨胀风险，二是增值可观，即使投保人最后选择不理赔，取出自己的钱，增值也是可观的。

（2）保障责任清晰

内地保险条款是法律文本，一般人很难看懂，就算做保险的人，看到一条新的保险条款都不敢说自己能看懂。但香港保险除了条款之外会有明细表格，

赔什么，赔多少，投保人一眼就能看懂。

4. 香港重大疾病保险的相对劣势

（1）理赔速度慢

香港公司运营和计算机系统发展远不如内地，而且后台人手少。所以，一般重大疾病理赔周期是30~60天，较内地来讲慢很多。

（2）年纪大的或者非标准体，加费、拒保的可能性很大

香港重大疾病保险核保特别严格，例如甲状腺结节、乳腺结节，投保内地保险的时候，如果只是有但结节较小，保险公司一般不做特别处理或者最多是除外责任，但香港可能加费30%~50%，甚至拒保都是有可能的。

资产配置在大唐

客户贺女士，35岁，外资企业员工，税后年收入25万元，先生37岁，和朋友合伙创业做进出口生意，每年税后收入150万元左右，配置了300万元信托产品、50万元左右的公募股票基金产品，也在其他地方买过一些理财产品，投资资金共500万元，夫妻两人的投资风格偏稳健。

2017年，在一次聊天的过程中，理财师小李了解到贺女士一家虽然年收入不错，但是每月要还25000元房贷，同时其女儿在北京一家私立幼儿园上学，一年学费15万元，每年贺女士一家还会出国旅游两次，每次花费在3万元左右，每月的生活开支大约在2万元，也就是说贺女士一家每年的刚性支出至少要75万元，已远远超出了贺女士本人的收入。

进一步沟通后，小李发现，贺女士一家仅给先生买过一款保额300万元的定期寿险。小李认为，从资产配置的角度来说，这样的保障是远远不够的。贺女士一家的风险在于，先生是家里经济收入的顶梁柱，一旦先生的生意或者身体出现风险，对贺女士的家庭将会是非常大的冲击，也会给贺女士带来非常大的经济压力和生活压力。理财师小李因此建议贺女士和先生配置重疾险和年金险，首先转移自身患病带来的经济压力，其次在现在收入还比较稳定的前提下配置年金险，为自己未来的养老提前做准备，这样即使生意上出现问题，也能降低对自己未来高品质的生活的影响。

在跟贺女士深入沟通后，小李发现，贺女士认同重疾险的配置理念，但对年金保险不感兴趣，认为年金保险收益低、时间长，不如理财产品灵活。先生则认为两

者的配置都没有必要，自己身体健康，而且已经有医保了，用不着现在买重疾险，而且重疾险赔付难，买的时候保险公司很热情，但是理赔的时候就百般刁难，就算不幸得病，家里的储蓄也够医疗费用了，如果真的治疗无效，还有300万元的定期寿险赔付，保障已经足够了。

针对贺女士和先生的这几个疑虑，小李耐心地一一进行了解释：

首先认可先生目前身体健康的现实，但是也告知，重疾险这类人身保障保险，只可能在身体健康的时候购买，一旦身体出现小毛病，有可能会导致加费、除外责任甚至是拒保的情况；其次解释了重疾险理赔难的误会，合同白纸黑字写的保障，如果是在理赔范围内，保险公司不可能拒赔，大部分有这样误会的人都是因为以往的销售顾问不负责的胡乱许诺造成的，而重疾险本身是没有问题的，现在保险监管也越来越严格，贺先生大可放心理赔问题。

同时解释了医保和重疾险的区别：医保是报销性质的，需要先垫付资金再进行保险赔付，且对进口药有限制；重疾险是理赔形式的，一旦确诊先给钱再看病，两者相辅相成，并不冲突。

另外，虽然家里储蓄资金足够看病，但是这些储蓄是在活期账户随时可以动用？还是在股市和理财产品里需要等待到期？如果当时时机不好，股票基金一旦赎回亏损怎么办，理财产品没到期无法赎回怎么办？同时一旦患病，患者需要休养，是没办法继续正常工作的。那么生意怎么办？资金流是否会受到影响？而重疾的理赔款可以作为收入替代的一部分，缓减压力。

针对年金的配置，小李以目前的经济L形探底的情况举例，实际上很多实体公司经营面临较大困难，黑天鹅事件防不胜防，创业之路不是一帆风顺的。可能是一个政策，或者一次失误的投资就可能造成企业经营的困难。其次小李以余额宝为例，再引申到现在的银行理财产品收益看起来还不错，能到4%左右，但全球处于降息周期，银行的保守型理财及宝宝类产品收益也一路走低，保险虽然短期收益低于理财，但是非常安全，而且长期锁定一定的收益率，同时有较强的隔离功效，用现在多余出来的钱把未来确定要用的资金提前确定下来，避免发生风险时影响孩子的教育及自己家庭未来的品质生活。

在两次深入沟通后，2017年下半年，贺女士和先生表示认同小李的配置理念，但对重疾的保额和年金的缴费金额上两人还没有达成共识，想回家再考虑。非常巧合的是，在二次沟通后不久，小李通过贺女士得知其先生的大学室友近期被确诊为胃癌三期，这个消息对其大学室友一家犹如晴天霹雳，家庭的现金流不足够支付前期治疗费用，房产变卖需要时间，所以先跟亲戚朋友借钱周转，贺女士和先生也深有感触。在对其朋友一家慰问后，2017 年 11 月，先生第一时间联系了小李，他坦诚地表示，平时并不觉得保险有多重要，但是在真正看到身边的人发生风险的时候，看到了别人家庭的痛苦后，设身处地地想一想，才明白保险配置的重要性，也谢谢小李给到他适合的配置建议，最后和贺女士每人配置了 50 万元保额的国内重疾险，及年缴 20 万元，缴 5 年的年金。

在缴纳了一年半左右的重疾险保费后，2019 年 7 月，先生在一次体检时超声提示疑似甲状腺癌，经过两周的穿刺病理检查，结果显示“考虑为甲状腺乳头状癌，建议手术”。

2019 年 8 月，先生进行了甲状腺双叶全切除术，最终病理诊断为“右侧甲状腺乳头状癌，淋巴结未见癌转移”。

2019 年 8 月 30 日，贺女士帮先生提交理赔申请，提交了病历等要求材料。

2019 年 9 月 10 日，应保险公司要求补交了近两年的体检报告。

2019 年 9 月 23 日，保险公司下发同意理赔通知。

2019 年 9 月 25 日，理赔款到账，金额 50 万元。

这一次先生虽然患了癌症，幸运的是甲状腺癌其实相对其他重大疾病治愈率高、治疗费用不高、患者恢复较快，对先生的生活影响较大的时期也只有几个月。这次意外诊断出甲状腺癌，贺女士和先生都对疾病风险有了更深刻的认识，不怕一万就怕万一，如果这次罹患的是其他重大疾病，治疗周期可能需要 1 年以上、治疗费用可能更高，对家庭的影响真的难以想象，只有提前做好风险保障，才能更从容地应对重大疾病的突然袭击。

2019 年 11 月，贺女士主动把自己的重疾险保额加到了 100 万元。

“类固收”产品如何选择

中国的高净值客户偏爱确定性收益，从银行理财到集合资金信托、定融定投产品，再到券商资管计划，都广受欢迎。相对于权益类资产投资的不确定性，非标固收在投资时就有一个较高的预期基准收益，一般在4%~11%。

非标固收产品通常是指未在银行间市场及证券交易所交易的债权性金融产品。目前市场上非标固收资产的总规模已有数十万亿元。作为过去十几年金融市场最重要的创新产品之一，非标固收经过十几年明暗交织、波澜壮阔的发展历程，铸就了中国金融发展史上不可替代的独特地位。

首先从市场背景看，过去十多年是中国经济快速发展时期，市场存在巨量的融资需求，且随着经济发展，需求也呈现多样化，单一的信贷产品无法满足市场需求，另外，过去十多年货币增长速度飞快，资金需要寻找合适的资产。以上供给和需求基础是非标固收形成的重要原因。

其次非标固收产品是利率市场化和直接融资的需要。利率市场化使得银行存款面临搬家，社会资金需要更多元化的投资渠道。从直接融资看，市场要求在多层次资本市场体系尚未足够完善的情况下，有方法能够直接打通资金供给和资金需求。

近年来，非标固收发行增量逐渐减少（见图4-1），主要是监管趋严，对非标资产的审核更加严格。

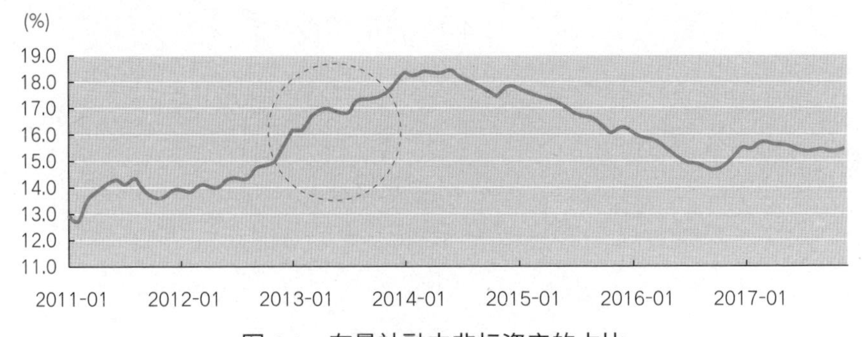

图 4-1　存量社融中非标资产的占比

数据来源：Wind。

制图：大唐财富。

对于固定收益资产，2020年依然是配置的黄金时期。非标资产供给端的稀缺，叠加疫情大概率造成各类资产折价出售，实体经济和资本市场在第一季度均大幅承压。为了对冲部分疫情利空影响，央行在春节后两个交易日累计向市场释放1.7万亿元的流动性，让市场资金短期非常充裕。这给固定收益资产带来了绝佳的配置机会，尤其是非标固定收益资产。

当然，由于非标固收产品不像固定收益类、权益类资产那么透明，就给了很多骗子公司乘虚而入的机会。本章我们先介绍如何识别非标固收产品的理财骗局，再解读银行理财、信托产品、定融定投这三类最典型的非标固收产品的投资逻辑。

4.1 火眼金睛识别理财骗局

理财骗局是个永远也不会过时的话题。只要贪婪存在于人性，骗局就不会消失。千年前的伊索寓言就说过，有些人因为贪婪，想得到更多的东西，却把现在所有的也失掉了。

近几年，互联网金融潮带动了所谓P2P普惠产品的迅速崛起和没落，很多没有牌照的公司都号称自己发行的是P2P产品，其实多数都是庞氏骗局。P2P网贷平台从2014年1月的651家持续快速增长，2015年达到行业最高6000家。根据网贷之家发布的《2019年中国网络借贷行业年报》，截至 2019 年 12 月底，网贷行业正常运营平台数量下降至 343 家，几近团灭。其中不乏百亿级别的金融骗局曝光，泛亚、e租宝、中晋、快鹿、赛金融，一个接一个倒台。

当然，你可能会说，我已经知道P2P产品有很多问题，去银行买理财产品总是安全的吧？但又可能遇到假银行、假员工、假理财。骗子的高明之处在于，他们非常善于抓准投资人的心理弱点，展现的都是受害人想听的想看的。

投资者在投资时首先要做到的是避开理财骗局，知己知彼，识别正规的金融机构和金融产品。本节从典型的理财骗局案例入手，结合非标固收产品的特点，为投资者介绍识别正规金融机构和金融产品的方法。

4.1.1 骗子离你并不远

我们先来看几个真实的、有代表性的案例。

1. 案例一：利用客户对金融机构的信任

这家“盟信农村经济信息专业合作社”（见图4-2），以支付高达10%~15%的高额贴息为诱惑，使用存款单对外非法吸收公众资金。为了让客户不起疑心，骗子将合作社内外装潢得与国有银行一模一样：从建筑外部的银行门面，到内部的LED显示屏、叫号机，甚至柜面上都有穿着“制服”的“银行职员”在处理业务。

图 4-2　假冒合作社

资料来源：《每日财经评论》王晓波。

很多受害人看到15%这样远远超出银行的正常利息时，是有所怀疑的，但就是因为骗子披上了正规机构的外衣，从形式上满足了投资人安全感需求。所以受害人即使心中有疑问，也没有继续深究。

短短的几个月，就违法吸储4亿元，最大一笔金额是2000万元。

2. 案例二：利用客户对理财师、金融机构的信任

2017年初，有一个震惊全国的案件。民生银行北京航天桥支行出售“低风险高收益”“保本保息”的假理财产品，涉及该行私人银行150名高净值投资者以及高达30亿元的金额。

如此之多的人上当，在于本案确实以假乱真，可以称为是教科书级别的骗局。

（1）号称理财收益高、低风险；这位民生银行的行长号称：“原投资人急于回款，愿意放弃利息，一年期产品原本年化收益率4.2%，还有半年到期，相当于年化8.4%的回报”。就这样，投资者将资金直接打到陌生的个人账户，而不是自己打到银行账户，等待银行划款。

（2）除产品转让协议，该行还以付款方为甲方、收款方为乙方、民生银行为托管人的方式，签订了一份《交易资金监管协议》，加盖银行公章。

（3）一位客户给银行客服打电话，询问该理财产品为什么只有在航天桥支行销售，民生银行总行才意外发现行长张颖的违规行为，迅速报案。

（4）这个案件有迷惑性，因为从法律角度讲，收益权转让是法律允许的一种合同行为。两个人基于协商，私底下去签，是没有问题的。但是，目前没有任何一个银行把收益权转让作为标准化的理财产品发售，本次骗局主要原因是很多投资者都是长期在民生银行航天桥支行购买理财产品，对理财经理、支行行长、产品都认为非常可靠，没有怀疑产品、公章的真实性。

我们经常可以在财经新闻上看到“飞单”一词。在银行销售的理财产品，并不都是银行自己发行的，银行也会帮保险公司和基金公司等卖产品。民生银行此事件并非“飞单”，新闻中出现的投资者遭遇的“飞单”，指的是银行员工私自与第三方理财公司“勾结”，以产品高收益为诱饵，私自销售非银行自主发行的理财产品、非银行授权和签订代销协议的第三方机构理财产品。所以在购买银行渠道非自主发行的产品，一定要追问是否有授权代销协议，如果没有，一旦发生“飞单”，维权的成本和时间都会非常高。

本案件的性质比“飞单”更严重，属于客户经理卖私货，所谓民生银行的理财产品根本就是凭空捏造的废纸。

2017年11月，北京银监局公布的行政处罚信息公开表（京银监罚决字〔2017〕22号）显示，中国民生银行北京分行下辖航天桥支行涉案人员销售虚构理财产品以及北京分行内控管理严重违反审慎经营规则，责令中国民生银行北京分行改正，并给予合计2750万元罚款的行政处罚。幸运的是，民生银行承诺解决投资者的初始投资款，不包括利息。由于本案引发的不良影响和声誉受损，足以让银行业引以为戒。

3. 案例三：利用客户对金融机构的信任，对产品偷梁换柱

利用投资人对金融机构的信任，把投资人不需要、不认可的产品包装成低风险低收益的理财产品卖出去。

2019年4月，一篇《中年人的风平浪静，只能靠命》刷爆了朋友圈。女硕士夫妇认为自己不碰网贷、买个银行理财没什么风险。在招商银行推荐的“钱端”上买了一个理财产品，收益率是5%左右，累计投了86万元，是全家两代人的积蓄。你没看错：收益四五个点的理财，雷了。事后女主发现，并不是投的什么银行稳健理财，而是P2P。招商银行推荐的P2P“钱端”爆雷了！总待收金额14亿

元，涉及投资者约9000人。

为什么投资者连自己都不知道买的是什么产品，招商银行在销售过程中扮演了什么角色？

（1）钱端确实是之前招行力推的。最初招行的宣传资料显示，钱端是招行基于“员企同心”产品和票据见证产品的互联网移动端投资，“钱端上所有理财产品为我行资产，由永安保险承保，我行承兑，安全可靠，固定期限收益，可放心认购”。

（2）没有说明钱端卖的是P2P产品。招行从一开始确实是为钱端做过背书的，产品推广都是招行的员工在做，还纳入了业绩考核。多名投资人认为，他们认为钱端与P2P不同，最根本的区别是，这些投资人都是通过招行这个渠道才购买钱端的投资项目，一开始就是冲着招行旗下平台去的，并不是他们主观上想买P2P产品，也不清楚钱端APP上面的产品其实属于P2P。

（3）钱端和招行各执一词。自2018年底“钱端”产品发生逾期，从5月初开始，钱端多次发布公告，将“锅”抛向了招行。钱端称，招行负责审核并投放产品信息，该公司负责APP系统的开发、运营和维护。另一方面，招行也对投资人“甩锅”，说钱端的产品我们不清楚投向，早已经停止合作了。

投资者才真心冤枉：“卖给我们的时候说是理财，说是官方的APP，爆雷时风轻云淡的一句与银行无关。招行的一句话，钱端的一个公告，那些有银行背书的安全、保本，和定期差不多的理财，就秒变P2P。”

钱端将招行告上法庭，案件还在广州市天河区人民法院审理期间。该案件的特别之处在于，这9000多人，基本上都是在招行的网点，或通过招行对公业务经理，才了解并下载了钱端APP。大家是基于对招行的信任，才开始在钱端上购买“理财产品”。

2020年1月2日，有招行钱端事件投资者收到银保监会消保局的回复，认定招行总行在与钱端的合作中违规，实质违规扩大了业务范围。这是监管部门首份针对招行总行层面的回复函。随后，招行总行对银保监会的公告内容进行一一回复，承认自己存在违规行为。

截至2020年2月，案件暂无实质性进展。

从以上案例，我们可以看出，骗子的手段是越来越高级、越来越逼真，花样层出不穷。投资人要做到识别正规的金融产品和有资质的金融机构，其实有一些简单、易操作、准确率高的方法，接下来从如何挑选产品和机构两方面来分析。

4.1.2 从收益和风险看理财产品

银保监会主席郭树清曾经有一句话引起了媒体和公众的关注，“理财收益率超过6%的就要打问号，超过8%的就很危险，超过10%就要做好损失全部本金的准备”，不少媒体和公众都对这段话有误解。

上面这段话针对的是非法集资的庞氏骗局，并非指正规金融机构的理财产品。投资者在正规金融机构投资理财产品，关键是要明白自己投的是哪一类的理财产品，能够分清楚每一类理财产品的风险，选择适合自己的理财产品。

提到理财产品，投资人需要搞清楚，我们购买的究竟是哪一种。

市场上主流的理财产品有以下几类（见表4-1）：

表 4-1 金融产品比较

理财种类	起点金额（元）	发行人	监管机构
银行理财	1 万 / 5 万	银行	银保监会
公募基金	无	公募基金	证监会
信托产品	100 万	信托公司	银保监会
资产管理计划	100 万	基金 / 证券 / 资管公司	证监会
私募基金	100 万	私募基金管理人	证监会
定融定投	100 万	资管公司	各省金融办
定增基金	100 万 / 无	私募 / 公募	证监会

制表：大唐财富。

（1）首先是银行理财产品，法定起点金额是1万/5万元，各家银行的起点不同，以公募方式销售。

（2）公募基金，并没有法律规定的最低起点，通常基金公司都是1000元起售，但是如果做定投的话，可以几百元甚至几十元的认购。一些货币基金，比如余额宝，是1元起购。

公募是向社会公众，即普通投资者公开募集资金的募集方式，适应更广大投资者，特别是中小投资者的需求，所以起点金额比较低。同时投资渠道也受到严格约束，只能投资交易所等所谓“标准化”资产。近几年，可以称为“资产荒”时代，银行理财产品的收益是一路下行的。

（3）信托、资产管理计划、私募基金、定融定投产品，都是以私募方式销售，法定起点金额是100万元。这100万元，是监管红线，是绝对不能被挑战的。

因为私募是面向少量、特定的合格投资者募集资金的方式。参加人一般应具有一定的经济实力、风险识别和风险承担能力。

那什么是合格投资者呢？根据中国人民银行、中国银行保险监督管理委员会、中国证券监督管理委员会、国家外汇管理局2018年4月27日联合印发的《关于规范金融机构资产管理业务的指导意见》（以下简称《资管新规》）的规定，合格投资者为：①具有2年以上投资经历，且满足以下条件之一：家庭金融净资产不低于300万元，家庭金融资产不低于500万元，或者近3年本人年均收入不低于40万元；②最近1年末净资产不低于1000万元的法人单位；③金融管理部门视为合格投资者的其他情形。

如果我们遇到所谓的理财产品，既不是银行发行，又不是公募基金，偏偏起点金额又很低，1万元、2万元就能起投，那我们就要格外小心了。这样的产品在99%的情况下都是违规的。

（4）定增基金2020年2月刚刚推出了松绑政策，预计会有一批新的基金申购，长期来看，定增基金的收益还是非常可观的。

常见的这几类理财产品都有各自的参考收益率区间（见表4-2）：

表 4-2　从收益率看理财产品

<table>
<tr><th>产品类型</th><th>平均年化收益</th></tr>
<tr><td>银行存款</td><td>1.5%~3%</td></tr>
<tr><td>银行理财</td><td>4%~6%</td></tr>
<tr><td>信托产品</td><td rowspan="3">7%~10%</td></tr>
<tr><td>资产管理产品</td></tr>
<tr><td>定融定投</td></tr>
<tr><td>货币基金</td><td>3%~4%</td></tr>
<tr><td>二级市场基金</td><td>浮动</td></tr>
<tr><td>私募股票产品</td><td>浮动</td></tr>
</table>

数据来源：中国工商银行官网。
制表：大唐财富。

货币基金（余额宝、微信零钱通）投资者比较常见，在支付宝、微信购买，一般来说没有问题，目前的收益率在3%左右。

银行理财产品如果是在银行的APP购买，需要分清楚两种：

（1）保本型理财产品：分保证本金保证收益及保证本金浮动收益两类，都属于低风险理财产品，收益率在2.5%~3.5%。

（2）非保本浮动收益型理财产品。

自2019年《资管新规》落地以来，国家规定任何银行的理财产品都不能承诺保本保收益，误导客户。

非保本浮动收益理财产品可以投向信托产品，投资者承担的风险和直接购买信托产品、定融定投产品是基本一致的。所不同的是，购买起点可能是5万/10万元。投资者在购买银行理财产品时可以关注理财产品风险等级，购买与自身风险承受能力相匹配的产品。

信托产品、资管产品、定融定投计划。目前信托产品12个月收益率区间为7.5%~8.5%，定融定投计划12个月的收益率区间为9.5%~11%。起投金额是100万元，面向有一定投资经验和实力的合格投资者，资金投给谁，怎么用，是通过合同来约束的。所有投资者在购买这类产品时，一定要看清楚合同。

信托产品、资管产品、定融定投计划投资于特定企业的债权，在产品募集之前，资金投给谁，怎么用，是清晰确定的。这类产品中投资人的收益率（8%~11%），加上发行产品机构2%~4%的渠道费用就是企业的融资成本，相对于银行8%左右偏低的资金成本和民间借贷20%左右偏高的资金成本，客观一点的参考我们认为可以看上市公司的利润率。A股约3600家上市企业的盈利水平。2018年平均净资产收益率是9.75%，创5年来最低收益率，2014年的平均净资产收益率还高达12.71%。A股上市企业，大部分是行业的佼佼者。大量的民间非上市企业，利润率是达不到A股上市企业的水平的。信托资管类产品的收益率，如果过高，超过了市场平均利润率，就非常可疑了。

定融定投产品是通过金交所发行的，由于金交所发行费用低于信托公司和券商，所以收益率相对来说会高1%~2%，但如果高于12%，也要引起投资人重点关注。

二级市场产品和私募股权产品收益是浮动的：一方面风险相对来说比较高，本金有损失的可能；另一方面，他们的收益有相对想象空间，特别是私募股权，软银投资阿里，王刚投资滴滴，都是千倍收益。

定增基金属于一级半市场的产品，收益跟A股的市场行情和所投股票的关联度高，波动较大，属于浮动收益。

这里，介绍一个投资矩阵模型（见图4-3）供参考，这个模型又叫作投资的“不可能三角”，意思是我们在选择投资产品时，收益性、安全性、流动性，三者只能选其二，而不可能三者兼得。所有的金融产品都是这样，无一例外。

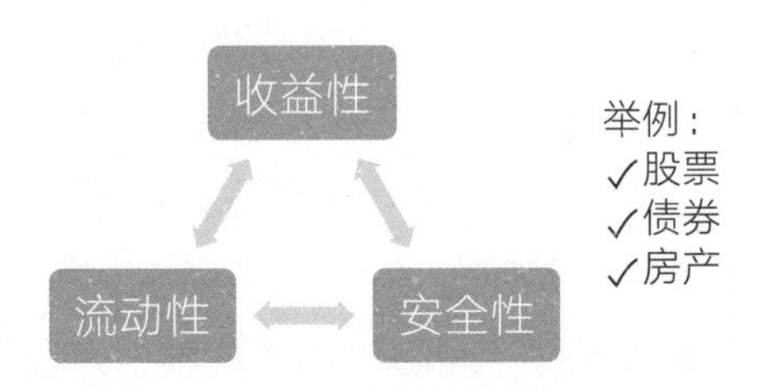

图 4-3　投资矩阵模型

制图：大唐财富。

- 股票：收益高，流动性强，但是安全性差；
- 债券：安全性高，流动性好，但是收益低；
- 房产：收益高，安全性好，但是流动性差。

如果有产品号称高收益，保本，随时赎回，那99.99%的可能是理财产品骗局。

用投资的“不可能三角”来分析P2P庞氏骗局案例（见图4-4）：e租宝，非法吸收资金500余亿元，涉及投资人约90万名。而众多投资人的财产，最后通过法律途径，只拿到20%的本金。

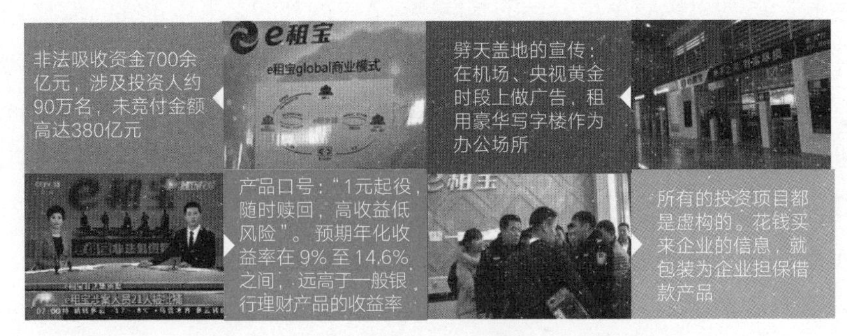

图 4-4　“e 租宝”——典型的庞氏骗局

数据来源：新闻报道编者整理。

它用“互联网+”、金融创新等高大上的概念，包装自己。主打的A2P模式，本质上就是资产租赁。投资人的钱，买设备，租给企业，收租金。如果企业违约，还有设备在。听上去好像风险不高。

让我们来研究它的产品，既不是银行理财，也不是公募基金，没有公开募集的资质，也不能号称产品保本。

口号是“1元起投，随时赎回，高收益低风险”，预期年化收益率在9%~14.6%，远高于一般银行理财产品的收益率。

企业无论是融资租赁还是经营租赁，本质上都是债权，投资者借钱给企业租设备。我们刚才分析了A股上市公司的平均利润率，企业可以负担的债务成本是有上限的。近15%的债务成本，也许某1家某2家企业可以承担，但是当产品规模达到上百亿元，e租宝包装下的上千家企业都能达到，是不现实的。

一个产品具有货币基金的高流动性和私募基金的高收益，明显违背金融市场规律。也许e租宝自己都想不出为什么给客户这么高的收益，只能美其名曰“金融创新”。

常言道：“君子不立危墙之下。”不要拿自己的真金白银，去挑战万里挑一的可能。你看上的是动辄15%~20%的高收益，骗子看上的是你的本金，那么如何验明理财产品真身呢？

其实，银行理财产品、私募与资管产品、信托产品、定融定投产品都可以通过官方渠道来查询产品的真伪。

（1）银行理财产品查询地址：https://www.chinawealth.com.cn/zzlc/。银行发行的每款理财产品都需要在中国理财网登记，并且都有特定的防伪编码（通常是C开头的14位编码，见图4-5）。

图 4-5 银行理财产品查询

图片来源：中国理财网。

（2）私募与资管产品查询地址：http://gs.amac.org.cn，中国证券投资基金业协会官方网站通过“基金产品公示”查询相关产品备案信息，见图4-6。

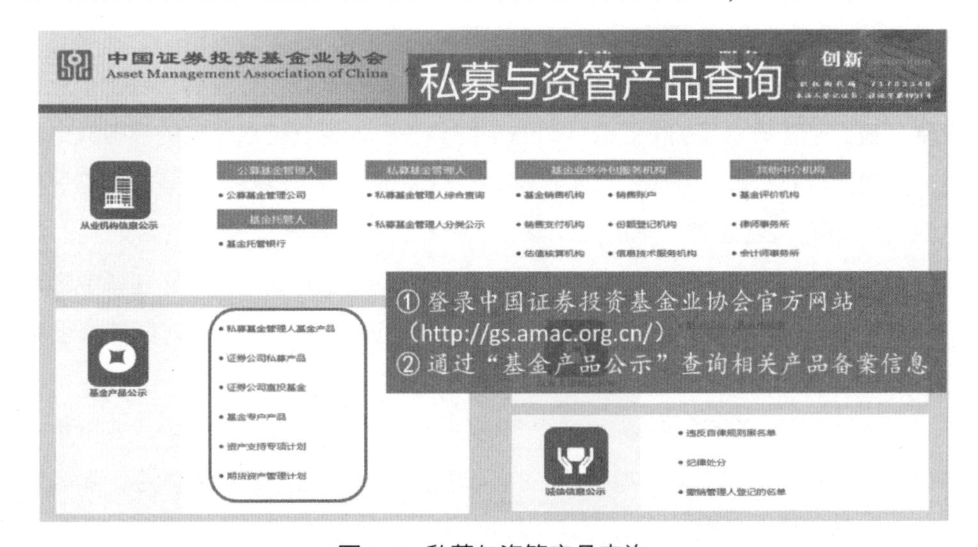

图 4-6　私募与资管产品查询

图片来源：中国证券投资基金业协会网站。

（3）信托产品查询地址：http://www.xtxh.net/xtxh。中国信托业协会官方网站，见图4-7。

图 4-7　信托产品查询

图片来源：中国信托业协会网站。

（4）定融产品查询：省级“金交所”备案发行（见图4-8），通过金交所平台的网站或客服电话查询产品备案情况。

多数投向明确的理财产品，包括公募、私募、信托产品等，在产品说明书里面都会提供资金流向（底层资产债权明细）的信息，这才是决定理财产品风险水平最为核心的因素。所以投资人一定要学会看合同，通过产品投向、企业背景、增信措施等全面评估产品风险。

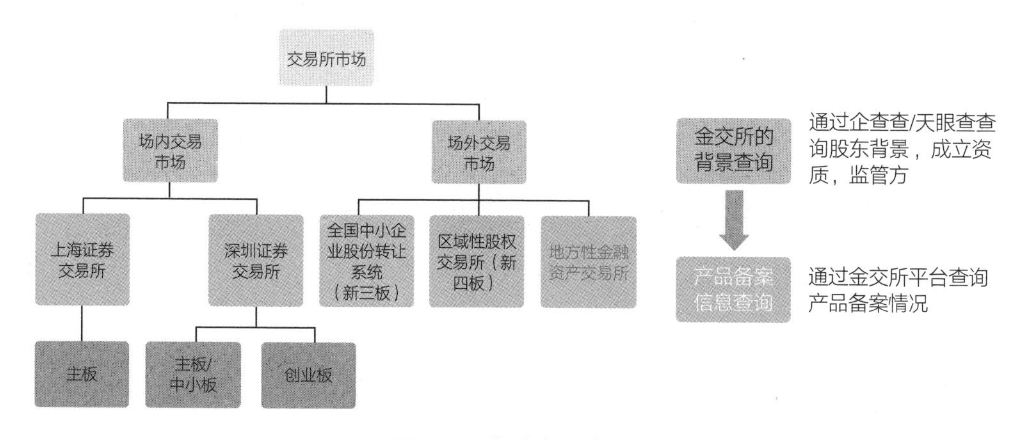

图 4-8 定融产品查询

制图：大唐财富。

最后总结一下投资人容易忽略的地方：

- 过度相信银行、保险等机构的推销；
- 认为只要收益不高就没有风险；
- 不读产品合同、电子版协议；
- 不关注产品投向；
- 不知道如何分辨正规的理财产品和“山寨”的理财产品；
- 认为只要按时兑付就是安全的；
- 不清楚“第三方代销产品”爆雷风险。

4.1.3 如何选择值得信赖的财富管理机构

在中国，金融业是特许经营的行业，开展任何类别的金融业务，都需要取得相应的资质，财富管理机构也是如此。银行、信托、券商、公募这些机构对投资人来说比较熟悉，但由于这些机构主要销售自己机构或者集团公司的产品，并不能做到站在客户角度从全市场挑选优质的理财产品。很多高净值的投资人已经逐渐转向专业、独立的第三方财富管理机构，那么如何选择优质的财富管理机构呢?

第一个层次，看金融机构资质，这是区分合法机构和诈骗机构的标准。

第二个层次，看财富管理机构的实力。目前全国大大小小的财富管理机构数百家，但是提供服务的能力却千差万别。理财顾问就是客户家庭财产的医生，生病要去正规医院，三甲医院，找名医。理财也一样。公司的实力是客户财产安全的保障。

我们先看看财富管理机构的金融资质。金融业在中国是监管最严的行业之一。2018年，银监会和保监会“两会合并”，是我国金融监管体制的重大调整，意味着“一行三会”成为历史，我国金融监管框架由“一行三会”转变成“一委一行两会”的新格局。

“一委”是指国务院金融稳定发展委员会，它“作为国务院统筹协调金融稳定和改革发展重大问题的议事协调机构”。

“一行”是指中国人民银行，也就是中国央行，业界常戏称为“央妈”。

“两会”之一是银保监会。在银保监会的官方网站上，我们可以直接查询银行和信托公司、保险公司的金融许可。查询结果会详细到每一个商业银行网点支行、信托公司、保险公司的分支机构。如果投资人知道如何查询，就不会被案例一里面的假银行欺骗。近些年城商行、村镇银行发展很快，这些金融机构很小，它们的名称你也许没有听说过，但可以通过银保监会网站迅速判断出这些银行网点是否正规。

“两会”中另一个是证监会。证监会主管证券公司、公募私募基金和第三方财富管理公司等机构。我们可以在中国证券投资基金业协会查询公募基金资质和私募基金管理人的备案信息。证券投资基金业协会，虽然从行政划分上，属于社会团体，但它是根据《证券投资基金法》，经国务院批准成立的，并接受证监会指导监督。所以，它是具有官方背景的监管机构。证监会在2016年的第四号公告中，将其颁发的10项证券、基金、期货业务许可证统一为《经营证券期货业务许可证》（见图4-9）。

中华人民共和国

经营证券期货业务许可证

图 4-9　经营证券期货业务许可证

制图：大唐财富。

图4-9是经营证券期货业务许可证。如果没有此证书，是不能代销其他机构的信托、公募、私募、资管等产品的。所以投资人如果遇到推荐不属于理财师任职机构发行的、提供不了代销资格证书、也没有代销协议的“飞单”或者虚构产品时，应该理性拒绝购买，不要被所谓的高收益吸引。

那为何独立的第三方财富管理机构会受到越来越多投资人的欢迎呢？

首先，它是中立机构，向客户提供全方位的财富管理服务，完全站在客户的角度，推荐最适合的产品。第三方机构的独立性，是一般商业银行无法做到的。

其次，第三方财富管理机构如果作为私募管理人，还要在基金业协会进行备案，成为协会会员，并且受到证监会的严格监管。

再次，正规的第三方财富管理机构所募集的全部资金，全部交由合格的金融机构进行托管，无论是产品认购还是到期清算，都是在客户和托管机构之间进行资金划转，客户和第三方机构是不发生资金往来的。

综上所述，第三方财富管理机构并不是新生事物，经过十几年的发展，已经成为中国金融市场上重要力量之一，在服务高净值客户市场上，占到超过10%的份额。相信随着财富的快速增长，中国第三方财富管理机构会和中国台湾、美国、新加坡等发达地区一样，成为高净值投资者可信赖的财富管家。

那么除了金融资质以外，在众多的第三方财富管理机构中，投资人应该如何选择呢？

看公司实力，可以从两个维度展开，一个是自身实力，包括股东背景、管理层、业务支持团队、产品线等；另一个是外部评价。

股东背景，可以通过国家企业信用信息公示系统查询。如果股东是大型国有企业，或者知名的金融机构，说明“根正苗红”，做事有底线。而如果股东是自然人，或者明显是关联企业，那我们就要多花一些时间来考察它了。

管理层的实力方面，要看管理团队的金融相关背景。比如，是否毕业于名牌大学、任职于知名金融机构，并且从业年限足够长，业界口碑良好。

这里回顾一下e租宝案例。实际控制人丁宁，“80后”，中专毕业。在创立e租宝前，没有任何金融业从业经验，但社会头衔却很响亮，合肥和安徽某大学的硕士生导师。所以，这种头衔没有多大的意义。此外，e租宝集团内的高管多为丁姓家族成员，情况跟丁宁类似。

虽然英雄不问出身，但是金融行业还是属于知识密集型的高门槛行业。高学历、高智商、背景优秀的人，是爱惜自己的羽毛的，大部分人不会在一个骗子公司从业，给自己的职业生涯带来污点。

产品线方面，首先，我们要看产品线的布局是否全面。一些小型机构，好几年卖的都是同一类产品，很难满足客户多元化的需求。专业的财富管理公司，产品线的选择非常丰富，可以从现金管理、固定收益、股权投资、家族信托、海外投资多方面满足客户全生命周期的财富管理需求。

其次，我们要看产品提供机构的层次。一些顶级投资机构是非常挑剔的，比如软银、金沙江等。因为目前市场优质的资产供不应求，很多时候，投资人拿着钱送到他们门口，也未必能投进去。拿到顶级机构发行的产品，也是财富管理机构实力的证明。

另外，上市公司如果认购了财富管理机构的产品，也是加分项。

上市公司投资，是受到《证券法》《公司法》约束的。首先，董事会要通过投资决议。其次，企业的投资、风控部门，要独立进行审批和执行程序。独立董事还要发布独立意见。最后，上市公司还要在交易所发布公告，进行信息披露。

这些企业专业投资人员的金融产品识别水平，要远远高于普通投资人，所以，如果我们购买经过上市公司认可的金融产品，实际上就是“搭便车”，免费让上市公司帮我们去做投资调查。

最后是社会荣誉，我们要看看财富管理机构是否获得了具有公信力的奖项。并不是所有的金融行业奖项含金量都一样，投资人可以多关注《第一财经》、《证券时报》、投中、清科等机构评审的奖项，这类奖项在业界的公信力比较好。

当然，无论是使用投资矩阵模型，还是查询各类产品，再到综合评估金融产品的风险和收益，都是金融理财师每天都在做的事情，如果投资人的身边有一位从事金融行业多年的财富管家可以提供专业的建议，相信在投资的时候会更加稳健。

4.2 银行理财类

从2004年发行第一款银行理财产品起，到2010年底规模已破22万亿元。“理财”从普通人遥不可及的梦想，变为走入寻常百姓家的时尚，应该说银行理财和余额宝的推动作用功不可没。一句“你不理财，财不理你”启动了多少普通家庭理财的梦想。

银行理财产品1万元起投，在各大银行APP上都可以很方便购买赎回。很多投资者理财的第一步就是购买银行理财产品，一方面认为收益比货币基金高一些，购买方便，再加上投资人对银行有天然信赖，多数认为是银行发行的产品，跟存款应该差不多，比较安全，能够保证兑付。但事实上，多数投资者并不是真理解银行理财产品。银行理财产品的资金都流向了哪里，为什么也会发生亏损，那些结构化的产品为什么很难理解？本节我们将结合具体银行理财产品从产品结构、类型、资金投向、风险等级等方面进行全方位解读，并结合资管新规的影响分析银行理财产品的发展方向。

4.2.1 你为什么选择买银行理财产品

先来看看银行理财产品的定义：商业银行开发设计、销售并担任产品管理人的资金投资和管理计划，银行按照与客户约定的投资方向和投资方式对客户委托的资金进行资产管理，投资收益和风险按照客户与银行的约定方式进行分担。

看名词解释有点绕，其实就是由银行自主设计、自主销售，接受投资人的委托，按照合同约定具体的比较基准收益、产品风险、产品投向来运作的理财类产品。银行理财从最开始起购金额需要5万元，到现在只需要1万元（未来多数都是1元）就可以购买，银行理财变得更“亲民”了。无论是刚毕业的大学生，还是刚组建的小家庭，银行理财都可以作为强制储蓄的入门级产品。

长期以来，在投资者眼里，银行理财产品是刚性兑付的，银行此前常用的操作方法是让理财产品滚动发行以及不同产品之间进行交易，以最大限度实现资金在银行体系内沉淀，也就是通常说的“资金池”产品。投资者在购买理财产品时不清楚也不太关心资金流向了什么产品，只要银行能够准时兑付购买时的比较基准收益就行。

在中国，一般银行通过发行理财产品募集形成资金池，与之匹配的是银行设计的资产池，池子里有各种类型的投资标的，比如债券、票据、同业存款、信托产品等。用资金池里的钱去购买资产池里的各种投资标的，就完成了投资。投资到期后，返还收益（见图4-10）。

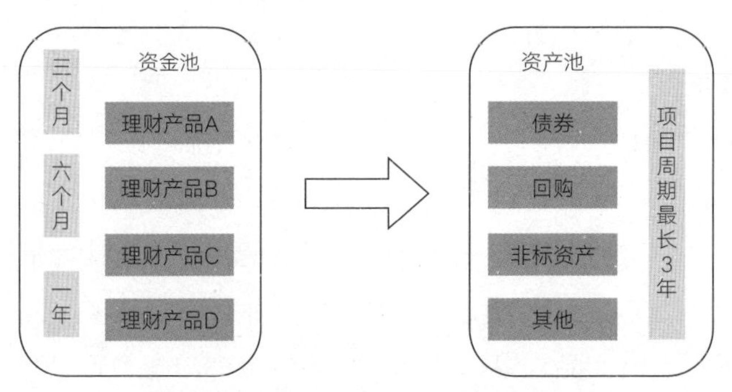

图 4-10　银行理财——资金池产品

制图：大唐财富。

周期更长的产品收益更高，资金池的产品多数都存在期限错配问题，简单说就是“存短贷长”：一个月期的理财产品，实际投向半年、1年甚至更长时间的资产，从而赚取利差。

如果银行理财产品到期，会不会有兑付问题呢？大多数时候，银行资金的充裕性、流动性都会有所保障，加上银行同业拆借比较方便，所以给投资人的感觉是产品都能够按时兑付。

银行理财产品都采取预期收益率的模式，基础资产的风险不能及时反映到产品的价值变化中，投资者不清楚自身承担的风险大小；金融机构将投资收益超过预期收益的部分转化为管理费或者直接纳入中间业务收入，而非给予投资者，自然也难以要求投资者自担风险。

但随着银行理财产品规模增长，形成了监管薄弱地带的庞大影子银行，相对于银行表内业务来说风险较高。监管部门在2018年出台了《资管新规》，又陆续制定了一系列对商业银行理财产品的管理细则，理财产品将会发生很大变化。

银行业务分为表内表外业务。表内业务很好理解，就是银行的基本功能：存款和放贷。这两项表内业务是计入银行资产负债表的，要接受上级部门和央行的严格监管，所以叫作表内业务。理财业务就是表外业务，不用计入资产负债表，在监管上也没有表内业务那么严格。

《资管新规》强调资产管理业务是金融机构的表外业务，金融机构开展资产管理业务时不得承诺保本保收益，因此严格意义上讲，银行理财指的是非保本理财，保本理财不属于银行理财的范畴。截至2019年6月末，非保本理财产品4.7万只，存续余额22.18万亿元，规模也占全国资管规模比重近四分之一，名列资管行业前三（见图4-11）。

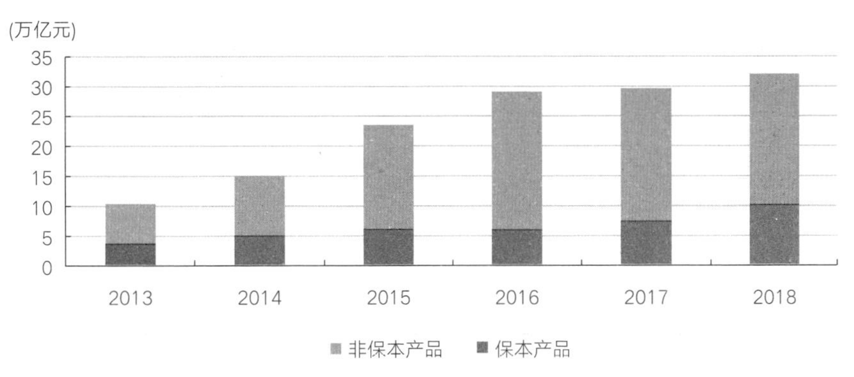

图 4-11　银行理财产品构成状况

数据来源:Wind。编者整理。

一年期非保本银行理财产品的收益率近十年来一直在4%~6%徘徊，自2018年《资管新规》落地以来，银行理财产品收益率步入下行通道，从5%跌至4%左右（见图4-12）。与"宝宝类"货币基金类理财产品收益率差距也在逐步缩小，目前余额宝和微信财付通的收益率已降至2.2%~2.5%。

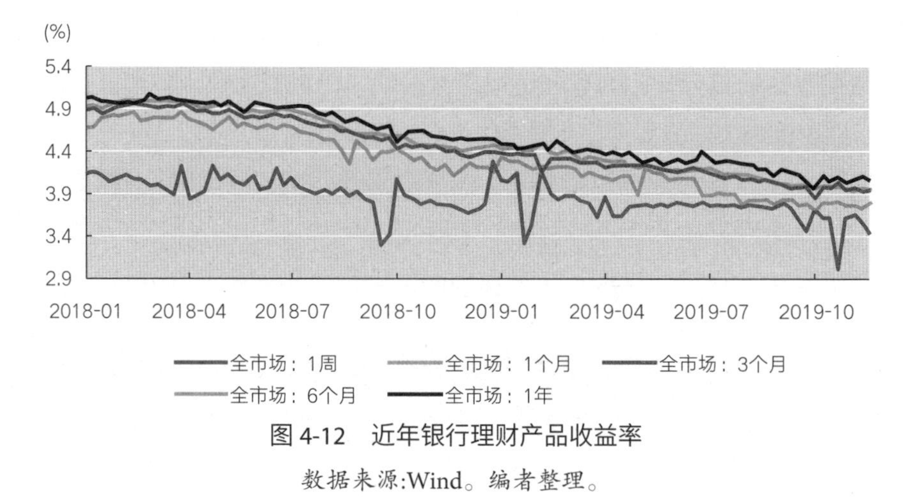

图 4-12 近年银行理财产品收益率

数据来源:Wind。编者整理。

4.2.2 银行理财产品怎么买

投资者在挑选银行理财产品时，了解银行理财产品背景之后，更应该重点关注的是产品的类别、投资方向、风险等级。

根据《资管新规》和《理财新规》要求，理财产品按照投资标的不同分为固定收益类、权益类、商品及衍生品类和混合类理财产品。截至2019年6月末，固收类存续余额为16.19万亿元，占全部非保本理财的72.99%；混合类为5.92万亿元，占比为26.68%；权益类占比为0.32%。商品及衍生品类理财产品占比较少仅18.77亿元。整体来看，产品投资性质以固收和混合类为主，权益类比例仍然较低（见表4-3）。

表 4-3 不同投资性质非保本理财产品存续余额情况　　单位：万亿元

项目	固定收益类	权益类	混合类	月末余额合计
1 月	15.81	0.08	5.58	21.48
2 月	16.31	0.08	5.64	22.04
3 月	15.71	0.08	5.58	21.37
4 月	16.86	0.08	6.03	22.96
5 月	17.04	0.07	6.10	23.22
6 月	16.19	0.07	5.92	22.18

注：商品及衍生品类理财产品存续余额较少，截至 2019 年 6 月末为 18.77 亿元，未在表中列示。

数据来源：《中国银行业理财报告（2019 年 6 月）》。

我们主要结合固定收益类银行理财产品分析各类理财产品和资金投向，为了方便理解，接下来的示例用的是工商银行的产品截图。

1. 固定收益类理财产品

工银理财·颐合固定收益类1个月定期开放净值型产品（见图4-13），这款从名字上已经按照《资管新规》进行调整，其特点是，发行机构显示为代销子公司，即工银理财子公司；起购金额已经降为1元，更加亲民；以净值计算，投资人可及时查询产品盈亏情况。

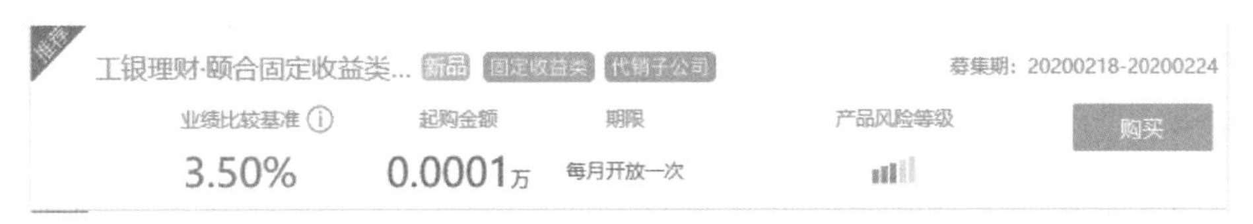

图 4-13 工银理财产品示例

数据来源：中国工商银行网上银行。

产品名称已经标明主要产品投向和类型：固定收益类理财产品要求投资于存款、债券等债权类资产的比例不低于80%，本产品的投资比例是90%~100%；其余的10%可以投资其他权益类基金、资产或者商品及金融衍生品基金。

由于本产品主要投向固定收益类产品，风险较小、流动性比较好、收益偏低，且是每月开放，所以业绩比较基准年化为3.5%，低于期限一年的产品年化4%左右的收益率。

表 4-4 产品投向

资产类别	资产种类	投资比例
固定收益类	货币市场基金	90%~100%
	债券及债券基金	
	存款	
	质押式和买断式债券回购	
	其他符合监管要求的固定收益类资产	
权益类	股票型证券投资基金	0%~10%
	混合型证券投资基金	
	QDII 证券投资基金	
	其他符合监管要求的权益类资产	
商品及金融衍生品类资产	商品型及金融衍生品类证券投资基金	0%~10%

数据来源：中国工商银行网站。

产品风险评级说明：工银理财·颐合固定收益类1个月定期开放净值型产品风险评级为PR3（本产品的风险评级仅是工银理财有限责任公司内部测评）。这是投资者在阅读各类理财产品说明书时经常看到的，依据理财产品的投资标的所产生的风险程度划分的，从低到高为PR1~PR5（见表4-5）。根据划分出的不同风险等级来匹配相应风险承受的投资者。

表 4-5 产品风险评级

风险等级	风险水平	评级说明	目标客户
PR1 级	很低	本金和收益风险因素影响很小，且具有较高流动性	经工商银行客户风险承受能力评估分为保守型、稳健型、平衡型、成长型、进取型的有投资经验和无投资经验的客户
PR2 级	较低	本金和收益受风险因素影响较小	经工商银行客户风险承受能力评估分为稳健型、平衡型、成长型、进取型的有投资经验和投资经验的客户
PR3 级	适中	风险因素可能对本金和收益产生一定影响	经工商银行客户风险承受能力评估分为平衡型、成长型、进取型的有投资经验的客户
PR4 级	较高	风险因素可能对本金产生较大影响，产品结构存在一定复杂性	经工商银行客户风险承受能力评估分为成长型、进取型的有投资经验的客户
PR5 级	高	风险因素可能对本金造成重大损失，产品结构较为复杂，可使用杠杆运作	经工商银行客户风险承受能力评估分为进取型的有投资经验的客户

数据来源：中国工商银行网站。

投资者个人风险承受级别也划分为5类，承受风险能力从低到高为保守型、稳健型、平衡型、成长型、进取型，在这里需要提醒的是，个人风险测试问卷需要投资者根据自己的实际情况认真填写。不要让其他人代填或者为了达到购买某款理财产品的风险等级而轻易修改风险测试内容。如果万一出现产品问题纠纷或者产品亏损投资者不接受，个人风险测评问卷真实与否是非常重要的一个证据。

业绩比较基准说明：3.5%。本产品为净值型产品，其业绩表现将随市场波动，具有不确定性。本产品业绩比较基准为3.5%（以过去12年历史数据测算固收和权益资产配置比例，按照该比例配置，最近5年的年化收益率超过3.5%的概率为67.77%，该收益率及概率为客户持有一年的表现）。

业绩比较基准解读：本产品应该大概率能达到3.5%的年化收益，如果低了0.1%，也是有可能的。当然，银行为了投资者的投资体验，一般都会按照业绩比较基准或者稍高一点的收益率给到投资者。

购买产品费用：工银理财·颐合固定收益类1个月定期开放净值型产品不收取认购、申购、赎回费用和浮动管理费用。但是托管费、销售手续费、固定管理费，加在一起为0.52%，相比较公募基金动辄1%、1.5%的收购赎回费用还是比较优惠的（见表4-6）。

表 4-6 产品购买费用

托管费率（年）	0.02%（计算基准为理财产品前一日净值）
销售手续费率（年）	0.30%（计算基准为理财产品前一日净值）
固定管理费率（年）	0.20%（计算基准为理财产品前一日净值）

数据来源：中国工商银行网站。

风险提示：本产品类型是"固定收益类、非保本浮动收益型理财产品"，根据法律法规及监管规章的有关规定，特向您提示如下：与银行存款比较，本产品存在投资风险，您的本金和收益可能会因市场变动等原因而蒙受损失，您应充分认识投资风险，谨慎投资。

风险提示解读：按照《资管新规》要求，所有银行非保本理财产品都要做本金和收益损失的风险提示，这已经是标配了，如果有人卖给你4%~12%年化收益率产品，口头强调保本，但是在产品说明或合同里却有上文相应的风险提示，就可以举报销售人员违规销售。

总结一下，固定收益类产品的安全性在非保本银行理财产品中应该是最高的，产品风险一般在PR2~PR3，适合平衡型、成长型、进取型的有经验投资者，但产品收益相对也较低。

2. 权益类理财产品

权益类银行理财产品要求投资于权益类资产比例不低于80%，目前发行数量不大，截至2019年6月末，占比仅为0.32%。目前新发行的权益类银行理财产品多为私募100万元起投的产品。

例如工银理财·“博股通利”权益类理财产品：私募理财产品，封闭式理财产品；

产品期限计划为1827天；风险等级PR4；认购金额100万元起；面向成长型、进取型的合格投资者。

门槛收益率：6.2%。

浮动管理费：除客户本金和门槛收益以外，仍有剩余，80%归属投资者，20% 作为投资管理人的浮动管理费。

费用：销售费用前三年1.5%，托管费用0.02%，固定管理费前三年0.5%，第四年起1%。

产品投向（见表4-7）：

表 4-7　产品投向

资产类别	资产种类	投资比例
权益类资产	未上市企业股权（或受益权）	80%~100%
	股权母基金	
	其他符合监管要求的权益类资产	
债券类资产	货币市场工具类	0~80%
	债券类	
	其他符合监管要求的债券类资产	

数据来源：中国工商银行网站。

总结：这款权益类银行理财产品的结构和收费非常接近私募二级产品，如果要和老牌、成熟的私募二级产品全面竞争，银行的优势主要在渠道和客户的黏性，产品设计、投资业绩、投研支持方面还需要继续加强。

3. 商品及衍生品类理财产品

商品及衍生品类理财产品要求投资商品及金融衍生品的比例不低于80%，截至2019年6月，占比较少，规模仅18.77亿元。产品投向包括交易所期货类、国债期货、利率互换及CRMW、CDS等信用风险对冲工具，这类产品的收益波动较大，投资逻辑较复杂，风险等级多为PR5，建议投资经验较少的投资者谨慎购买此类产品。

4. 混合类理财产品

工银理财·恒睿平衡混合类封闭净值型理财产品（见图4-14）：期限558天，起投金额1万元，年化业绩比较基准4.3%，同样也是工银理财子公司的产品，产品风险等级为PR3。

图 4-14　工银理财产品示例

数据来源：中国工商银行网站。

混合类产品是指投资于债权类资产、权益类资产、商品及金融衍生品类资产且任一资产的投资比例未达到前三类理财产品80%的标准。

从本产品具体的投向来看（见表4-8），与第一类固定收益类产品的例子相比，固定收益类的比例从0~90%降到了0~70%，权益类、商品及金融衍生品类占比从0~10%增加到了0~30%。虽然投向有20%左右的变化，但是同属于PR3风险等级的产品，这个特点提醒投资者的是，PR3类型产品的范围还是比较宽泛的，具体还需要阅读产品说明书。

表 4-8　产品投向

资产类别	资产种类	投资比例
固定收益类	货币市场工具类	0~70%
	债券类	
	其他符合监管要求的债权类资产	
权益类	股票、ETF、公募基金类	0~30%
	其他符合监管要求的权益类资产	
商品及金融衍生品类	期货类	0~30%
	其他符合监管要求的商品及金融衍生品类资产	

数据来源：中国工商银行网站。

购买产品费用（见表4-9）：恒睿平衡混合类封闭净值型理财产品不收取认购、申购、赎回费用。托管费、销售手续费、固定管理费，加在一起为0.42%，但是会收取浮动管理费。

表 4-9　产品购买费用

销售手续费率	0.3%（年）
固定管理费率	0.1%（年）
托管费率	0.2%（年）

数据来源：中国工商银行网站。

浮动管理费率：产品扣除销售手续费、固定管理费、托管费后，本产品年化收益率低于业绩比较基准上限4.30%（含），投资管理人不收取浮动管理费；年化收益率超过业绩比较基准上限4.30%的部分。

浮动管理费率解读：管理人如果希望收取浮动管理费，对产品有主动管理意愿，对投资者来说最终收益率可能会高于4.30%，这是一个双赢的产品设计。

混合类银行理财产品的等级一般不会超过PR3，风险适中，期限多在一年以上，收益率在4%~5.5%，以工商银行为例，目前在售的4款混合类产品，收益率最高是5.1%，期限是1688天。

4.2.3　银行理财的未来发展方向

2019年是银行理财子公司元年，理财子公司将转变理财管理模式，实现从资金池向机构化独立运作的转变，通过理财子公司发行、代销合规的产品。截至2019年12月末，国内已有31家商业银行发布了成立理财子公司的计划，包括6家国有银行、9家股份制银行、14家城商行以及2家农商行。

综合上面的产品分析，我们可以看到与传统银行理财相比，对于投资者而言，《资管新规》影响下的理财子公司的理财产品分类更加清晰。《资管新规》对银行理财产品的影响主要还有以下几点：

（1）起投门槛：公募理财产品的投资门槛从目前的1万元降至1元；

（2）投资方向：之前银行可以通过私募100万元起产品投资股票，或者公募理财产品通过公募基金投资股票，目前理财子公司产品可以直接投资股票，减少了中间费用；

（3）不再需要临柜面签：理财子公司认购更方便，首次认购不强制面签；

（4）全面实行产品的净值化管理，从根本上打破刚性兑付，需要让投资者在明晰风险、尽享收益的基础上自担风险。

按照目前监管的规定，在2021年底之前银行理财要打破刚兑，完全实行净值化管理，风险由客户自担。然而对于投资者而言，长期以来以储蓄类资产为主，对于理财保本、保收益的概念根深蒂固，风险偏好长期较低，短期内改变投资者的投资理念和风险偏好也存在一定的困难，更需要各家金融机构共同开展投资者教育，做到"卖者尽责、买者自负"，打造一个良性的投资环境。

4.3 信托产品类

信托与银行、保险、证券并称为金融业的四大支柱，但为什么主要从事信托业务的信托公司，却远比银行、保险公司、证券公司更为少见?

中国目前有超过2000家银行，营业网点多达22万个，至少覆盖了县一级行政单位。保险公司超过150家，营业网点虽然不如银行多，但覆盖面也不小。证券公司超过130家，营业网点近5000家，虽然不像银行和保险公司到处"开花"，但打开手机地图，也总能找到几家。而信托公司全国只有68家，各家信托公司也都很少有"营业网点"，办公场所往往"隐藏"在各种高楼林立的CBD里，绝对称得上低调了。

如此低调的信托公司，并不是不知道"酒香也怕巷子深"的道理，而是由其特殊的产品特点决定的。

信托理财产品动辄100万元或300万元起投，家族信托的设立门槛更在1000万元以上，被称为"富人的银行理财"，意思是高净值人士买信托产品和普通投资者买银行理财一样普遍。

为何信托产品（主要指资金集合信托）如此受高净值投资者青睐?

本节将逐本溯源，解读信托产品的类型、特点，以及如何挑选信托公司和信托产品。

4.3.1 信托产品的类型、收益、投向

在了解信托产品之前，一定要明白三个概念：委托人、受托人、受益人。

2001年4月颁布的《信托法》对信托的定义为："委托人将其财产权委托给受托人，由受托人按委托人的意愿以自己的名义，为受益人的利益或者特定目的进行管理或者处分的行为"。

可以通俗表达为：委托人出钱，受托人出力，受益人（受益人可以为委托人）享受劳动果实。

这个模式结构，是不是有点像保险，近代信托在美国诞生的时候，还真是从保险产品脱胎而来的。

信托虽然脱胎于保险，但并没有像保险一样为人熟知。因为成为信托的“委托人”是有门槛的，根据银监会《信托公司集合资金信托计划管理办法（2009年修订)》第五条规定“委托人为合格投资者”，也就是说信托产品只面向“合格投资者”发行，反过来说，信托产品禁止公开向普通大众宣传、募集。

1. 信托产品类型

百万元起投的信托在普通投资者的眼中是“高高在上”的，那么，如此“高大上”的信托产品怎么分类，有些什么特点呢？

在2016年中国信托业年会上，提出了“八类业务”，是从信托资金运用端将信托业务分为八类：债权信托、股权信托、标品信托、同业信托、财产信托、资产证券化、公益（慈善）信托、事务信托，基本囊括了信托的所有种类。

（1）债权信托。主要是指依据信托计划，把资金借给别人用，约定了期限和收益，到期连本金带收益一起收回的信托，这也是最为常见的融资类信托。

（2）股权信托。投资非上市的各类企业法人和经济主体，但不同于二级市场上的股票交易，所谓“享有股权，也享有相应权益”。

（3）标品信托。投资标准化产品，比如上市公司的股权或股票，可分割，市场随时可变卖，在公开市场流通的有价证券，比如国债、期货、股票和金融衍生产品等，包括单一标品、复合标品、单层标品与多层标品，其中多层标品是指结构化产品。

（4）同业信托。资金来源和运用都在同业里，主要包括通道、过桥、出表等。根据《资管新规》，同业信托业务将被极大压缩，或许会成为一个“历史名词”。

（5）财产信托。以财产或财产权作为信托财产的业务，最初叫用益信托。委托人将非资金形态的财产委托给信托公司，信托公司帮助委托人去管理和运用、处分，实现财产的保值增值。

（6）资产证券化信托。目前信托公司在这类业务中扮演了多重角色，既是产品设计者，又是发行者，以 SPV 的名义发行资产支持证券，同时自己也可以是购买者，或作为资产管理人把委托人的财产投资于资产证券化产品。

（7）公益信托。比慈善信托的范围大一些，但慈善信托法律体系较为完备。公益信托资金的使用，具有定向性、指令性特色。

（8）事务信托。指所有事务性代理业务的信托，包括融资解决方案、财务顾问、代理应收应付款项、代理存款等。

按信托关系建立的方式可分为：任意信托和法定信托；按委托人的性质不同分为：法人信托和个人信托；按受益对象的目的不同分为：私益信托和公益信托；按受益对象是否是委托人分为：自益信托和他益信托；按信托事项的性质不同可分为：商事信托和民事信托；按资金来源不同分为：集合信托和单一信托等。集合资金信托计划认购起点一般为100万元，但名额较少，通常以300万元为认购起点的居多。这是因为《信托公司集合资金信托计划管理办法》中第五条规定，单个信托计划的自然人人数不得超过50，但单笔委托金额在300万元以上的自然人投资者和合格机构投资者数量不受限制。同时第六条规定“合格投资者可以是投资一个信托计划的最低金额不少于100万元人民币的自然人、法人或者依法成立的其他组织”。就是说一个集合资金信托计划投资金额低于300万元的人最多只能有50个，投资金额低于300万元，我们一般称为“小额”，“小额”的数量是有限的，而300万元以上则可以“无限畅打”了。家族信托在高端财富管理市场中，一直被称为“财富传承方舟”，设立门槛相对较高。

2018年8月17日，中国银保监会信托部下发了《信托部关于加强规范资产管理业务过渡期内信托监管工作的通知》（简称“37号文”），“37号文”中关于家族信托提道：“家族信托是指信托公司接受单一个人或者家庭的委托，以家庭财富的保护、传承和管理为主要信托目的，提供财产规划、风险隔离、资产配置、子女教育、家族治理、公益（慈善）事业等定制化事务管理和金融服务的信托业务。家族信托财产金额或价值不低于1000万元，受益人应包括委托人在内的家庭成员，但委托人不得为唯一受益人。”

我国信托公司设立家族信托的起点通常为3000万~5000万元人民币，一般不低于1000万元人民币。此外，一些信托公司推出定制化、标准化两类综合家族信托服务，以降低一部分家族信托的设立门槛。

《资管新规》提出了公募信托的概念，信托公司可以面向不特定社会公众发行公募信托产品，认购起点1万元人民币。如果公募信托门槛降低至1万元，可以大幅拓宽信托产品客群，非常有利于资金端募资，同时有助于解决实体经济融资问题。

家族信托作为事务性信托，本书的第9章会详细介绍。下文如无特别说明，信托产品指的是资金集合信托。

2. 信托产品的收益

图4-15为期限1~2年（含）、1年（含）以下信托产品预期年化收益率的走势图，可以看到，短期内信托产品的预期收益率有升有降，但从长期看，2016年以后的信托产品收益率水平整体上相较之前有了明显降低。分析其原因，“资产荒”不得不提。随着央行推行宽松的货币政策，信托刚性兑付逐步打破，另一方面实体经济投资回报率下降，特别是房地产等高利率主体投资回报率下行，以及政信业务收缩，导致非标等高收益固收资产供给明显萎缩，负债端高成本与收益端低回报出现了严重不匹配，2015年开始进入了高收益优质资产缺乏的资产荒时代，市场上发行的信托产品也较之前出现了明显的数量与规模下降，预期收益率也有了明显下调。

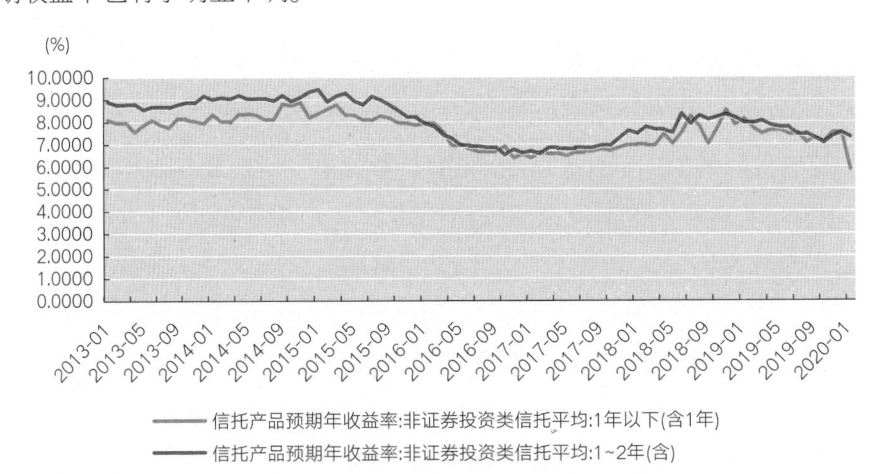

图 4-15　近七年信托产品预期收益走势

数据来源：Wind。编者整理。

根据信托业协会数据，2019年第三季度，信托平均年化综合实际收益率为5.58%，同比增长10.42%，环比增长24.27%。

信托产品能够取得较高的收益率有很多原因，例如融资类信托计划在发放贷款时，无须参照人民银行制定的基准利率上下浮动限制，这意味着信托产品收益更接近真实市场利率水平。并且信托公司是境内唯一可以跨货币市场、资本市场和实业领域进行投资的金融机构，信托可以通过贷款、股权、权益、购买债券等进行投资运作，其中一些投资市场是普通投资者不能进入的。跨市场套利机会也是信托重要的高收益来源。

3. 信托产品的投向

根据中国信托业协会2019年第三季度末的数据，信托资产总规模为219959.60亿元，根据银保监会数据，2019年全年保险行业总规模为205645亿元，信托的资产规模，已经超越了保险。

如此庞大的资金量，都流向哪里了呢？

表 4-10　信托产品投向

（1）资金信托 185282.73 亿元					（单位：万元）
1 按运用方式划分：			2 按投向划分：		
贷款	余额	760352595.2	基础产业	余额	286315589
	占比	41.04%		占比	15.45%
交易性金融资产投资	余额	205271662.1	房地产	余额	278118791.1
	占比	11.08%		占比	15.01%
可供出售及持有至到期投资	余额	465491251.3	证券市场（股票）	余额	51101749.99
	占比	25.12%		占比	2.76%
长期股权投资	余额	173825828.9	证券市场（基金）	余额	23133429.92
	占比	9.38%		占比	1.25%
租赁	余额	50766.06	证券市场（债券）	余额	130192569.1
	占比	0.00%		占比	7.03%
买入返售	余额	71603468.47	金融机构	余额	267648629.5
	占比	3.86%		占比	14.45%
存放同业	余额	46505456.75	工商企业	余额	551419187
	占比	2.51%		占比	29.76%
其他	余额	129726305.6	其他	余额	264897389
	占比	7.00%		占比	14.30%
（2）特色业务：					
银信合作	余额	749577054.5	PE	余额	4350144.88
	占比	34.08%		占比	0.20%
政信合作	余额	110579198.4	基金化房地产信托	余额	207368.19
	占比	5.03%		占比	0.01%
私募基金合作	余额	37998576.47	QDII	余额	4650782.12
	占比	1.73%		占比	0.21%

续表

（3）证券投资信托：24562.63 亿元					
一级市场	余额	13534045.75	私募基金合作	余额	29182499.66
	占比	5.51%		占比	11.88%
二级市场	余额	68200816.35	其他	余额	215278823.8
	占比	27.77%		占比	87.64%
基金	余额	5516022.81	银信类业务	余额	140259789.9
	占比	2.25%		占比	57.10%
组合投资	余额	158375372.6			
	占比	64.48%			

数据来源：中国信托业协会网站。

从投向上看，信托产品更多流向了工商企业、基础产业、房地产、金融机构，支持了实体经济的发展和金融行业的流动性补充。

4.3.2 如何选择信托公司

信托公司作为受托人，在信托管理过程中发挥主导性作用，在尽职调查、产品设计、项目决策和后期管理等方面发挥决定性作用并承担主要管理责任。或者信托公司将上述管理工作中的一部分外包给其他机构，但不致影响受托人主导地位。主动管理和被动管理的主要区分在于信托公司是否主导产品运作和管理，主动管理产品更能体现信托公司资源整合以及投资管理能力，代表信托公司真正的资产管理能力。因此筛选主动管理类信托产品的标准也很直接，就是比拼受托人信托公司的综合实力。

国内目前拥有信托牌照的信托公司只有68家，在可预见的未来，新的牌照很难再增加了，68家信托公司坐拥近22万亿元的资金规模，每一家都能称得上是“巨无霸”了，但这并不意味着每一家信托公司都一样强，那么，如何甄别信托公司的实力呢?（以下排名数据若无特别注明，均于2020年3月10日采集自“用益信托网”。）

1. 注册资本

首先当然要看注册资本。2007年施行的《信托公司管理办法》第十条规定：“信托公司注册资本最低限额为3亿元人民币或等值的可自由兑换货币，注册资本为实缴货币资本。”当然，几乎所有的信托公司注册资本都远大于3亿元，排名前五的更是超过百亿元（见表4-11）。

表 4-11 信托公司注册资本排名（2019 年）

机构名称	单项值（亿元）	排名	上年排名	变化
重庆信托	150	1	1	0
平安信托	130	2	2	0
中融信托	120	3	3	0
华润信托	110	4	8	4
昆仑信托	102	5	4	-1
中信信托	100	6	5	-1
民生信托	70	7	6	-1
华信信托	66	8	7	-1
光大信托	64.18	9	26	17
华能信托	61.95	10	17	7

数据来源：用益信托业网。

2. 总收入

仅仅注册资本金高，只能说是“财大”，到底能不能“气粗”，还要看总收入情况（见表4-12）。

表 4-12 信托公司总收入排名（2019 年）

机构名称	单项值（万元）	排名	上年排名	变化
中信信托	614466.57	1	2	1
平安信托	497785.29	2	1	-1
中融信托	465407	3	4	1
华能信托	347738.87	4	6	2
中航信托	340006.31	5	8	3
重庆信托	320958.24	6	5	-1
外贸信托	299775.72	7	12	5
建信信托	293723.58	8	9	1
五矿信托	293328.36	9	17	8
中铁信托	283581.01	10	14	4

数据来源：用益信托业网。

3. 信托理财能力

仅仅财大气粗还是不够，毕竟资金集合类信托产品是一种理财手段，要“能打”才是好的信托，用益信托网也对各个公司的信托理财能力进行了排名（见表4-13）。

表 4-13 信托公司理财能力排名（2019 年）

机构名称	得分	排名	上年排名	变化
中信信托	45.29	1	2	1
中融信托	39.66	2	4	2
中航信托	39.01	3	8	5
交银信托	38.79	4	9	5
建信信托	36.96	5	3	-2
华能信托	35.73	6	5	-1
五矿信托	33.97	7	16	9
安信信托	31.47	8	13	5
百瑞信托	31.01	9	19	10
平安信托	30.88	10	10	0

数据来源：用益信托业网。

4. 风控能力

“能打”固然是好的，但是不注意风控，往往也会“阴沟里翻船”，用益信托网也进行了风控能力的排名（见表4-14）。

表 4-14 信托公司风控能力排名（2019 年）

机构名称	得分	排名	上年排名	变化
重庆信托	40.05	1	2	1
江苏信托	35.28	2	11	9
平安信托	35.19	3	1	-2
中融信托	33.94	4	7	3
中信信托	33.59	5	3	-2
华能信托	32.86	6	19	13

续表

机构名称	得分	排名	上年排名	变化
新华信托	32	7	21	14
华信信托	31.87	8	6	-2
中泰信托	30.07	9	9	0
英大信托	28.18	10	38	28

数据来源：用益信托业网。

5. 股东背景和注册资本

注册资本信息基本随手可查，按股东背景来分的话，信托公司大体分为央企、国企、银行保险类和民营企业几大类。

其中，央企、银行保险类内部管理更严格，同一时间可供选择的项目较少，但相对而言实力较强；而国企背景信托公司数量最多，实力就有些参差不齐；民企类信托公司往往实力较弱。股东背景不同，可以调配的资源、出现风险后的应对风格也就迥异。

6. 信托公司评级

参考监管评级：银保监会依据《信托公司监管评级办法》对信托公司进行监管评级，评级结果根据分数分为三类六档，分别是创新类（A+、A–），发展类（B+、B–）和成长类（C+、C–）。其中，监管评级最终得分在90分（含）以上为A+，85分（含）至90分为A–；80分（含）至85分为B+，70分（含）至80分为B–；60分（含）至70分为C+，60分以下为C–。评级结果在B–及以上为良好。评价指标包括资本要求、资产质量、风险治理、盈利能力、跨业纪律、从属关系、投资者关系等内容。

参考行业评级：中国信托业协会依据《信托公司行业评级指引（试行）》对信托公司进行评级。评价指标包括资本实力、风险管理能力、增值能力、社会责任等四大类指标。信托公司行业评级结果根据各项评价内容的量化指标得分情况综合确定，评级结果划分为A（85（含）–100分）、B（70（含）–85分）、C（70分以下）三级。

投资者在选择时，建议综合上面的五大因素，并结合信托公司评级，选择参考监管评级B+以上、参考行业B以上信托公司的产品。

4.3.3 如何选择信托产品

信托投资可以横跨货币市场、资本市场和实业领域，因此，当货币市场、资本市场或实业处于快速增长时，信托投资就可以分享到这些领域高速发展所带来的红利。事实上，也正是因为过去十几年来我们国家GDP的高速增长，使得这期间投资于实体经济、房地产和基础设施等领域的信托产品收益也处于一个较高的水平。未来，我国经济的发展速度将降至6%左右，投资于这些传统领域的信托产品收益也会随之下降，但高新技术领域类的产品回报会高一些。

随着我国资管行业发展，低风险高收益的信托产品将逐渐减少，直至消失，未来的信托理财市场将形成低风险低收益的固定收益类信托产品、高风险高收益的权益投资类产品或商品、金融衍生品类信托产品的格局，投资者如何获取较高的回报呢？

答案是“配置”。

投资者要想继续获得较高的投资回报，就必须做资产配置，也就是在不同风险信托产品中按一定的比例配置，以获取相应的回报。这也是目前发达国家高净值人群普遍采取的投资理财方式。

上述方法，仅仅能让我们锁定一个信托产品的大类，那么，具体到某一只信托产品，该如何做选择呢？

由于房地产项目和地方政府基础建设项目在市场上最多见，我们就来聊聊这两类项目。

首先，我们看看怎么挑选房地产项目

第一，房地产项目所处的阶段。房地产项目第一还款来源一般都是本项目的销售回款，因此房产项目最大的不稳定因素就是销售时的房价，大家经常接触的项目一般按房产项目的进度可以分为前期项目、中期项目、后期项目三种。前期一般是指房产项目四证不全的阶段，中期是指房产项目四证齐全时但是项目总体没有封顶的阶段，后期是指项目本身已经封顶、内外装修已经成型的阶段，这三类项目中大家接触的中期房产项目较多，也就是大家说的符合“432”原则（四证齐全、30%以上的自有资金前期已经投入、2级及其以上开发资质）的项目，这类项目已经符合银行开发贷和信托的贷款条件，因此大家接触的较多，一般情况下，项目进度越是往后，房产项目越是接近销售，因此一般情况下安全性相对较好。

第二，项目地的城市级别。项目地的城市越大，项目本身的房价越稳定，资产质量也越优质，由于一线城市和二线省会城市具有更大的外来人口聚集效应，有更好的教育、医疗、工作环境等条件，房产项目中的“商品房”属性，决定了供需的平衡关系，在土地和房产数量已大体确定情况下，需求大，价格就会上升，因此一线城市和二线省会城市具有更稳定的房价，能更大程度抵御房产价格变化带来的风险。一般情况下，房产价格上涨时先由一线城市向外扩散，一线城市涨幅较大；下跌时，由三线小城市开始，三线城市受到影响较大，一线城市受到波及较慢，浮动也较小，一线城市和二线省会城市在价格下跌时，会形成一个心理价位预期，不同心理价位的客户会依次不同程度接受较低幅度的价格下跌后的价位，形成房价下跌后的分段阻击效应，也会延迟房价的下跌趋势，项目地的选择是房产项目中十分重要的因素。

第三，交易对手的实力。注意这里强调交易对手实力而不是融资方（项目公司）的实力，有实力的交易对手具有较多的储备土地，良好的金融借贷关系，较好的房产项目实施经验，抵御风险的能力大很多。交易对手实力在考核项目时是首先需要考虑的因素，建议优选国内前一百强的房企项目。

第四，交易对手的负债情况。房地产企业一般负债率在60%以上，形成负债的主要原因是项目前期需要进行资金垫付和为项目开发所进行的商业贷款，在财务上都记作负债，如果交易对手的负债超过80%就应该警惕，交易对手的负债超过80%说明是一直都在拿地，如果销售房产的资金回笼不能支撑拿地所需资金的速度，会造成流动资金紧张，在房价下跌时，形成资金违约，再加上金融机构不能支持房产企业资金流，房产企业会很难生存。

其次，再来看看怎么挑选地方政府基础建设项目

地方政府基础建设项目，也就是政府融资平台项目，初次做这种项目的投资者可能会有误会，以为融资的主体为地方政府，其实不是的，政府不参与实际经营运作，基础建设项目的建设主体是地方政府平台公司，地方政府融资平台主要表现形式就是地方城市建设投资公司（简称“城投公司”）。

名称可以是某城建开发公司、城建资产经营公司等，每个地方政府所属区域有一两个平台公司，负责整个区域内所有的基础设施项目（基础设施项目包

含道路、桥梁、公共卫生、教育、水利等），有的是本区域内分四家以上平台分别针对区域内不同类型基建方向，那我们就会看到水投、建投、交投、城投等多个平台公司。

挑选政府基建类项目有这样几个依据：

第一，政府的融资平台等级。

平台公司的股东结构基本决定了该平台公司的级别，是省级、省会城市级、地市级、区级还是县级。一般情况下省级>地级市>县级，级别越高，再融资能力越强，协调财政资金还款的能力也越强。当然一般省级和省会城市级很少通过信托融资发行集合类信托，所以一般常见的都是市级、百强县或者百强区水准的地方政府平台公司。除此之外还有特殊的行政级别，也就是直辖市，由于直辖市属于省级单位，下属的区县级别实际上属于地级市级别。

第二，地方政府本级财政的收入情况。

分析政府的收入，不应该看本级政府的收入，应该分析本级财政收入，本级财政收入中一般税收和基金收入占比较高，一般税收就是本级的税收收入，基金收入中比较大的一块是土地出让金，政府级别越高，城市经济越好，一般土地出让金占财政收入比例越大，如：北京2013年的土地出让金达到1700亿元，占本级财政收入一半。敲一下小黑板，本级财政收入=本级税收收入+基金收入（土地出让金等）+上级财政补助。

第三，地方政府的负债水平。

这方面主要分析地方政府的负债率，此外融资方和担保方都需要达到AA级，如果担保方有发行企业债或是公司债能力，债券的评级也需要达到AA级，如果债券评级是AA-，说明担保方未来的还款预期要差一些，担保方的借贷额或是担保额偏高。融资方和担保方一般都是地方基建的建设平台，它们的负债率也在一定程度上反映了政府的负债情况。

第四，地方政府负债中短期负债的比例。

要分析未来几年到期的债务尤其是信托存续期限内到期债务的规模，这样才是比较客观的。

第五，我们要学会判断什么是基础建设项目。

很多朋友不知道什么样的项目才是政府基础建设项目，最后说下基础建设项目的衡量指标。基建项目主要是由地方政府平台负责的，基建公司都是完全国有性质，基础建设项目应该有本级政府的应收债权做质押，应收债权的形成也是政府委托平台公司进行基建项目所欠的款项，应收债权会在本次信托项目期限内到期，基建项目的资金用途是新开始建设的基建项目，基建项目都是采取的BT模式，即平台公司先进行基建项目建设，在建设完毕后进行验收，验收后分两年甚至多年政府分阶段支付基建费用，因此可以看出平台公司垫资比较多，尤其是平台公司同时负担两个或两个以上基建项目的情况下，信托公司为了防控金融风险，会选择在信托期限内到期的债权来做质押，再借款给平台公司进行基建建设。

总而言之，在综合考量了信托公司的实力后，将关注重点放在信托所投资行业、融资方实力、担保方式和第一还款来源上，综合投资者的风险偏好和投资习惯，才能选到一款收益率与风险合适的信托产品。

4.4 定融定投产品

近年来，金交所产品凭借丰富灵活的投资种类、严格的风控措施，成为我国立体、多层次资本市场的有益补充。

4.4.1 定融定投产品特点

用私募的形式，通过金交所平台直接面向投资者募集资金，不需要传统的金融机构做中介，这种形式简称定向融资计划或者定向投资计划。

金交所的主要业务，除了方便各类金融资产转让外，就是帮助企业融资。不同于传统银行和信托等间接融资，金交所主要开展直接融资业务，也就是将在中国境内注册的公司、企业及其他商事主体作为发行人。

1. 金交所的角色与业务类型

金融资产交易所（交易中心）俗称"金交所"是指地方政府批准设立的金融资产交易服务平台，属于场外交易市场的一种，其设立目的是丰富中小企业的融资渠道。经营范围主要是依法合规开展金融企业非上市国有产权转让、地方资产管理公司不良资产转让、地方金融监管领域的金融产品交易等业务。

金融资产交易所（交易中心）的股东，一般由地方政府本身（如地方国资委）、国有企业和民营企业构成。

从其发展史看，2010年5月，天津金融资产交易所和北京金融资产交易所诞生，成为最早的两家地方性金融资产交易所。之后，地方性金融资产交易所相继成立，由各地金融办直接监管，并针对金融资产交易所出台了相应的业务管理办法。

综合来看，交易所或交易中心主要有如下四大类业务：

第一类融资类业务，如委托债权投资、定投投资工具、定向融资计划等；

第二类资产收益权交易业务，不直接对基础金融资产交易，而是对存量金融资产以信托受益权、应收账款收益权、小贷资产收益权、融资租赁收益权、股权收益权、商业票据收益权等形式盘活非标资产；

第三类是金融资产交易业务，直接对金融国有资产、不良金融资产、应收账款等金融资产进行交易；

第四类是信息结合业务，交易所提供企业投融资信息，或展示项目信息，撮合各方达成交易，并同时提供登记托管等配套服务。

2. 定融定投产品特点

定向融（投）资计划采用备案制，可分次备案分期发行，采用直接融资、非公开的方式募集，每次备案的私募债券投资者人数不超过200人。投资者必须是合格投资者，定融定投产品方案设计灵活，可做结构化设计、可附选择权、可要求发行人提供一定的内外部增信措施，投资者在债券存续期间可以通过金交所交易系统进行转让。有以下特点：

（1）监管严格

金交所受地方金融办严格监管，并严格遵照执行当地金融办下发的各类文件规范。此外，金交所业务本质并不脱离“一行两会”对金融体系的整体监管。

（2）多层风控

在金交所中交易的资产，都拥有一套完整的风控措施，以保障其交易的安全性和稳健性。对在金交所进行交易的资产，其内部的专业风控人员均需要进行严格审核，通过之后才能开展产品的登记挂牌备案业务，整个投资过程在地方金融监督管理局均有报备。

(3) 种类多元，底层资产丰富

金交所不直接对基础资产进行交易，其交易的资产多数属于非标准化金融资产，比如应收账款、不良金融资产、股权债权投资、信托受益权、小贷资产收益权、融资租赁收益权、商业票据收益权等，资产种类多，涉及的底层资产更加丰富。

(4) 收益情况

金交所产品的收益率略高于银行理财产品，期限从3个月到2年不等。

金交所的发展，填补了传统金融发展的薄弱之处，为更多的企业提供了一个盘活资产的高效通道。尤其是在供应链金融、不良资产处置等方面，金交所发挥的作用更为显著。在金交所交易的资产多数属于非标准化金融资产，比如应收账款、不良金融资产、股权债权投资、信托受益权、小贷资产收益权、融资租赁收益权、商业票据收益权等，资产种类多，涉及的底层资产更加丰富。

体现在产品形式上，也同样具备多样性，既有复杂的衍生品，也有简单的现货产品，既有专业性很强的金融产品，也有大众化的理财产品。

3. 定融定投产品的收益率

定融定投属于直接融资，通过金交所平台，与融资人直接确立债权关系。通过产品认购协议或者产品计划合同，投资人可明确知道发行人（融资方）是谁，投资的资金是给了谁，兑付时由谁来还款，资金流向形成闭环。认购产品时，资金从投资者的账户，进入到产品募集资金账户（也称交易结算账户），再由募集账户转到发行人（融资方）的账户。到期兑付时，资金由发行人通过交易结算账户返还到投资者投资账户中。

根据以上定融定投产品特点，相较于被动管理的信托计划、资管计划、银行理财产品，定融定投产品省去了中间的通道费，收益率自然会高些。目前市场上，此产品预期年化收益率普遍在8%~12%。

定融定投产品不涉及产品净值或投资收益回报的概念。定融定投产品还款来源主要依靠发行人自身经营流动性资金或产品增信措施，因此不需对产品净值会计核算后进行收益分配。收益分配方式也很简单，即发行人按照认购协议约定到期还本付息或利息分期支付到期还本。

一般来说，产品期限越长，产品预期年化收益率越高；产品底层资产价值越充足，产品预期年化收益率越低；增信措施越多越完备，产品预期年化收益率越低，金融行业中万能金句“High Risk，High Return”就是这个意思。

在监管不断强化的趋势下，个人投资者获取非标固收产品的渠道正在收窄，而金交所作为为数不多的满足现行监管要求的产品发行平台，对投资者来说有着重要意义。在互联网金融的野蛮生长时代走向终结之时，回归依托专业机构进行投资理财正成为投资者控制风险、提升收益的最佳选择。

4.4.2 如何选择定融定投产品

在金交所中交易的产品多种多样，每个产品都有其特定的企业背景、交易背景和投资属性，相互之间关联性很弱，这为投资人进行多元化、风险分散的资产配置提供了广阔的空间，也为投资者挑选产品增加了难度。定融定投产品的选择需要了解所投标的运营主体、承销方等，是否具有相关的资质；关注对应行业的法律法规，舆论评价等；了解产品标的运作模式、风控机制、盈利来源等是否符合逻辑。投资者如何选择定融定投产品？我们来看看以下“五看，五确定”原则的选择逻辑。

一看交易所，确定登记备案的交易所有“正规身份”

近年来，金融监管趋严，各金融机构加强清理整顿现存风险，针对交易所证监会也出台了相关意见，如《关于稳妥处置地方交易场所遗留问题和风险的意见》（清整联办〔2018〕2号）和《关于三年攻坚战期间地方交易场所清理整顿有关问题的通知》（清整办函〔2019〕35号）等，清理整顿了一些非法经营和不合规交易所，明确了金交所去互联网化、严控风险、回归“金融服务实体”的基本思路和金交所未来发展的主要方向。

金交所大多具有实力雄厚的股东背景，且受“一行两会”和当地金融办监管，在产品发行、信息披露和监管职责等方方面面，都有着严格的监管。所以，选择合规合法的金交所平台，风险相对来说也就小一些。投资者通过媒体报道、地方政府网站查询相关金交所是否被列入违规黑名单，同时，投资者还可以通过工商信用网站查询金交所的注册资料和股东情况，以确认其是经过审批合法经营的机构。

二看产品发行方，确定融资人是否有还款能力

确定产品已经有“正规身份”备案后，就需要考察发行方了。即使都在合规的金交所挂牌的产品，由于发行主体不同，也有着不同的风险系数。因此，

对于发行人，尽量去挑那些拥有良好的银行授信记录，融资渠道丰富的。一般而言，国企、上市公司或者在行业里有一定龙头品牌效应的企业，资金实力更雄厚，融资渠道更丰富，还款能力更强。那选择产品发行方时，应该如何判断该公司的实力呢？

（1）查

查股东。股东中有大的企业，或者公司本身就属于大型集团，可以看出该公司的实际控制人及其资金实力。通过关联关系和企业图谱，还可以看出其股东公司以及股东投资的其他公司的运营情况。如融资租赁公司，融资租赁是资本密集行业，股东的实力决定了该公司的长线发展能力和扩大资产规模的能力。若融资租赁公司的股东是资金实力雄厚、资源丰富的银行、投资、担保公司，或本身有设备销售需求的生产制造企业、设备厂商，它就存在得天独厚的资源优势，发展前景也会比较乐观。

（2）搜

通过搜索引擎（百度、谷歌等）获得与该公司有关的新闻，获取公司的最新发展动态和正负面舆论信息。也可以通过百度贴吧、百度知道、百度口碑、知乎问答等搜索到一些关于目标公司的口碑评论，从侧面了解目标公司的现状、口碑和评价。

（3）看

看融资主体的所在行业、行业地位和财务报表。

很多行业有周期性，比如钢铁行业前几年亏得一塌糊涂，这两年又赚得盆满钵满。比如有些产能过剩行业，高污染行业都会受到国家管控，受到国家政策和经济周期的影响，有些行业如半导体、新能源受到国家政策支持。可以通过参考证券公司的行业研究报告，或者咨询相关行业的朋友，了解融资主体所在行业的前景。

行业地位决定了一家企业的品牌力和产品竞争力，并进一步决定了该企业的融资难易度和成本。比如万科、碧桂园、保利等房地产公司，在房企中名列TOP10，品牌和实力与一般地方性房地产企业相比，综合实力强，融资渠道丰富，融资成本更低，其出现破产倒闭的概率也就非常低。

还要看融资人的财务状况。看资产负债率是否健康，盈利能力如何，还可以看现金流是否正常，一般财务状况越好，投资者的资金就越有保障。

三看底层资产，确定底层资产是否真实优质

底层资产的好坏直接决定项目收益区间，底层资产就是资金最终的实际流向。

在金交所中，交易的底层资产多数属于非标准化金融资产，比如应收账款、股权债权投资、信托受益权、小贷资产收益权、融资租赁收益权、商业票据收益权等。

通过金交所渠道，投资者可以接触到更丰富的底层资产类别。比如应收账款，是企业在日常经营中产生的，通过在金交所交易，可以提前获得货款，并支付给投资人相应的收益。融资租赁资产是融资租赁公司在进行租赁业务中所产生的资产收益权，经过融资租赁公司的严格审查并签订相关租赁协议，可以产生稳定的租金流，投资者参与融资租赁资产收益权转让也可以获得相应的收益。股权收益权是指股东有权要求公司根据法律和公司章程，依据公司的经营情况，分派股息等收益，投资人通过认购融资计划产品来购买融资方所持有的股权收益权，在融资计划终止时，由融资方按照事先约定的价格,对股权收益权进行溢价回购。

四看产品还款来源，确定还款来源是否明确充足

定融定投产品属于直接融资工具，产品发行时，大部分的资金用于补充融资人或者发行人的流动资金。这时，就需要投资者去看融资方是准备用什么来还款，还款来源是否足值足额。

如果融资方拿自身经营性收入还款，则需了解融资方自身实力。如果融资方拿所投资的项目收益作为还款来源，投资人需要了解项目公司情况，如项目公司成立时间、注册资本金、公司运营情况、主要产品、盈利模式、行业发展前景以及财务状况等，确认项目收益可以覆盖还款资金。如果产品有底层资产，如应收账款或者股权收益权等，投资人就需要了解应收账款以及股权收益权关系的真实性，了解应收账款或者股权价值能否覆盖还款资金。

五看增信措施，确定是否有增信措施

定融定投产品在金交所发行备案时，金交所对产品有严格的审核要求，通常会要求提供差额补足、担保或者抵质押等相关风控措施，为产品如期兑付提供保证，如果发行方违约，增信方需要代为偿付或者处置抵质押担保物，进行

偿付，以确保投资人的本息兑付。一般定融产品会由资金实力雄厚的第三方承担连带担保责任或差额补足义务，定投类产品还有底层资产如应收账款等作为质押担保并进行中国证券登记结算公司登记。

在金交所中交易的底层资产，都有特定的企业背景、交易背景和投资属性，相互之间的关联性很弱，这为投资人进行多元化、风险分散的资产配置提供了广阔的空间。

因此，投资人需要查看计划购买的产品，是否有相应的增信措施，增信方的实力是否雄厚，当发行方无法偿付时，投资人资金是否有代偿保障，看底层资产是否真实优质。

金交所日益在发展的过程中，填补了传统金融工具空白，为企业提供了更为丰富的、高效的融资渠道，也为投资者提供了多元化的投资选择。投资者购买产品时，应根据备案机构、发行方自身实力、还款能力和增信措施等综合判断，对于投向不够明确、还款来源不清晰的产品千万要谨慎。如果自身专业程度有限，找专业人士咨询也很关键。如果自身对产品标的了解不透彻，也没有专业人士的建议，宁可错过机会，也不要贸然进场。

资产配置在大唐

客户何先生，48岁，私营企业主，定居于长三角地区，妻子是全职太太，儿子刚在上海参加工作。何先生的资产主要在房产和金融产品，企业年利润在500万元左右。2018年6月，他在国内拥有上海、珠三角等地房产5处，价值约3000万元，海外房产1处，价值约800万元，持有金融产品约1000万元，其中银行理财产品600万元，P2P产品400万元。何先生主要负责家庭的投资，太太很少过问。

2018年11月，何先生参加了当地商会的一个活动，财富分公司总经理王总为参会的企业家提供了一场“火眼金睛识别理财骗局”的公益课，为投资者剖析十大理财骗局和经典案例，着重介绍了P2P骗局主要套路，以及投资者应如何选择正规的平台和金融产品。课程既专业又易懂，从P2P的本质到案例，并重点解读如何识别P2P的庞氏骗局套路。何先生非常担心自己在某知名P2P平台500万元产品的安全，咨询了王总相关问题。

王总不仅是一位管理者和讲师，也是一位专业的理财师，之前在商业银行有10多年的工作经验，持有国际金融理财师CFP证书，经常为企业客户和大客户做资产配置方案。经过了解，王总发现何先生投资的P2P平台的大股东是省内某房地产龙头企业，整体募资金额在200亿元左右，起投金额1000元起，1年期产品的收益率在15%左右，和其他P2P平台相比收益稍高。何先生也是认为大股东在当地还比较有知名度，身边亲戚朋友都投资了好几年，产品都可以兑付才逐步从100万元追加到400万元的。

王总耐心细致地向何先生讲解了P2P产品的本质就是个人借贷，不能认为股东是知名企业就没有风险，过往产品都兑付可能也是安排的，很多全国知名的P2P平台例如e租宝、投之家其实都是庞氏骗局，而且当时监管的趋势是要逐步整顿P2P行业的不规范和欺诈行为。2018年P2P平台爆雷或者跑路的高达500家，长期来看，P2P不是正规金融产品，没有底层资产，很多数据都有虚构的，而且风险在逐步累积。何先生表示会考虑建议，也咨询了有没有其他更好的投资产品。

何先生平时忙于生意，很少关注财经消息，听了王总的建议后，他花时间研究了P2P平台爆雷的新闻和投资者的维权新闻，才发现原来2018年P2P平台爆雷高达1000多家，也充分认识到自己所投平台存在的风险。刚好何先生的P2P产品于2019年1月到期100万元，还有200万元2019年3月到期，他希望王总能帮他做一个投资方案。

2018年12月，王总通过何先生提供的信息，了解到何先生的投资需求是收益比银行理财要高一倍左右，能够做到分散投资，提高收益。王总向何先生推荐了排名行业前三信托公司的信托产品，向何先生说明了其实很多银行理财产品就是直接投了信托，但收益在9%左右，买信托产品比银行理财能高4%，这样在承担同样风险的条件下，收益更高。王总同时提供了上市公司购买信托产品公开信息和产品的投向说明，何先生对产品收益比较满意，也对王总的专业服务表示了认可。何先生在手中的P2P产品2019年1月和3月到期后，购买了300万元的信托产品。

2019年上半年，全国P2P爆雷的平台又增加了200多家。2019年7月，何先生之前投资的P2P平台出现了逾期兑付的问题，同年11月，由于无法如期兑付客户本金及利息，该平台被监管机构查封，投资者的本金都出现了30%~40%的亏损。

何先生在庆幸自己及时从P2P撤回资金的同时也感谢王总的提醒和投资建议，也意识到投资是一件专业的事情，多咨询专业人士的意见总是没错的。

2019年7月起，何先生把投资银行理财产品的600万元逐步转到信托产品，也定期参加王总组织的投资者沙龙课程，了解了更多的金融产品知识和投资逻辑。何先生接受了资产配置的概念，打算后期结合自己的行业，投资公募基金和私募股权基金，同时也认可防御性资产的配置理念，给自己和家人做了整体保障方案。

05 拒绝当A股的“韭菜”

5.1 为什么散户多是"韭菜"

我国股票市场成立已经有三十多年，中国证券登记结算有限责任公司最新数据显示，截至2020年1月末，中国境内股票市场投资者数量突破1.6亿，达到16055.3万，其中散户投资者数量达16016.97万，占比高达99%。盈利的股民从比例上来看，只是很少一部分人，其中赚大钱的更是少之又少。

2020年3月28日，中国证券投资者保护基金有限责任公司发布了《2019年度全国股票市场投资者状况调查报告》，据调查，2019年股票投资获利的专业机构投资者、一般机构投资者和个人投资者比例分别为91.4%、68.9%和55.2%，这比2018年的数据要好看得多。我们经常听到A股散户七亏两平一赚，70%的股民赔钱基本上是真实的。

在整个A股发展的浪潮当中，很多散户不仅没有赚到钱，甚至把自己的本金也亏进去了，而我们听到很多传奇"股神"故事，都是凤毛麟角。更多的散户投资者，在牛市中进行融资和加杠杆的操作，不仅将本金亏了进去，还欠下一笔外债，还有一部分散户投资者，在下跌中不断加仓，没有进行及时止损，导致最后未能等到大盘回升，割肉在最低点，未能坚持到曙光到来。散户其实更应该学习戒掉贪婪与恐惧，用适合自己的方式参与股票市场投资。

关于股票的技术分析有很多流派，本章主要从散户买股票的心态和行为来分析A股散户亏钱的原因、散户和机构投资者的区别。

5.1.1 散户亏钱的三大原因

首先，散户普遍喜欢追涨杀跌。

我们都知道有一个词叫作"羊群效应"。多数散户对市场不够敏感，当市场已经进入第一阶段火热程度了，才开始愿意用少部分资金进行参与，然后在整个市场继续上涨的过程中，散户发现自己投资的小部分资金赚了钱，于是追加更多的金额到股市当中，而这次追加的金额可能是之前买入金额的一倍甚至两三倍。

而更有一部分激进的散户，去证券公司开了融资账户，或者去贷款公司做了抵押贷款，拿更多加杠杆的本金投入到股票市场当中。而此时的股票市场已经进入到比较狂热的阶段，很多小股票，或者说基本面不足以支撑当前市值的股票，出现了一波疯狂涨幅，而有一部分当时的概念股或者热点股，甚至出现了几天翻一倍的行情，这种快速赚钱效应，很大程度上吸引了散户投资，在这样的效应下，散户期望自己投入的钱能够带来更多收益。

但是，专业投资者应该知道，当市场上大多数股票都偏离了它本身的内在价值时，市场就会出现泡沫。当泡沫越来越大，市场就越来越危险。而身在这个巨大泡沫之中的散户，依然沉浸在未来还能赚更多钱的希望之中，没有发现已经出现危机。这时少部分的散户和机构投资者，已经开始逐步减仓的动作，通过卖出股票，将实际收益放入口袋。这个时候大盘将会出现一定波动甚至下跌，因为少部分散户及机构投资者的进入时间点较早，所以他们的成本非常低，即使个股有百分之十的跌幅，他们依然获利丰厚，所以当大盘上升动力不再那么明显的时候，他们最先卖出。

此时买在高点的散户很少会去止损，他们期望在小幅回调之后，股价依然会创出新高。但实际情况却是，虽然有一小部分股票依然又涨了几天，但大多数泡沫过后股价的跌幅达50%，甚至有部分股票的跌幅达80%。此时，散户已经对赚钱不抱希望，而是希望回本，所以在下跌途中不断加仓以摊低成本，或者以抄底的心态去买股票。但现实却是，大部分人很难判断大盘和股票的底部，往往补了仓之后，股票依然下跌。此时很多散户心态面临崩溃，有很大一部分散户已经坚持不住，在最低位进行了清仓，没等到大盘回升。

其次，散户操作过于频繁，很难拿得住股票。

每天从9:30开市到15:00收盘，很多散户都会有盯盘的习惯，对于小幅的波动都会非常敏感。多数散户的情绪受大盘的影响较大，在上涨的时候加仓，为自己踏空而感到惋惜，而在下跌的时候，每天看着亏损的数字，又有卖出股票的冲动。对于一些核心的蓝筹股，很多散户的平均持仓时间只有5~10天，很少散户能够持2~3年。长时间持有股票的散户投资者当中，只有少数低成本进入且长期持有的散户赚钱，或者是已经亏损的散户在等着回本卖出。

从本质来看，散户过于关注股市的波动，主要原因还是对于所购买的股票信心不足。从选股的逻辑层面来说，大部分散户对核心蓝筹股存在一个误解，就是涨得慢。牛市中的创业板和中小板的股票，涨幅翻几倍都很常见，但核心蓝筹股的涨幅并没有那么大，所以在牛市当中，很多散户摒弃了蓝筹股，而去选择更有吸引力，涨得更快的成长股，但很多人其实并没有意识到，从每一轮的牛市到熊市的轮动中，跌幅最大的也是这部分具有吸引力的成长股，当股市下跌的时候，很多散户才意识到，投资具有真正盈利能力公司的重要性。

那么为什么散户会对自己持股信心不足？

很多散户在买股票的时候，并没有真正去研究上市公司，而是从亲朋好友打听小道消息，或者是根据网上股评师或者媒体的荐股。散户投资者也没有像机构投资者那样去详细研究公司的基本面，分析公司的现金流、盈利能力等财务状况，而是在市场行情的驱动下，快速买入股票，担心因为资金进场慢而错失了赚钱的机会。

专业知识缺乏和信息不对称，也是散户亏钱的一大原因。

很少有散户真正去下载自己所买企业近三年的财务报表去看，或者静下心来，分析公司的市场竞争力、盈利能力、存货周转率、潜在风险及未来展望。大多数散户抱着赚一点就走的心态。比较而言，机构投资者对于上市公司的前期调研及实地尽调的谨慎和专业是绝大多数散户投资者所不具备的，尤其是在信息的预判和接受程度方面，散户认知的局限性和盲从性，要远大于机构投资者。

图5-1展示的是某家上市公司在被机构集中尽调之后的股价涨幅，机构投资者可以第一时间获取公开信息，更容易与上市公司交流，进行上下游客户实地调研，挖掘到更多有价值的信息。

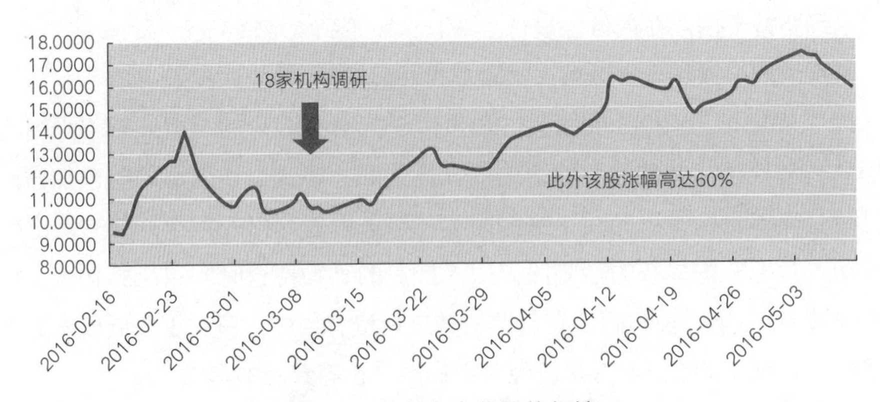

图 5-1　某上市企业股价行情

数据来源：Wind，市场公开数据。

很多散户对于上市公司的认知，大多数来源于上市公司的名字，起一个好的名字，有时候遇到了一波热点，很多主营业务并不相干的公司也能涨出高股价。比如说2019年的科技股行情高，当中上涨很多的股票的主营业务与核心科技其实相关性并不高，很多公司实际上只是叫了某某科技几个字，便在这一波科技股热潮下，出现大幅增长，但如果投资者能够去深入研究他们的主营业务，会发现其实在这段时期，并没有实质的业绩大幅预增，所以说这种上涨，基本是属于题材股的驱动行情，并不能支撑现在的股价以及未来不断上涨的行情。

例如在2015年互联网金融火热阶段，上市公司多伦股份将公司名字更改为“匹凸匹”，引发市场热潮，股价仅在短短不到一个月的时间，出现了将近翻倍的行情，对于散户来说，如果没有去对公司经营的实质业务进行追踪，很容易受到表面名称的影响，追高买入，导致本金亏损。

未能及时止盈也是部分散户亏钱或者赚少的原因之一，部分散户在股价冲高阶段买入，虽然此时已有很大泡沫，但是由于后进入的投资者不断买入将股价不断推高，此时很多投资者未能意识到其实股价掉头向下的风险已经近在咫尺，反而还存在股价还能接着创新高的幻想，未能及时止盈，当大跌来临时，卖出意愿不够坚决，也是造成前期赚钱，后期亏钱的部分原因。

5.1.2 散户如何在股市中赚钱

首先，要学会止损，保障本金的安全。

当股市出现系统性风险时，大多数股票会随着大盘趋势性下跌，会有不少优质股票因为系统性原因被低估。这种恐慌性下跌，容易对投资者造成一定的影响。一部分投资者手中的股票本身质量较好，但是受整体大盘影响，出现了暂时性亏损，这种时候，正确的做法应该坚持持股，而不是割肉卖出。这种时候卖出，容易对本金造成损失，且容易错过反弹的行情。对于另一部分投资者来说，如果当初买入股票是追求市场热度或当前的热门题材，那么当整个市场热度下降时，应该及时止损，防止本金出现亏损。如果已经出现了亏损，投资者应冷静分析，如果手中的股票估值已经接近历史高点，那应该选择止损卖出，而不是追加仓位，这样容易加大亏损。从这个层面来讲，个人投资者首先要保障本金的安全，才能够从股市中获取收益。

所以，投资者在做投资决策时，首先要考虑自己的风险承受能力，选择适合自己风险属性的标的进行投资，比如说，相较于单只股票，主题行业基金或者指数基金可能更适合风险偏好较低的投资者进行投资。

其次，要当中长期投资者，减少交易次数。

作为价值投资的代表，巴菲特的投资经历成为很多投资者研究的对象，为什么巴菲特能够获得较高的复合年化收益率，离不开他坚守价值，对自己所投资公司数年长期持有。巴菲特很少追逐市场的短期热点，而是在对公司价值研究的基础上，敢于重仓并长期持有。相比而言，个人投资者很难承受市场波动，容易在大涨或者大跌的情况下卖出股票，有时候虽然赚了一点小钱，但是放弃了几年之后股价翻数倍的机会。

以A股为例，虽然国内股市的波动较大，但也出现了一批价值成长股票。我们所熟知的伊利股份、贵州茅台、格力电器、中国平安等股票，在经历A股上下起伏数年之后，股价依然翻了数倍，并创出新高，但很少有散户能坚持持有这些股票三年以上。

作为个人投资者，择时是很多散户在买卖时需要考虑的。择时，通俗来讲，就是买在低点，卖在高点，但是很少有人能够每次都判断正确。每个人都希望自己能够在股票大跌的时候抄底，在股票涨到顶部的时候卖出，这只是一个理想的状况。实际上股市每天都在变化，散户投资者本来想抄底，但多数都买在了下跌的半山腰，结果是买入之后，并没有止跌企稳，股价依然下跌，这对散户来说很难判断，对于机构投资者来说，择时同样是一个很大的难题，所以择时也是一个造成散户没能长期持有、频繁交易的原因。

个人投资者，要尽量减少交易频率和择时次数，选择有业绩支撑的有长期投资价值的股票，买在较低点即可，并长期持有，最终会带来收益。

通过图5-2我们可以发现，美国的机构投资者占比较高，而国内机构投资者占比较低，国内的散户投资者依然占了较大比例，从市场有效性程度来讲，美国市场的理性程度更高一些，这也是造成中国市场波动较大的一个原因，散户的参与程度高，导致股价波动程度更大，相信在未来，随着国内投资者的理性程度变高，及散户投资者将更多资金交给机构进行委托投资，国内证券市场会更加理性。

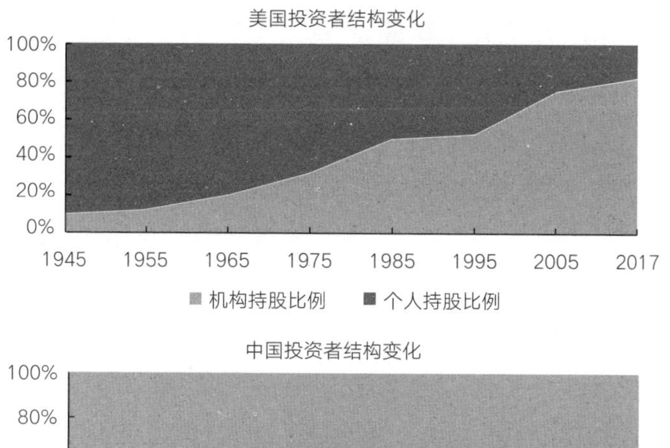

图 5-2 美国和中国机构投资者比例变化图

数据来源：Wind。

最后，从风险控制的角度来看，要做到分散投资。

从资产配置来讲，分散投资能够很好地规避市场大幅度的调整，对于投资者来说，股票属于进攻性资产，风险较高。从资产大类来说，个人可投资的金融资产建议大部分配置在市场性资产和防御性资产。从小的方面来说，股票投资也要分散到不同的行业或者板块类别。

对于中国股票市场，板块间的切换速度非常快，热点的轮动也很快，所以在买股票的时候，应该配置在不同的领域，无论是大金融、大消费，还是科技类、基建类，以及最近比较火热的高端制造类、医药类，应该尽量分散化布局，如果非常看好某一板块，可以适量增加仓位，但不要用所有资金来买同一板块的股票。

这样，在整个股市轮动的时候，才不会出现自己手上的股票一旦市场气氛不一致，就出现大幅度亏损的状态，分散化投资也有助于保持一个良好的投资心态，增加整个投资组合的稳定性，这样在某一个板块出现亏损的时候，整个股票组合的收益也不会出现大幅波动。

5.1.3 散户如何避免业绩踩雷

有的散户闭着眼睛买股票，不看上市公司财务报表。财务报表是企业所有经济活动的综合反映，认真解读与分析财务报表，能帮助我们避免踩响上市公司的业绩“地雷”。但读懂财务报表是每个投资者都头痛的问题，因为财务报表不仅充斥着大量的专业术语和数字，非常枯燥乏味，而且有些不良上市公司的财务报表中还隐藏陷阱。

第一，我们简单介绍一下财务报表看什么。

财务报表是反映一个公司经营状况的镜子，我们去看一个公司经营状况时，不仅要关注公司的销售收入、净利润，还要关注公司的现金流，同时也要关注公司的债务情况、大股东的质押情况、公司前几大客户的集中度、公司的存货周转率怎样，公司的应付账款和应收账款的回款速度怎样，公司的销售费用占营收的比例如何，这都是应该关注的问题，这些都关系到未来公司的盈利情况，所以投资者应该格外留意。

另外需要注意的是，公司营业收入的质量如何，是不是主营业务为公司带来的收入贡献最大，公司的盈利能力、净利润是不是逐年增长。举个例子，很多上市公司都有房地产投资，对于一部分上市公司来说，如果今年的主营业务出现了亏损，为了粉饰财务报表，公司可以出售自己的一块土地或者一栋楼，来增加自己的非经营性收入，如果客户只从净利润来看的话，会看到一个正的净利润，如果扣掉非经常性损益项目带来的收入，那可能净利润的增长为负值，这只是上市公司粉饰财务报表一个简单的例子。

对于市场上各式各样的上市公司，我们要对投资标的做具体分析。比如说一家公司的产品售价提高了，但营业收入并没有显著增加，我们要推断，这是不是由于销量下降造成的，说明消费者对于这件产品的价格敏感性较高，市场对于公司生产的产品的需求程度和依赖程度不够高。或者从另外一个层面来讲，公司生产的商品属于非必需消费品，那么这个公司的业绩会在经济整体下滑的时候，出现较大下跌，当然真实的市场环境远比我们想象的复杂，要去综合考虑当前的市场环境，来分析公司的经营状况。

再来看一个案例。大家熟知的东阿阿胶，2019年净利润预亏3.34亿元至4.59亿元，比上年同期下降116%~122%。上年同期盈利20.85亿元，本年第四季度的亏损达5亿~6亿元，这是东阿阿胶自上市以来，首次出现亏损。其产品在近13年的销售过程中，涨价次数近17次，我们通过其历史股价可以发现，在2017年的时候，其股价曾达到每股71元的高位。

通过对比2017年年报和2018年年报发现，在营业收入方面，均为73亿元左右，通过数据可以发现，东阿阿胶在其产品提价的同时，其销量并未有显著增长。我们再去看2019年前三季度的报表，第一季度的营业收入近13亿元，同比下降接近24%，再来看第二和第三季度，相较于2018年，2019年二三季度，营业收入更是大幅下跌，其中第二季度的营业收入较2018年更是跌幅达50%，我们再去看2019年第一季度的应收票据及应收账款，两项合计更是达28亿元，而同期2018年第一季度的应收账款仅为16亿元，同比增长达70%，说明整个回款的速度慢下来不少。

我们再来看一下净利润的增长情况，2018年第一、第二季度分别达6亿元和2.5亿元，到了2019年第一和第二季度，第一季度还有3.9亿元的净利润，而到了第二季度，净利润已经亏损1.9亿元，此时的股价已经从70元左右高位下跌至38元左右，跌幅接近45%，其实从2018年和2017年的对比就能发现，整个产品的营业收入已经没有什么增长，甚至有略微下滑，这个时候投资者就应该注意和留心了，是不是整个公司的销售战略和产品定位出了问题，整个公司的产品在未来销售潜力如何，业绩是否能够扭转或者持续，公司是否推出了新产品等，如果没有看到新措施和扭转，应及时进行减仓。

第二，重视上市公司的商誉。

商誉指一家企业预期获利能力超过可辨认资产正常获利能力（如社会平均投资回报率）的资本化价值。比如，一家上市公司希望收购一家小公司，这家小公司的净资产只有一个亿，那么这家上市公司却出价两个亿进行收购，那么这多出来的一个亿就是商誉，被收购的公司以未来业绩为承诺，去弥补这多出来的一个亿。但现实情况可能是，很多被收购的公司并没有在未来几年内兑现当初所做出的业绩承诺，那么在上市公司的财务报表中，就要计提商誉减值。如果过去一个上市公司大肆扩张，收购了很多小公司，那么当这些小公司未来并没有达到业绩预期，就会发生大规模商誉减持，也会给公司财务报表带来较大亏损，这就是我们常听到的商誉爆雷事件，所以投资者在选股时，一定要注意公司商誉是否占比过大。

比如说之前创业板明星股全通教育，这只股票在2015年曾达400余元高价，在2016年耗资近13亿元，收购了6家公司的股权，2017年又再度收购2家公司的股权，整个公司商誉在2017年达13.9亿元，占公司总资产的48%，但与此同时，归属母公司的净利润却开始下滑，到了2018年，营业收入和归属母公司净利润，出现了双重下滑，之前并购的子公司出现了大幅商誉减值，商誉减值高达6.8亿元，而到了2019年，公司业绩继续下滑，商誉减值达6亿元，公司的总市值从450亿元跌至现在的40亿元。

第三，要注意大股东的质押情况。

很多上市公司由于需要借钱去开展新业务，在筹措资金时，一部分股东会选择质押股份来筹集现金，但在市场行情单边下跌时，就会出现由于公司本身基本面较差，股价不断下跌，造成现在的股价达到大股东质押的平仓线，这种情况需要投资者在研究公司的同时，多关注上市公司的股份质押率，如果过高，应尽量避免去选择这类公司。

当然，投资者如何全面读懂财务报表，避开上市公司的雷区是需要长期学习的，有兴趣的投资者可以去读一些专业书籍。

5.2 写在3000点徘徊的现在

上证指数在经历20多年起起伏伏之后，到2020年依然徘徊在3000点附近，但是从动态估值来看，目前上证A股的平均估值在12~13倍，依然处于一个比较便宜的区间。在经过市场的几轮筛选之后，A股的核心资产依然具有很大吸引力，随着MSCI指数对新兴市场纳入比例的不断扩大和北上资金的不断净流入，核心资产优势在未来的确定性不断提高，当前投资者所需要做的就是布局和耐心等待。

5.2.1 处于历史低位，配置价值凸显

图5-3为上证综指历年以来的走势图，可以看出A股共经历了五轮低点，每一次低点，都是一次绝佳的买入机会，从2015年6月12日开始，A股连续回调数年，目前点位处于历史底部，配置价值愈发凸显，目前A股正处在第五轮低点回升阶段，当下阶段正是布局权益市场的好时机。

不仅国内机构投资者认为当下是一个A股较好的布局时点，外资代表北上资金从2019年5月入场抄底，意味着北向资金再次布局A股。从以往走势看，这些聪明资金都是先人一步。目前A股已经连续调整，不管是横向看，还是纵向看，A股目前都具备了更高的配置性价比。

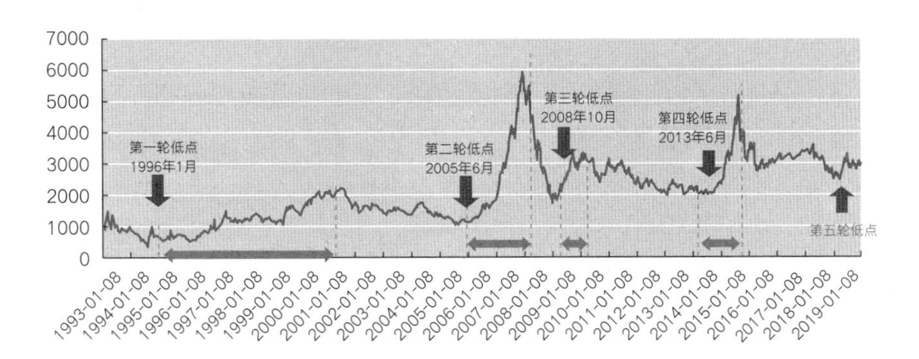

图 5-3　上证综指历史趋势图

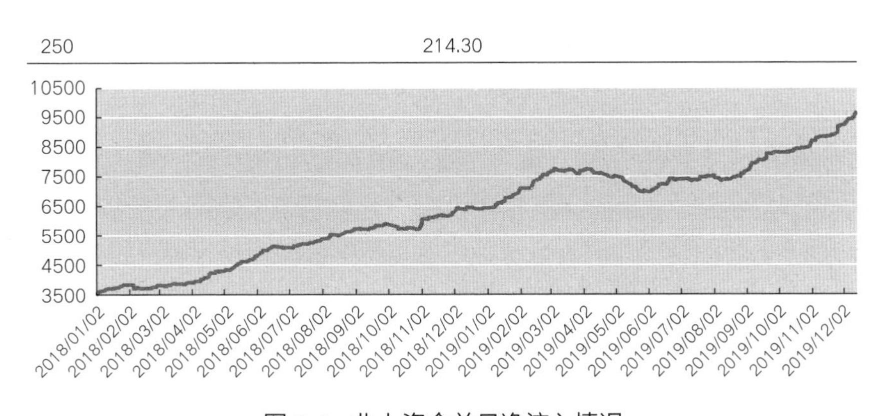

图 5-4　北上资金单日净流入情况

数据来源：Wind。

从散户心理的角度来看，经过统计分析公募基金的募集量与指数的关系，我们发现公募基金的募集规模随着指数上涨不断提升，大多数散户买在了指数的最高点，但是从历史数据来看，当指数上涨时，散户的购买热情会不断增加，而忽视了潜在风险，反而指数在低位徘徊的时候，很多散户并没参与股票市场的热情。所以如果从大趋势上去选择时点投资，我们更建议在低位进行布局，因为目前3000点左右下跌的几率和幅度，是远低于上证指数在4000点、

5000点下跌的几率和空间的。

图5-5展示了上证指数随着点位不断上涨，公募基金募集规模的变化情况，募集高峰通常出现在牛尾熊头。股市上涨时，大家一拥而上推动行情向上，股市下跌时，则会争先恐后抛出持有的股票，造成股市暴涨暴跌，公募和私募基金在股市上涨时募集规模明显上升。

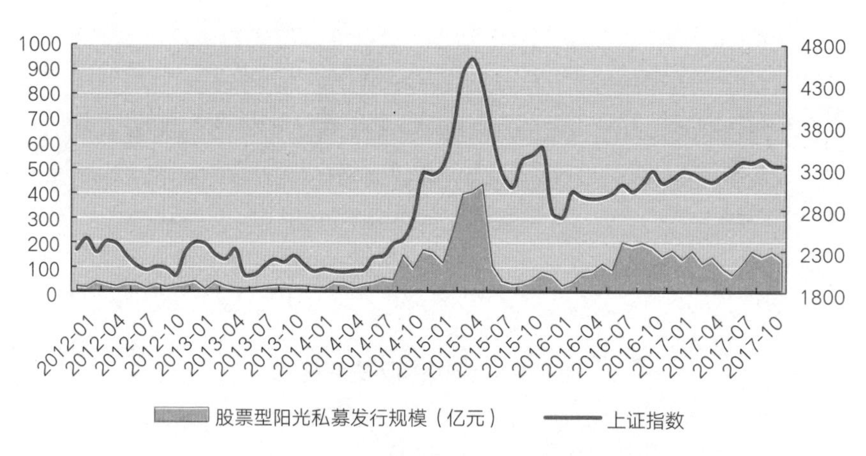

图 5-5　上证指数趋势与股票私募发行规模

所以随着个人投资者的不断理性，对上市公司认知不断完善，委托机构投资者的客户越来越多，我们会发现整个市场会更加趋于理性，出现追涨和大幅波动的概率会逐渐降低，对于概念、热度和题材股的追捧也越来越少。那个时候再回看历史会发现，3000点是一个低点，随着我国资本市场不断开放，境外机构和投资者比例不断提升，整个市场将会不断向好的方向发展，形成一个正向循环。

5.2.2　3000 点以下建仓正收益概率高

图5-6展示了在不同点位建仓，不同的时间段持有，未来获得正收益的概率。从图5-6中我们可以看到，在3000点以下建仓，不仅获取正收益的概率高，而且随着持有时间不断增加，获取的收益也有大幅增加。通过对A股经历前四次牛熊周期进行测算，历史数据显示，目前估值水平下，沪深300未来三年正收益概率89%，七成行业未来三年取得正收益概率超过90%。

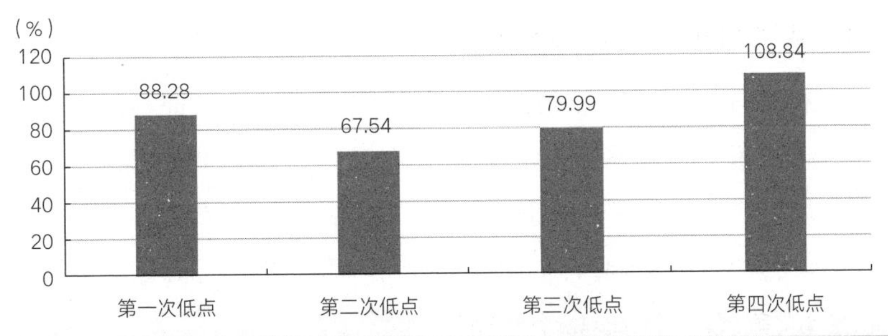

项目	日期	沪指点位	一年后点位	收益率
第一轮	1996/1/19	512	964	88.28%
第二轮	2005/6/6	998	1672	67.54%
第三轮	2008/10/28	1664	2995	79.99%
第四轮	2014/6/26	1849	4277	108.84%

图 5-6　历次低点持有一年以上收益分布

数据来源：Wind。

2008年6月以来，上证综指3000点以下发行的股票型基金和偏股混合型基金（见图5-7）：

持有半年的平均回报：15.12%

持有一年的平均回报：37.70%

持有两年的平均回报：57.33%

持有三年的平均回报：90.13%

持有五年的平均回报：134.31%

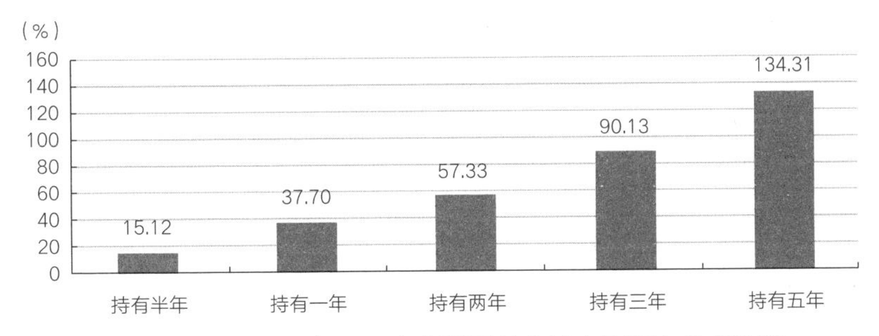

图 5-7　上证 3000 点以下建仓股票基金持有时间与收益对比

数据来源：Wind。

5.2.3 政策引领A股长期慢牛

2020年3月1日，新《证券法》正式开始实施。本轮《证券法》的修订，于2019年12月十三届人大常委会审议并通过，是对A股注册制的继续落实。

资本市场基本制度的不断完善是A股长期慢牛的顶层保障，本轮《证券法》修订历时4年半，从2015年4月到2019年12月，再到2020年3月正式实施，前后经历了监管层4次审议，可谓被寄予厚望。

全面推行证券发行注册制度，也就是我们常提的“注册制”改革。将发行股票应当“具有持续盈利能力”的要求，改为“具有持续经营能力”，这让一大批优秀企业更容易在资本市场获得融资，并让A股扩容，垃圾股将越来越没有吸引力，从制度层面抑制了“炒壳”行为。另外取消发行审核委员会制度，减少了潜在的权力寻租行为。

A股历史上，几乎每一次《证券法》修订，都会让股票市场迎来一轮涨幅，其中堪称大牛市行情的有：1998年证券法修订，1999年爆发“5·19”大行情；2005年证券法修订，促使2006—2007年股权分置改革大牛市，也是A股最猛的一轮牛市；2013年证券法修订，迎来2014—2015年新一轮改革牛市。

本次新《证券法》的实施，是在制度层面对资本市场的优化。对上市公司而言，今后想要获得市值提升，必然要把公司主营业绩放在首位。对市场投资而言，注册制的推出将遏制“炒壳”风气，进一步传播价值投资理念。让违法违规行为付出更大代价，以及加强对投资者利益的保护，都有利于资本市场进入一轮长期慢牛。

06 股海无边 基金是岸

根据《上海证券交易所统计年鉴（2018卷）》，整个2017年沪市中的个人投资者贡献了相当于机构投资者5倍的交易额，占到总交易量近八成，却只获得不足机构30%的盈利，在总盈利中的占比还不到一成。而且，机构的“本金”更少。《年鉴》显示，沪市中，2017年自然人投资者整体盈利3108亿元，专业机构整体盈利11156亿元，机构投资者盈利金额是散户的3.6倍。

有的投资者选择自己购买股票，有的投资者选择购买股票基金，把资金委托给专业基金经理代为理财。选择当股民还是基民，这对很多投资者来说值得思考。

本章我们主要讨论公募基金的投资逻辑，解读公募基金作为机构投资者在投资习惯、专业背景、投研支持等方面和散户的区别，以及如何挑选公募基金和公募基金管理人。

6.1 当股民还是基民

6.1.1 炒股不如买基金，是真的吗

在2019年，基金收益率远超证券市场指数的现象引发了投资者的广泛关注。2019年沪深300年内涨幅36.07%，上证指数涨幅22.30%，在世界范围内处于领先地位，相比公募基金来说，这样的赚钱效应似乎有些“不够看”。截至2019年12月31日，剔除分级基金以及新成立基金，最低仓位为60%的偏股混合型基金平均收益率为43.73%，最低仓位为80%的主动股票型基金平均收益率45%，均大幅超越同期指数。刘格菘管理的广发双擎升级以121.69%的收益率夺得2019年主动权益基金冠军，此外，他管理的广发创新升级、广发多元新兴收益率也超过100%。

2019年前10个月，A股共有139只股票涨幅超过100%（扣除新股），涨幅200%以上的也有28只。这些牛股中，有相当一部分是基金重仓股。以五粮液为例，这只2019年三季报公募基金第三大重仓股，在2019年前10个月暴涨了160%以上。基金研究和分析有一定趋同性，实际投资中，有公募"抱团取暖"之说，熊市的时候是取暖，但到了2019年行情起来时，已经不是取暖，而是抱团目标股票的火"越烧越旺"。相对于散户而言，公募基金更容易把握结构性行情。

进入2020年，"炒股不如买基金"的理念愈发深入人心。截至2020年2月底，沪指的年内涨幅几乎收平，但以TMT（科技、传媒、通信）为代表的板块领涨两市，不论是主动偏股基金、指数型基金，以TMT、成长为主要投资方向的公募基金均取得明显的超额收益，甚至收益率超60%。就公募市场整体而言，2020年以来对比沪深300指数，无论是普通股票型基金14.23%的收益率，还是偏股混合型基金13.33%的收益率，都超过同期沪深300指数12个百分点以上。

另一方面，"爆雷"仍然是投资A股无法回避的事情。每年1月业绩期间有一轮"爆雷"，4月公布年报、8月公布半年报都有一批业绩"爆雷"股，更有一批A股公司的董事长、实控人或者高管涉及官司被抓或被证监会立案调查。但无论是"爆雷"，还是股市的大幅过山车，对优质公募基金的影响都不大。经历多年多轮牛熊切换和爆雷洗礼之后，公募基金对那些有爆雷风险的个股整体持仓不大。相比很难去鉴别上市公司是否具有"爆雷"可能的股民，风险也小了很多。

就投资风格而言，2019年"炒股不如买基金"另一个重要原因在于，价值型和成长型风格的基金都有"用武之地"。2019年"结构性行情"成为关键词。在此背景下，传统价值股与成长空间较大的科技股成为两大主线。其中，消费、医药、科技等行业龙头股表现迅猛。主动权益基金凭借优秀的选股能力，抓住了这些领域的机会，为持有人带来了很好的超额收益。纵观过去6年的A股市场，2013年的股市是成长股暴涨，价值股遭殃；2014年的股市是价值股后来居上，成长股大幅跑输指数；2015年又是相反，成长股大幅跑赢市场，价值股表现非常一般。

而在2019年，重仓价值股的基金把握住了白酒、家电等消费股及金融股中的平安、招行等，有非常好的业绩；成长股中，电子股包括其中的5G、芯片等一大批股票，以及医药成长股都有很好的表现。但对于散户来说，在股市风格的切换过程中，难免追涨杀跌，既不能做到长期价值投资，也很难像专业的基金经理一样，捕捉到优质成长股的投资机会，可能产生损失。

其实，把时间拉长到过去十年，“炒股不如买基金”的定律就存在。2010年以来，公募基金平均收益率跑赢沪深300指数的年份共7年，在沪深300指数收益为负的5年中，公募基金持续跑赢指数，尤其在2010年和2013年，在指数全年收益率为负的情况下，公募基金却为投资者创造了正收益。相比于散户炒股，长期来看，公募基金大概率能为投资者带来超越市场的收益水平。

在这些年里，股民是如何被基民打败的呢？

纵观过去十年A股的运行表现，3000点属于价值运行中枢区域，多轮牛熊行情均围绕着该区域轮动。

以上证综指的表现情况来衡量市场状态，极速上涨的“铁牛市”发生于2007年和2015年，急剧下跌的“铁熊市”也只有两次，分别在2008年和2018年。同时，市场还存在震荡状态：2013年“大众创新、万众创业”带来的假熊市，那一年上证指数下挫6.75%，上证50跌15%，但创业板一骑绝尘涨了80%，其中68.81%的股票都在上涨；2017年，“白马运动”带来的假牛市，那一年上证指数上涨6.56%，但3455只股票仅有1133只上涨，股票上涨概率仅三成；2019年，结构性牛市，指数涨、股票普涨，白酒、猪肉、5G等板块涨幅居前，但其他领域几乎纹丝不动。

总结如下：

2013年假熊市，68.81%的股票上涨，88.46%的股票基金上涨；

2015年铁牛市，91.22%的股票上涨，98.5%的股票基金上涨；

2017年假牛市，32.79%的股票上涨，87.40%的股票基金上涨；

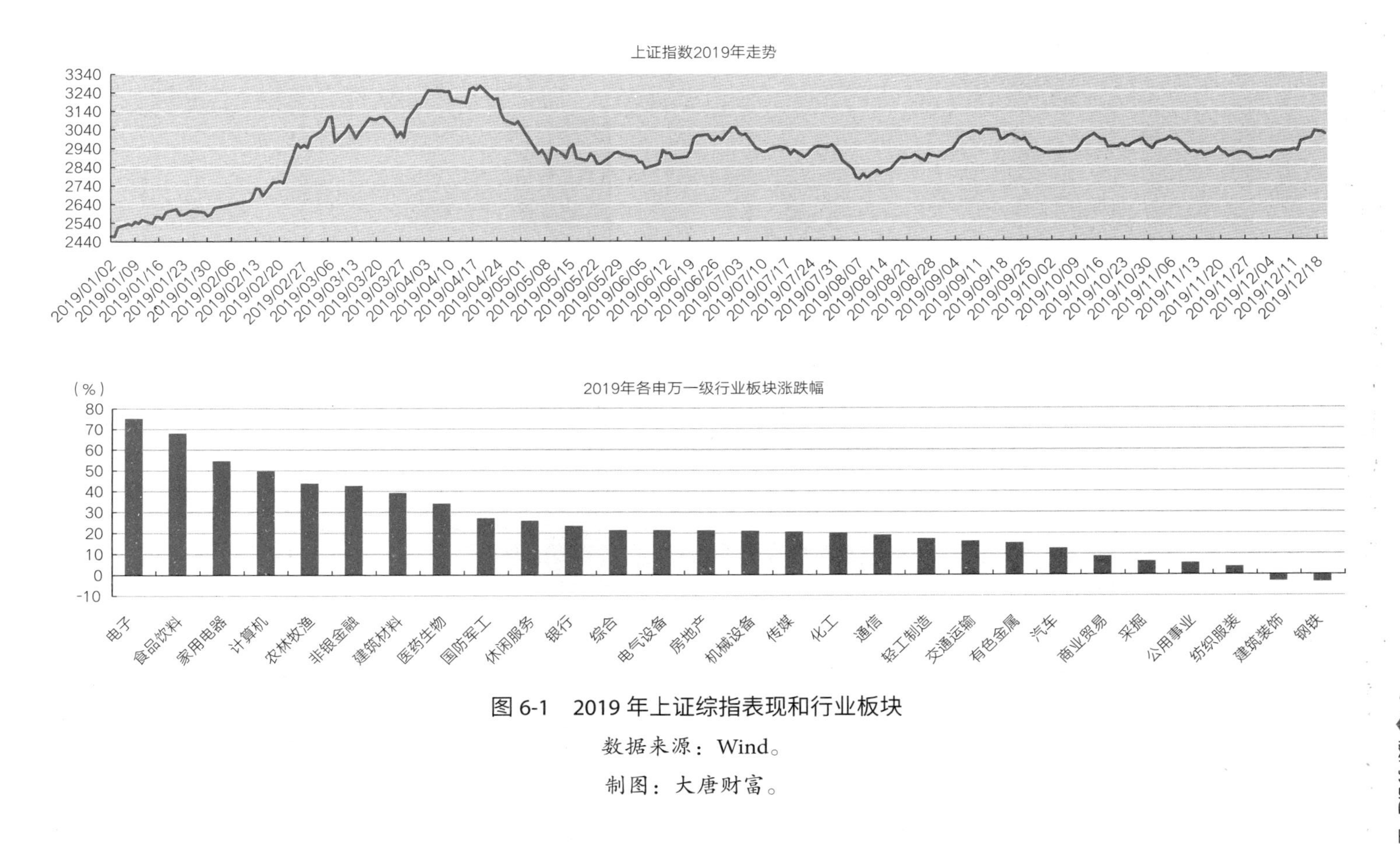

图6-1　2019年上证综指表现和行业板块

数据来源：Wind。

制图：大唐财富。

2018年铁熊市，虽然两者几乎全军覆没，但是股票基金有15.54%上涨，股票涨率仅8.85%；

2019年结构性牛市（见图6-1），98.63%的股票基金上涨，而股票只有73.30%。

观察历年行情，股票基金几乎全面碾压股票，除了2011年股票型基金和股票几乎都全军覆没之外，其他9年中，股票基金上涨比例均超过股票。尤其值得注意的是，在结构性行情中，无论是价值投资收益显著，上证50被誉为“漂亮50”的2017年，还是成长风格突飞猛进，创业板称王的2013年，股票型基金的答卷都十分良心。

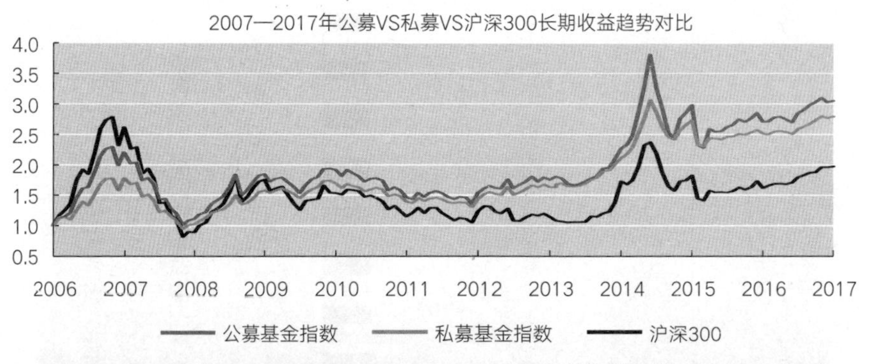

最近11年（2007—2017）	总收益率	年化收益率	开始指数点	收盘指数点
沪深300	97.45%	6.38%	2041	4030
私募基金指数	179.40%	9.79%	1000	2794
公募基金指数	205.48%	10.68%	2299	7023

数据来源：
私募基金指数：好买私募基金指数。
公募基金指数：Wind股票型基金总指数。

图6-2　2007—2017年公募收益与指数对比

制图：大唐财富。

在图6-2中也可以看到，在十一年维度的标尺下，公募基金收益全面碾压沪深300指数。相对于散户投资者而言，公募基金在对优质股票的挖掘，对投资风险可能性的把握，以及对结构性行情的捕捉能力上均占有优势，“炒股不如买基金”的确是十余年来A股市场真实写照。

6.1.2 为什么基金赚钱效应比散户好

美股是世界上最成熟的资本市场之一，那里是散户更挣钱，还是机构投资者更挣钱呢？根据美联储的数据，截至2018年底，美国各部门持有的公司股权市值为42.9万亿美元，其中家庭部门（剔除非营利组织）持有市值14.3万亿美元，占比34%；机构投资者中，共同基金、外资、各类养老金以及ETF持有整体公司股权市值的占比分别为23%，15%，12.5%以及6%。

养老金和共同基金的崛起是家庭直接持股占比下降的重要原因，个人投资者间接参与股市比例不断加大。在美股长达十年的慢牛中，机构投资者占比不断提升，也是推助其稳定发展的一大动力。

类比美股，A股投资者结构也在重塑中，逐步走向机构与专业投资者博弈的时代。特别是2019年以来，MSCI和富时指数相继扩容，在外资持股增长80%的情况下，A股的整体风格更偏向价值投资。茅台、平安银行等为代表的一批优质“核心资产”涨幅居前。同时，随着市场的不断发展，规章制度的不断完善，出现业绩难以兑现、财务造假等问题的上市公司被市场逐渐抛弃，而作为组合投资工具，公募基金背后有强大的投研团队支撑，更具筛选个股能力相对散户突出的优势。

相比于机构与专业投资者而言，散户为什么总是做出错误的决策呢？

第一，散户很难做到理智地进行交易。特别是初入股市的散户，往往违反交易“重势不重价”原则，每次交易盈亏都要与现实生活中的价格尺度进行比较，“该不该出去?”成为他们在基金回撤时最爱问的问题。这种对风险的过度恐慌，也容易导致投资者“追涨杀跌”，错失投资良机。

第二，吝惜心态也常常发生在散户的投资行为中。在短期被套、亏损额度在逐渐放大的情况下，投资者很难及时止损，最终导致错失及时割肉止损的良机，以至于被深深套牢，损失大部分本金。另外，散户在直接投资A股的过程中，很难对个股的基本面进行充分研究，并极易受到市场观点的影响，随大流是一种普遍的社会现象，往往大部分散户看清方向的时候，就到了市场风格切换的时候。

第三，在炒股中很难避免虚荣心。社交媒体上股市大V良莠不齐，有些人喜欢滔滔不绝地讲述股市战绩，如何大赚一笔，如何逃顶，如何离场等，而这些叙述的水分有多少却很难探求。许多散户在炒股时没有办法进行深入研究，反而被信息噪音所包围，很难做出正确的投资决策。

和散户相比，背靠基金公司完善投研体系的基金经理，在A股投资上的优势明显。

首先从投资行为和心理上来看，散户和基金经理是截然不同的。基金经理的性格往往非常独立，但这种独立并非简单的逆向或反向投资，而是一种“任凭风吹浪打，我自岿然不动”的气度。他们对投资坚持自我判断，拒绝迎合他人，尤其是大众。最经典的案例要数HARBOUR（港湾）基金，他们的基金经理在20世纪90年代末，认为网络公司存在大量泡沫，他们没有投资网络公司，并且顶住了投资者的质疑。2000年后网络泡沫破灭，他们的基金因此没有受到任何影响。

另外，与A股市场中的散户相比，“看穿一切”的公募基金经理更为理智，具有良好的情绪控制能力。之前提到，散户在炒股中容易产生从众、恐慌、虚荣等心理，这些心态在优秀基金经理身上很难发现。在瞬息万变的股市中，投资人细微的情绪变化，往往会造成巨大的行为后果。失之毫厘，谬以千里，优秀基金经理，会迅速觉察到自己的情绪变化，尽量在不理智决策发生前进行干预。很多量化策略产品，甚至会采用机器、程序进行决策，以避免投资中的不理智行为。

更重要的是，除去情绪、心态方面的影响，专业能力是决定基金经理和散户在A股市场上表现差异的更重要的因素。

成为基金经理首先要以金融专业为起点，然后进入证券行业，从事研究分析、交易等基础工作，几年磨砺后逐步过渡到基金经理助理等工作，这些都是晋升到基金经理的潜在路径。优秀的基金经理往往具有深厚的金融专业知识和多年证券从业经验，他们尽量让自己与繁杂的行政管理职能隔离开来，专心投身于股票研究。职业投资人是一项对体力和脑力要求都极高的工作，全球大部分优秀的基金经理人都保持着很好的工作习惯和严格准则，工作非常努力，甚至周末也在工作，这是A股散户投资者很难做到的。

散户需要反问自己的是——你有时间精力去做这些事情吗？以2019年以来火热的科技基金为例，你真的了解5G技术、云计算、半导体芯片这些专业领域知识吗？如果不了解，那该如何判断上市公司的投资价值，从而理性地对自己的投资进行决策呢？因此投资者要把握行业的确定性趋势，少参与个股的追涨杀跌，重视公募基金在资产配置中的作用，买对基金涨个不停，要远佳于买个股涨停。

6.1.3 二级市场赚钱，公募股票基金是王道

公募基金的专业化不仅体现在基金经理与散户的对比中，同样体现在基金公司专业的投研团队和风控团队中。以基金公司汇添富为例（见图6-3），汇添富基金具有独特的投资研究人员培养体系，目前已构建了一支逾80人的投研团队，人员稳定战斗力强。投资人员与研究人员职责明确，配合默契，为实现优秀投资业绩全力以赴，在业内拥有良好口碑和声誉。从宏观到行业，汇添富实力雄厚的研究平台是汇添富基金追求长期投资制胜的有力保障。除投研团队外，头部公募基金公司还具有完善的风险控制体系，以帮助基金经理筛选投资标的，降低投资风险。

专业化团队，就是让专业的人做专业的事，散户不用再去研究什么行业景气度、财务报表，统统交给基金经理去做，专业化分工，效率最大化，挣的钱自然最多。投资者则可以将精力放在赚取更多的可投资资金上，让基金经理帮自己赚钱。

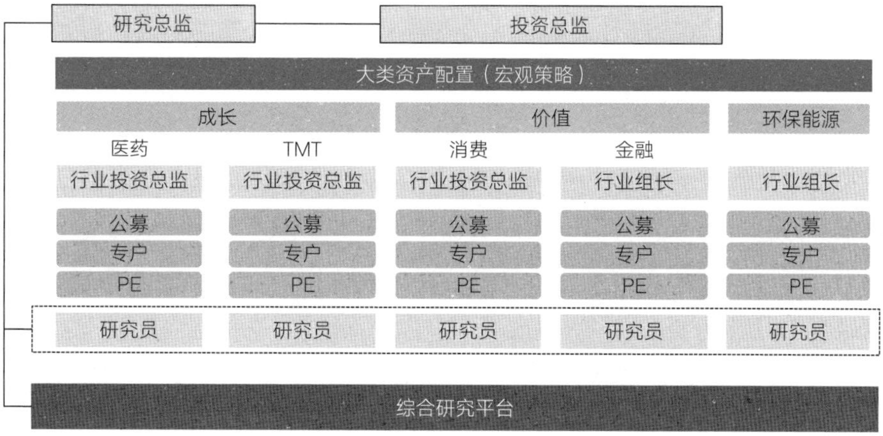

图 6-3 头部基金公司投研体系

数据来源：汇添富基金。

制图：汇添富基金。

对于投资者而言，要在市场处在低位的时候勇于介入，做逆向投资，避免高位追涨。就像巴菲特说过的，“要在别人恐惧的时候贪婪，在别人贪婪的时候恐惧”。对A股市场投资，是一种长期投资，不要频繁买进卖出，被股市所“折磨”，如果自己很难做到，那不如选择优质基金公司权益类基金，在基金经理的帮助下，戒掉自己频繁操作的毛病。

6.2 公募基金的配置逻辑

回顾2019年，在资管新规的相关要求逐步落实、货币基金存量规模有序递减的背景下，公募基金规模仍创下历史新高。股票型基金规模从连续多年低迷中走出，重新站上万亿元高点。2019年7月，公募基金全行业基金数量首次突破6000只整数大关，迈入了“6000+”时代。面对数量几乎达到上市公司一倍的公募基金，投资者又该如何去配置？

6.2.1 什么是公募基金？

1997年10月，以《证券投资基金管理暂行办法》颁布实施作为起点，中国的公募基金行业正式步入了快车道。经过了二十多个春秋的发展，公募基金行业如今已经拥有140余家基金公司，14万亿元资产管理规模，成为中国资本市场举足轻重的机构“正规军”。从品类扩充到规模增长，公募基金行业曾有扛起价值投资大旗的辉煌，但也有牛市中被诟病追涨杀跌的挫败。

就定义而言，公募基金（Public Offering of Fund）是指以公开方式向社会公众投资者募集资金并以证券为主要投资对象的证券投资基金。公募基金以大众传播手段招募，发起人集合公众资金设立投资基金，来进行证券投资的。这些基金在法律的严格监管下，有信息披露、利润分配、运行限制等行业规范。公募基金受到证监会的监管，相比私募基金，具有公开发售、投资成本相对较低、信息披露程度要求较高的特色（见图6-4）。

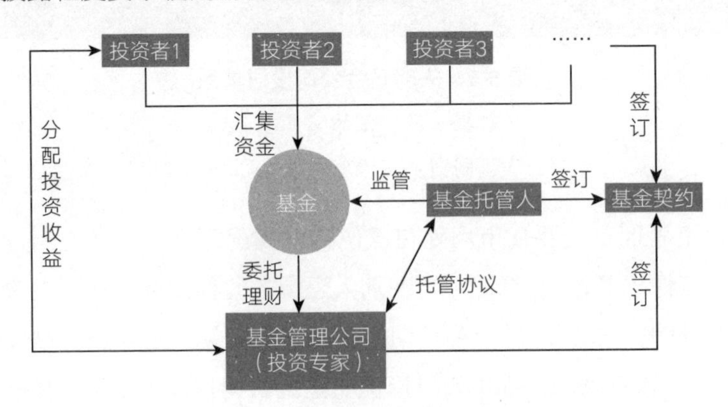

图 6-4 公募基金的基本结构

制图：大唐财富。

在众多投资者眼中，公募基金最直观便是一只只基金产品，1998年3月27日，基金开元和基金金泰宣告成立，从传统封闭式基金的兴衰，到开放式基金的创新迭出，QDII基金的扬帆出海，再到近两年公募FOF以及养老目标基金的加速推动，都记录和书写了公募基金发展波澜壮阔的20年。回顾这20年的发展历程，在1998年到2008年的前十年中，公募基金在市场中的地位与话语权，随着自身优异业绩与稳健投资风格而不断上升。到后十年，随着多层次资本市场的不断完善与发展，机构投资者的不断成熟，公募基金的市场影响力虽然相对下降，但仍是最重要的机构投资者之一。

公募基金作为金融市场重要的参与主体，肩负着公众投资者重托，承载着服务大众理财、优化资源配置的重大使命。

首先，公募基金替老百姓打理好手上的余钱，带动居民财富增值，财富增长必然促进消费，从而促进实体经济发展。

其次，公募基金可以发挥专业优势，以良好投资业绩吸引老百姓认购，再由公募基金投到上市公司，完成储蓄向资本的转化，促进上市公司发展。

最后，公募基金促进价格向价值回归，优化资本配置。同时，作为持股上市公司比例相对较高的资产管理机构之一，公募基金有可能实质性地参与上市公司的治理。一家专业的公募基金公司如果在上市公司的治理方面能够发挥重要而积极的作用，对于提高上市公司经营管理水平、促进实体经济发展具有重要意义。

公募基金诞生以来即自带“普惠”基因。经过20年发展，公募基金行业以丰富多元的产品线和广泛便捷的销售渠道，服务了数以亿计的普通投资者，成为社会大众财富长期保值增值的重要途径。未来随着养老目标基金的推出，公募基金投资服务的覆盖面将继续延展，进一步彰显普惠特性。

凭借丰富的产品类型和广泛的销售渠道，加上投资门槛低的天然优势，公募基金已经逐渐“飞入寻常百姓家”。作为普惠金融的典型代表，公募基金借助覆盖线上线下、场内场外的多元化基金销售渠道，已成为我国家庭最重要的理财工具之一。

1998—2018年，公募基金累计分红25100.59亿元，为投资者创造了可观回报。互联网兴起以后，公募基金借助移动电商，迅速扩大覆盖半径，接触到更多普通投资者，持有人数呈几何级增长。以余额宝为代表的一批互联网货币市场基金抓住“长尾市场”，使货币市场基金成为家喻户晓的理财工具。

作为余额宝的主要推动者，天弘基金副总经理周晓明认为，普惠定位是余额宝产品成功的主要因素。普惠，既是一个产品模式问题，也是一个产品价值问题。未来希望余额宝能在一定规模之内服务更多人，进一步实践普惠金融的价值理念。此前在余额宝的带动下，基金公司纷纷下调基金申购门槛至100元乃至1元，进一步提升公募基金的“亲民性”。

综合而言，具有20余年历史的公募基金，对于普通投资者而言，是门槛低、安全性高、选择多样化的投资方式。

6.2.2 从大类资产配置看公募基金分类

根据投资对象的不同，公募基金可以分为货币市场基金、债券基金、股票基金、混合基金、QDII基金与其他基金（见图6-5）。从大类资产配置的角度来看，公募基金覆盖了海内外股票、债券、商品、不动产市场，成为全天候、全品类资产配置的有效工具。截至2019年12月31日，中国市场公募基金总规模达到14.3万亿元，产品数量达到6040只（不同份额仅保留A类），较2018年5144只增长17.4%。从各类基金的数量分布看，混合基金、债券基金、股票基金持续占据前三。

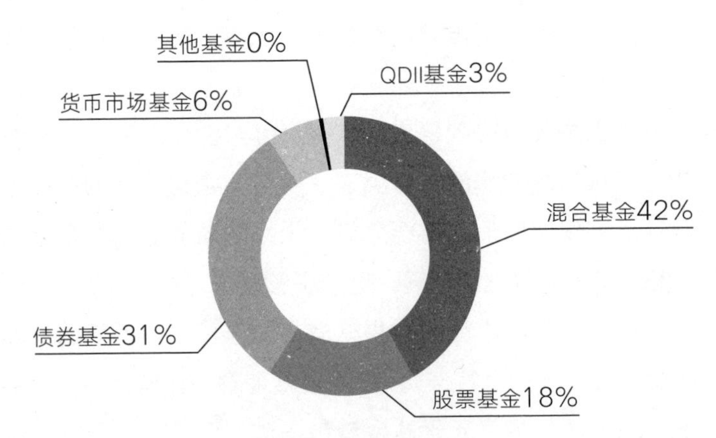

图 6-5　各类公募基金占比

数据来源：Wind。

制图：大唐财富。

我国各类型的公募基金已经能基本满足不同风险偏好投资者的需求，货币基金、债券基金可以帮助较为稳健的投资者进行资金管理，而股票基金、混合基金中的偏股类基金，则能帮助较高风险偏好的投资者在权益市场中完成投资目标。不仅面对普通投资者，公募基金经理风格清晰、分类明确的特征也让它成为社保、养老基金的舵手。2017年推出的《养老目标证券投资基金指引（试行）》规定，养老目标基金应当考察子基金的风格特征稳定性，且被投资子基金应当满足风格清晰、中长期收益良好、业绩波动性较低等要求。

南方、博时、华夏、鹏华、长盛、嘉实、易方达、招商、大成、工银瑞信、广发、汇添富等12家大型公募基金公司具有管理社保基金的资格。在公募基金公司管理下，社保基金成绩斐然，据全国社会保障基金理事会初步核算，截至2019年末，全年全国社保基金投资收益额超过3000亿元，投资收益率约15.5%，累计年均收益率达到8.15%。公募基金"工具化"特征愈发被市场所认可，这也有助于个人投资者构建组合，实现资产的综合配置。

1. 货币市场基金

2017年一则新闻引发了金融圈的广泛关注，截至当年6月30日，余额宝的期末净资产达到1.43万亿元，这一数字超越了中国第五大银行加上招商银行2016年末的个人存款余额（包括活期和定期）。依托支付宝这样的平台，余额宝规模快速扩张，也让货币市场基金进入了寻常百姓家。

就定义而言，货币市场基金是指仅投资于货币市场工具，每个交易日可办理基金份额申购、赎回的基金。在基金名称中使用"货币""现金""流动"等类似字样的基金视为货币市场基金。相对于其他类型的公募基金，货币市场基金一般采用摊余成本法进行核算，属于风险水平最低的基金品类。

因此，如新闻报道所言，相对于银行存款，以余额宝为代表的货币市场基金更符合作为个人小额现金管理工具。但是，随着利率中枢的下移，货币基金的收益率也在不断下滑，以余额宝为例，七日年化收益率从2014年初的最高点6.76%，最低下滑至2019年7月的2.26%，收益大幅缩水。因此，作为货币基金代替品的短债基金愈发受到投资者关注。

2. 债券基金

80%以上的资产投资于债券的基金，为债券基金。债券基金分类较为复杂，按照投资范围与投资目标不同，可分为纯债债券型基金、普通债券型基金、可转换债券型基金、短期理财债券型基金、指数债券型基金、债券型分级子基金、其他债券型基金七个二级类别（见图6-6）。

	投资对象	风险
纯债基金	• 仅限债券	低
一级债基	• 债券 • 一级市场的股票（新股申购等，最高20%）	
二级债基	• 债券 • 任何类型的股票 • （一级、二级市场都可以，最高20%）	高

图 6-6　债券基金的分类与风险水平

制图：大唐财富。

纯债债券型基金是指仅投资于固定收益类金融工具，不投资股票、可转债等权益资产或者含有权益的资产的债券基金。

“网红”短债基金就属于其中，它主要投资于固定收益品种，组合久期控制在3年以内，具有期限短、信用高、风险低和流动性强等特点，被市场认为是“货币基金增强版”。在金融强监管、稳杠杆的大背景下，打破刚性兑付、资管业务去通道化和净值化管理成为资产管理行业的新趋势。流动性新规和资管新规实施后，银行理财不再保本，货币基金也回归流动工具本质，收益率趋于下滑，作为银行理财和货币基金的替代品，短债基金为投资者短期理财提供了新的方案。

纯债基金的久期越长、杠杆越高，相应风险越大，预期收益也有所上升，对于稳健型的投资者而言，短债基金、中短债基金是闲置资金理财的优质选择。

除此之外，债券基金还包括普通债券型基金、可转换债券型基金等类别。这类基金也是投资者常说的一级债基、二级债基，风险高于纯债基金而低于股票型基金，具有“进可攻、退可守”的投资特征。

3. 股票基金

80%以上的资产投资于股票的基金，为股票基金。人们日常讨论的“基金”大都为股票基金。按照主动被动操作方式，特定行业、特点主题与份额分级等维度，可将其分为标准股票型基金、行业主题股票型基金、标准指数股票型基金、增强指数股票型基金、股票ETF基金、股票ETF联接基金、股票型分级子基金、其他股票型基金等种类。

标准股票型基金是指投资于股票市场，业绩比较基准是市场规模股票指数，采取主动操作方式的股票基金。标准股票型基金细分为A股标准股票型基金与港股通标准股票型基金。很多长期业绩优异的权益基金均属于标准股票型基金，该类产品是投资者资产长期增值的优质选择。

行业主题股票型基金是指投资于特定股票行业或特定股票主题，业绩比较基准是特定行业股票指数或特定主题股票指数，采取主动操作方式的股票基金。具体行业分类或主题分类可根据基金行业的发展持续增加。行业主题股票型基金目前分为医药医疗健康行业、消费行业、环保行业、装备制造行业、TMT与信息技术行业与其他行业六个三级分类。2019年以来备受投资者关注的消费类基金、科技类基金、医药类基金均属于行业主题基金，该类基金在名称上标明主要的投资行业，有助于投资者把握行业发展中的结构性行情。

指数股票型基金是指以标的股票指数为主要跟踪对象进行指数化投资运作，采取被动操作方式的股票基金。在美股中，指数基金是机构投资者的主流投资工具，2007年，巴菲特以50万美元做赌注，对冲基金经理可以任意选择基金组合，十年内不会超过标普500指数基金的收益。标普500指数基金年化收益率为7.1%，而接受挑战的基金经理泰德基金组合年化收益率仅为2.2%，大幅跑输指数基金。所以，巴菲特多次建议普通投资者买入低成本的指数基金。

指数基金具有永续性、费率低、透明度高、人为干扰因素少等多种优势，宽基指数适合长期定投参与。参考中证指数公司、国证指数公司以及国内外指数公司的主流方法，标的股票指数分为规模指数、行业指数、风格指数、主题指数、策略指数合计5个指数类型，可以充分满足投资者资产配置的需要。

4. 混合基金

混合基金是指投资于股票、债券和货币市场工具或其他基金份额，并且股票投资、债券投资、基金投资的比例不符合货币市场基金、债券基金、股票基金规定的基金产品。混合基金分类复杂，可分为偏股型基金、行业主题偏股型基金、灵活配置型基金、股债平衡型基金、偏债型基金、保本型基金、避险策略型基金、绝对收益目标基金、其他混合型基金九个二级类别。

一般来说，股票投资下限80%是股票基金主要特征，债券投资下限80%是债券基金主要特征。同理，股票投资下限60%是混合基金中偏股基金的主要特征，债券投资下限60%是混合基金中偏债基金的主要特征。

行业主题偏股型基金是指属于偏股型基金，但业绩比较基准中的股票指数是行业指数或主题指数。灵活配置型基金是指基金名称自定义为混合基金的，基金名称中必须有“灵活配置”4个字，基金合同载明或者合同本义是股票和债券等大类资产之间较大比例灵活配置的混合基金。

最终灵活配置型基金分为股票上下限30%~80%、基准股票比例60%~100%、基准股票比例30%~60%、基准股票比例0~30%四个三级分类。个别基金股票投资上下限与中位值接近四个分类的，按照分类靠档原则划入各自分类。

股债平衡型基金是指基金名称自定义为混合基金的，但又不是灵活配置型基金的，基金合同载明或者合同本义是股票与债券配置比例比较均衡，业绩比较基准中的股票比例值与债券比例值在40%~60%。

偏债型基金是指基金名称自定义为混合基金的，基金合同载明或者合同本义是以债券为主要投资方向的，业绩比较基准中债券比例值超过70%的混合基金。

不少业绩优秀、擅控回撤的主动管理权益类产品属于混合基金。混合基金分类较为复杂，投资者在了解产品时要注意仔细观察基金季报中披露的业绩基准、投资策略、主要持仓等信息。

5. 其他基金

公募基金不仅可投资现金、债券和股票，还可投资黄金、期货等大宗商品。黄金基金主要有黄金ETF基金与黄金ETF联接基金。黄金ETF基金是指将绝大部分基金财产投资于上海黄金交易所挂盘交易的黄金品种，紧密跟踪黄金价格，使用黄金品种组合或基金合同约定的方式进行申购赎回，并在证券交易所上市交易的开放式基金。

商品期货ETF是指以持有经中国证监会依法批准设立的商品期货交易所挂牌交易的商品期货合约为主要策略，以跟踪商品期货价格或者价格指数为目标，使用商品期货合约组合或基金合同约定的方式进行申购赎回，并在证券交易所上市交易的开放式基金。

其他类基金的出现，帮助投资者借助公募基金便捷投资大宗商品，丰富了公募基金的资产配置种类。

6. QDII 基金

最后，公募基金中的QDII基金可以帮助投资者进行全球资产配置。QDII 是

Qualified Domestic Institutional Investors（合格境内机构投资者）的英文首个字母缩写，是指根据《合格境内机构投资者境外证券投资管理试行办法》募集设立的基金。QDII基金在一国境内设立，经该国有关部门批准从事境外证券市场的股票、债券等有价证券业务的证券投资基金，它可以有限度地允许境内投资者投资境外证券市场，是一项过渡性制度安排，是海外资产配置的手段。目前，通过QDII基金，我国投资者可以合法合规地使用人民币资金参与港股、美股、美债等全球多个资本市场，帮助自己的资金实现全球多元化配置。

6.2.3 构建你的公募资产配置组合

可以看出，公募基金的分类繁多，所投向的资产也大不相同。凭借较好的流动性与涵盖众多的资产类型，公募基金已成为普通家庭建立投资组合最好的工具。通过建立公募基金投资组合，可以帮助投资者平滑风险，更好地实践既定资产配置目标。

投资者可以从理财目标和风险属性入手，选择适合自己的公募基金产品。

首先要确定的是理财目标，在不同的生命周期阶段会有不同的理财需求与目标，目标类型可分为:

1. 流动型目标

保证未来3~6个月的生活开销，此类目标一般以现金、活期存款或货币市场基金来配置。现金流不稳定者，较有可能发生短期入不敷出的状况，需要较多的紧急预备金，这部分目标主要以流动性更佳的货币市场基金来准备。

2. 收入型目标

投资的目的是取得投资收入，如退休后社保养老金不足以应付开销，可以利用过去累积的资产投资，增加的收益得以弥补养老金不足缺口。没有工作收入需要稳定的理财现金流来维持养老所需者，适合投资风险较低且可提供稳定现金流的债券型基金。

3. 积累型目标

投资的目标在于资金的长期积累，目标实现时间10~30年，如目标是及早开始准备退休金，运用长期投资股票型基金平均报酬率最高，复利效果最好的特性，适合投资股票型基金。而对于现金流稳定的年轻族群，适合以股票基金、混合偏股基金定投的方式，来累积储蓄。

4. 特定型目标

为特定的重大支出计划准备资金，如创业、子女教育与购房目标，目标实现期间3~10年，适合投资混合型基金，如果要实现的是刚性目标，最好降低波动性，投资偏债型混合基金；如果要实现的是有弹性的目标，如绩效好可买大房子，绩效差一点买小房子，可投资波动性大一点的偏股型混合基金或者行业指数基金。

其次要确定的是风险属性。在投资者适当性管理的要求下，风险属性评分低者不能投资高风险的产品。风险承受能力与年龄、投资期限、家庭财富水平与理财目标弹性有关，风险承受态度与生活环境、投资经验、天生的冒险性格有关。

投资者自我评测可忍受本金亏损的程度，以最大回撤率来看，债券基金可达15%，股票基金可达40%。一般建议如下：保守者投资货币基金与纯债基金组合；稳健者投资含可转换公司债与少数股票的二级债券基金或偏债型混合基金；积极者投资偏股型股票基金或不同产业与主题的股票基金组合。

特别需要提醒的是，投资者在进行风险属性测评的时候务必客观理性，只有选择符合自己风险属性的基金产品，才能做出正确的投资决策，在长期投资过程中获得收益。

在具体的实操过程中，首先要考虑的是目前有多少钱可以投资、这笔钱能够投资多久。公募基金的投资门槛极低，最低10块钱就可以投资，但若要建立投资组合，建议以10万元作为基准门槛。公募基金是适合中长期投资的工具，因此可投资的时间最好能在3年以上。

在构建组合伊始，就预测未来一段时间的收入与支出状况，估计未来可以陆续投入（如基金定投）的现金流。实现理财目标的两个资源，一是过去已经累积的资金，一是未来可陆续投入的现金流。通常要双管齐下比较容易达成目标。基金定投100元就可以投资，作投资组合的话1000元可作为基准门槛，可持续的时间最好在6年以上才能达到跨经济周期的微笑曲线效果。

最后，预期投资回报率与可忍受的本金损失。风险与报酬成正比，预期回报率越高，可忍受的本金损失也越高。在家庭投资规划中，投资组合的选择需要综合考虑家庭的理财缺口和家庭风险属性，共同确定投资组合的配置方案。

根据家庭的理财目标与可运用的资源，计算要达到理财目标所需要的预期收益率要求。根据家庭的风险属性，确定家庭的可承受最大风险。

如果需要的预期收益率高而可承受的本金损失低，目标不可行，需要调降目标或提高资源投入额，使预期回报率对应的本金波动率达到合理状态。假设收益率遵循正态分布，即：在均值处发生的概率最大，收益率的变化（以标准差来衡量）在两倍标准差之内发生的概率是95%；收益率低于两倍标准差的概率只有2.5%，40年才发生一次，作为可忍受最大本金损失的标准。

以25岁的唐先生为例，近期理财目标是5年内准备100万元用来创业，目前的可投资资产有50万元，每年底可以储蓄5万元，要达到理财目标，应有的投资报酬率为：FV（终值）=100，PV（现值）=−50，PMT（年现金流）=−5，N（年）=5，可以求得Rate（预期回报率）=7.29%。（此计算使用货币时间价值公式，省略计算步骤，具体可以咨询专业理财师。）

唐先生年轻，可接受的最大本金损失为20%，置信区间95%，7.29%−2S≤−20%，标准差S=13.65%，模拟的结果可得出，当股票基金配置66%、债券基金配置34%时，预期回报率7.30%，标准差13.14%，在97.5%的概率下最大本金损失=7.29%−2×13.14%=19.0%，未超过20%，同时符合预期回报率与最大本金损失的两个标准，除了50万元的现有资金以外，每年5万元的新增投资，也要按此配置比率以基金定投的方式投入。

在设立公募资产配置组合的过程中，同样要考虑市场行情的影响。唐先生的配置方案是依据股票基金、债券基金的平均收益测算得来，如果更进一步，考虑到当前市场行情与基金的历史业绩表现，则可在此基础上进行优化。

以近期市场情况为例，在2020年4月初，上证综指市盈率在14左右，估值处于较安全的历史低位，而债券市场则“居高不下”，延续2018年以来的牛市。因此，从长期投资的角度看，股票型基金的选择可以更加积极些，比如选择长期持续跑赢大盘的沪深300指数基金，或者历史长期年化业绩优异的主动管理类混合偏股基金；与之相对应，在债券基金的选择上，则倾向于流动性更强、波动率更低的短债、中短债基金，以增强组合的稳定性。

结合当前的市场情况，从投资者自身理财目标和风险属性出发，根据投资偏好，利用不同属性的公募基金搭建属于自己的资产配置组合，才有机会在变幻莫测的市场中取得满意的投资成果。

6.3 轻松投资的奥秘——基金定投

“世界经济史是一部基于假象和谎言的连续剧。要获得财富，做法就是认清假象，投入其中，然后在假象被公众认识之前退出游戏。”索罗斯的名言不无道理，在基金投资中，构建组合需要专业指导，以帮助投资者解决选股、选基的风险。有没有简单实用的方法，能帮助投资者规避市场波动的系统性风险，从而规避择时操作带来的损失呢？定投公募基金是个不错的选择（见图6-7）。

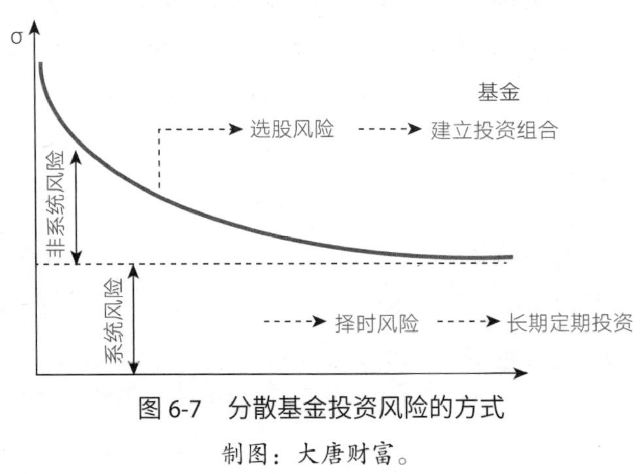

图 6-7　分散基金投资风险的方式

制图：大唐财富。

6.3.1　为什么要选择基金定投

A股起落不定的市场特征，决定了基金定投是较为稳妥的投资方式。2014年下半年，在“改革牛”的舆论护航下，上证指数从低位涨起，在短短6个月的时间里上涨近60%，2015年上半年继续大幅上涨，市场风险偏好快速上行。在监管层和媒体舆论助推下场外配资大量涌入股市，推动上证指数上涨至5178.19点的高位。随后，监管层警觉，政策突然转向，严查场外配资，上证指数从6月15日开始上演过山车行情，一度出现千股跌停的惨状。股灾之后，2016年贵州茅台开启大消费行情，市场持续分化，大盘股持续上涨，中小盘股则持续下跌。

2018年，A股领跌全球主要股指，然而风水轮流转，到2019年，市场有新的变化，成长风格占优的情况下，沪指全年上涨22%，创业板指则大涨43%，又领跑全球股指。进入2020年，受新冠疫情、油价崩盘等黑天鹅事件的影响，全球股市急跌急涨，更让投资者不断见证历史性时刻。

在这样风云多变的市场上，相信很多股民、基民都有过这样的经历：市场上涨初期，犹豫不决，不敢买入，而股指上涨至相对高位时开始追进，随后市场陷入调整，开始亏损，股指进一步下跌时又因为恐惧、缺乏耐心而斩仓出局，刚刚卖出，市场便再度上涨，由此造成恶性循环，如同华尔街流传的那句话："要在市场中准确踩点入市，比在空中接住一把飞刀更难"。在变幻莫测的A股市场，节奏的确难以把握，没有谁能成为"预言家"。

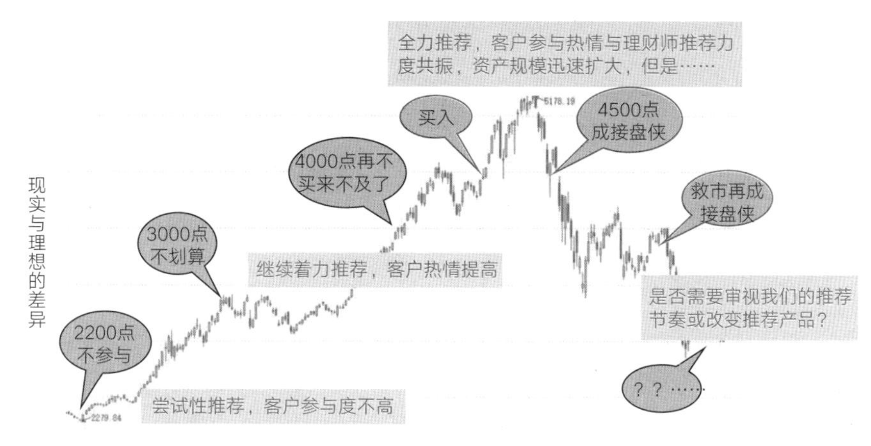

图 6-8 追涨杀跌的投资心理

数据来源：Wind。

制图：大唐财富。

另一方面，追涨杀跌现象出现也是人性的弱点使然，普通投资者容易受到市场波动影响，情绪化操作，追涨杀跌。散户在炒股中恐惧、虚荣、吝惜、从众等不理智的心态，投资基金过程中也很有可能出现。因此，投资者的理想目标是在低点买入，高点卖出，但在现实操作中，投资者往往受市场情绪等因素干扰，在下跌时不敢买，在上涨中却勇于追涨，最后演变成"高买低卖"，从而因择时造成损失。

化解这种风险，最简便的方式就是分散投资时间，让长期投资熨平市场一时的涨跌，而其中最为实际的操作方式就是基金定投。

6.3.2 如何进行基金定投

简单来说，基金定投是定期定额投资基金的简称，定期（例如每个月）选一个固定的日期（例如工资发下来的次日），拿出部分金额投资某一只开放式基金，类似于银行的零存整取。

基金定期定额投资具有类似长期储蓄的特点，能积少成多，平摊投资成本，降低整体风险。它有自动逢低加码、逢高减码的功能，无论市场价格如何变化，总能获得一个比较低的平均成本。而从历史操作经验来看，基金定投的优势非常明显。

第一，基金定投对投资时机要求不高，可以降低投资成本，回归理性投资。A股市场一向是熊长牛短，如果基金定投买在了市场高点，但是在下跌的过程中也在持续买入，这样可以不断降低持仓成本。当市场回升超过不断降低的持仓成本时，就可以获得收益。而如果在低点买入，那么市场上涨的时候自然可以获得收益。因此在基金定投中，基本上都会提到一个完美状态——微笑曲线。在微笑曲线中（见图6-9），即使你在高位买入，但是经过市场下跌和长期的底部投入，那么将会降低你的平均成本。

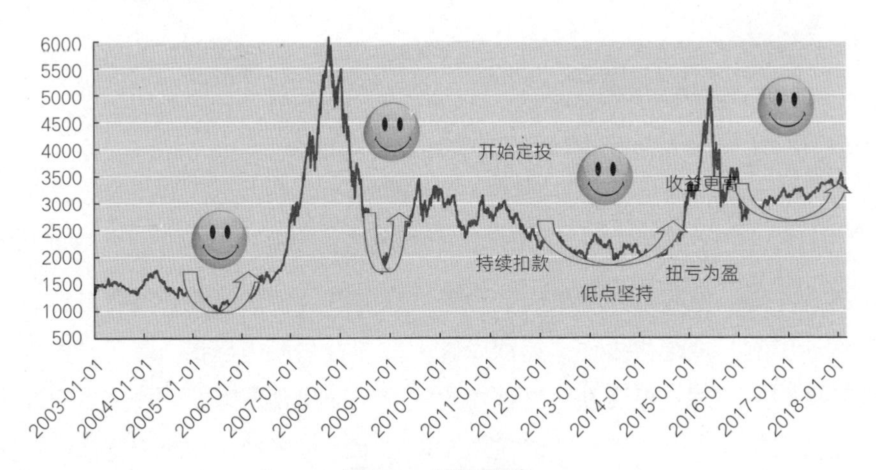

图 6-9　微笑曲线

数据来源：Wind。

制图：大唐财富。

以唐先生的定投计划为例，若每月定投600元，开始3个月市场下跌，基金净值由1.5元下跌至1元、0.5元。此时定投单位份额成本（累计投入/累计份额

=1800/2200），仅为0.818元，也就是说，净值仅上涨0.318元时定投便可回本，若净值涨回到定投开始时的1.5元，可盈利83%，只要选对基金，这种盈利为大概率事件。

在唐先生此次定投行为中，当基金净值上涨时，买进的基金份额相对较少；而在基金净值下跌时，买进的基金份额变多。长期累积下来，自动达到“在高点时少买，在低点时多买”的目的，从而实现一种被动的智能，帮助唐先生穿越牛熊。

第二，基金定投具有金额灵活、投资便捷的优势。公募基金的起投门槛低，因此定投资金也具有金额灵活的特征，百元至万元可自行决定，一次开户，自动扣款，简单方便。

第三，人们在投资时容易受到情绪的影响，追涨杀跌高买低卖。但基金定投是纪律投资，制订计划就按时执行，避免因为短期波动改变长期投资策略。省时省力的基金定投，让投资者无须关注市场走势、新闻动态，只要选好基金、定好日期，偶尔关注即可，无须盯盘、听策略会、看荐股群，不被市场无效的信息所干扰，坚持投资纪律。

第四，定投的长期收益是非常可观的。直接看数据，选取沪深300指数历史上的三个极值点2007年、2009年和2015年，来计算定投收益并与一次性投资收益对比。2007年10月11日沪深300指数5891点开始每月定投，持续139个月，定投收益为56.76%，而一次性投资收益为-36.69%；2009年9月3日沪深300指数3789点开始每月定投，持续117个月，定投收益为53.06%，一次性投资收益为-3.61%；2015年6月8日，沪深300指数5374点开始定投，持续47个月，定投收益9.37%，一次性投资收益为-31.18%。

结果显示，即便从沪深300指数三个最高点开始，也就是定投成本最高时点开始买入基金，持续持有到2019年5月，最差情况下都可盈利，那如果投资者在更低位置开始定投呢？可以看到，定投的确是无须择时、长期收益可观的投资方式，市场低位时虽然没赚钱，但平稳累积大量基金份额，市场一旦上涨，这些筹码便可随之爆发（见图6-10）。

日期	沪深300最高点位	定投期数	定投收益	一次性投资收益
2007/10/11	5891	139个月	56.76%	-36.69%
2009/08/03	3789	117个月	53.06%	-3.61%
2015/06/08	5374	47个月	9.37%	-31.18%

图 6-10　高点定投，一样赚钱

数据来源：Wind，大唐研究中心。

制图：大唐财富。

6.3.3　如何选择定投基金

在所有基金类型中，首先推荐大家通过指数基金进行定投，因为这是一种风险更低，有可能获得较大收益的投资方式。

那什么是指数基金呢？简单点说，普通股票基金是基金经理选股，而指数基金则是按照指数来选股，成分股是什么它就买什么。

指数基金本身是买了一篮子股票，已经分散了风险，叠加定投对购买成本的分散，风险进一步降低。企业可能倒闭，股票可能退市，但指数基金却会永久存续，因为它可以吸收新公司替换老公司。例如2018年12月乐视网被调出沪深300、中证100等指数。另外，指数基金也是最能体现公募基金工具化特色的产品类型，巴菲特最推荐普通投资者选择该类基金，2014年巴菲特甚至立下遗嘱：如果他过世，其名下90%的现金将让托管人购买指数基金。

在指数基金中，具有高波动率、高市场敏感度、高超额收益的“三高”指数基金最适合定投。标准差反映基金回报率的波动幅度，标准差越大，基金未来净值波动程度就越大。β值衡量的是基金对大盘的敏感程度，β值越高越敏感。夏普比率，则反映每多承担一份风险，可以拿到几份报酬，夏普比率越大越好。

市场中常见的宽基指数就有如上特征，A股的上证50、沪深300、中证500、中证1000、基本面50，港股的恒生指数，美股的标普500、纳斯达克100等都属于宽基指数，适合投资者进行定投。

首先，宽基指数不怕有雷。原因很简单，以沪深300指数为例，它是在沪深两市中精选的、有代表性的300只股票的集合，即使意外出现一两个上市公司爆雷，对指数基金的影响也是相对较小的。从历史走势上看，除去股灾时期，沪深300指数鲜有一天跌幅超过5%的。

其次，宽基指数基金的成本和费用比起其他主动型基金、行业或者策略基金等往往是最低的，有利于投资者长期坚持定投。

另一类适合投资者定投的基金类型是具有高弹性特征的行业主题基金或行业指数基金。比如2020年以来持续火热的科技基金、医药基金，因为该类行业本身发展长期向上的趋势明显，但是短期的波动可能较为剧烈，因此对投资者，特别是害怕踩在阶段性高点的投资者而言，也可以通过大额定投的方式分批买入，降低建仓成本，抚平该类基金弹性增长中的波动。

6.3.4 何时开启基金定投

A股具有牛短熊长的特征，期间结构性机会较多，非常适合定投，在市场底部的周期越长，定投积累的筹码潜在收益越大，一旦市场机会出现，便可获得较高收益。从近期走势来看，自2015年大幅调整以来，市场呈缓步上行态势，但仍处在相对低位，震荡格局正是绝佳的定投时机。因此有定投计划的投资者，不妨立刻开始自己的定投之旅。

如何止盈，何时结束定投则需要结合投资者自身意愿。目前主要的止盈方式有两类：低率高频止盈，就是在累积收益较低的时候执行止盈，但是在一段时间内的止盈次数较多。高率低频止盈，就是在累积收益较高的时候执行止盈，但是在一段时间内的止盈次数较少。

仍以唐先生为例，如果应用“低率高频”策略，月投1万元，在5年（60个月）中每逢收益率达到10%的时候实施止盈，平均每10个月止盈一次，共止盈6次，则唐先生的累计收益为1万×10个月×10%×6次，总计6万元。在同样的市场周期里应用“高率低频”策略，月投1万元，在投满60次，累积收益率达到60%的时候1次止盈，累计收益为1万×60个月×60%×1次，则达到了36万元。可以看到，“高率低频”的止盈方式持续享受“累积本金”带来的效益，收益规模远超前者。因此，更推荐在长期定投中采用高率低频止盈策略。

在止盈的过程中，可分批卖出，比如在累计收益率达到30%后卖出累积投资的5%，达到40%的时候，止盈10%；达到50%的时候止盈20%，依此类推，直到清光所有份额，再次开始定投。

最后，需要重点提示的是，无论选择什么样的产品，基金定投的核心要素都是长期投资，最可贵的是坚持。定投最忌讳的就是根据心情或对市场短期的判断，随意申购或赎回资金，既然制订了定投计划，就应该有纪律执行下去。基金投资者常感到自己不赚钱，原因之一就是在波段操作中形成损失，择时是胜率较低的操作，希望大家可以避免。

以史为鉴，很多从2012年开始定投的投资者在坚持了2年后放弃，将基金全部赎回，正好错过2014年开启的大牛市。通俗地说，只要坚持过一轮牛熊周期，基金定投往往都能带来让人满意的回报。只要坚持，走过市场起伏，投资者大概率能走到收获期。

6.4 如何当一个优秀的基民

充分认识公募基金的特征，通过搭建属于自己的基金组合应对选择基金的非系统性风险，再通过基金定投等方式稀释市场的系统性风险，可以说你已经有潜质成为一名合格的基民。那要想通过公募基金实现资产的保值增值，成为一名优秀的基民，还有哪些“注意事项”需要格外关注呢？

6.4.1 为什么你的基金不赚钱

尽管有这么好的赚钱效应，但是为什么多数人投资了公募基金却没有赚到钱。中国基金业协会公布的相关数据也印证了，近70%的投资者都是亏钱的。

2019年是基金大年，但基民们好像也没有赚到很多钱。2020年1月8日，景顺长城基金、中国基金报、蚂蚁财富联合发布的《权益类基金个人投资者调研白皮书》显示，超过半数的受访者通过权益类基金投资实现盈利，收益率集中于0至20%区间内。但是，有近39%的受访者称最近一年陷入亏损。亏损投资者中，半数亏损在10%以内，半数则超过10%，这与近一年权益类基金的整体收益情况存在差距。

基金赚钱，基民为什么赚不到钱呢？

第一点，没有找到合适的方法选到好基金。大部分投资者在选基金的时候都是比较原始的状态，很多人要么根据经验或者排行，认为给自己赚过钱、排行榜靠前、让自己赚得多的是好基金，要么就参考评级机构给的三星、五星基金来做投资。

也就是说，普通投资者只通过看基金的历史净值涨幅、收益排行来判断基金好坏，来看下表，里面有11只基金，第一列数据是它们当年净值上涨最厉害的一年，基本上都是当年的前十，甚至是冠军（见表6-1）。

表 6-1 高排名不等于好基金

基金名称	历史辉煌	惨淡收场
中邮优选	2007 年第 6 名	2008 年 105 名（共 106 个）
广发聚丰	2007 年第 2 名	2008 年 81 名（共 106 个）
东方精选	2007 年第 3 名	2008 年 71 名（共 78 个）
银华优选	2009 年第 1 名	2010 年 130 名（共 160 个）
华商盛世	2010 年第 1 名	2011 年 196 名（共 213 个）
景顺内需增长	2013 年第 3 名	2014 年 313 名（共 369 个）
农银消费	2013 年第 4 名	2014 年 313 名（共 296 个）
工银金融地产	2014 年第 1 名	2015 年 332 名（共 442 个）
宝盈核心优势 A	2014 年第 2 名	2015 年 158 名（共 229 个）
易方达新兴成长	2015 年第 1 名	2016 年 769 名（共 771 个）
富国低碳环保	2015 年第 2 名	2016 年 452 名（共 481 个）

数据来源：Wind，大唐研究中心。

制表：大唐财富。

如果按照上面的标准，它们肯定是好基金了，一定要买，但是再看第二列数据，你也许就改变主意了，仅仅过了一年，这些基金的业绩水平就大幅回落，成为行业中最差的基金。所以说，简单从历史业绩表现、收益排名，从赚没赚钱这个角度评价基金的好坏有很大的局限性，因为市场风格变化是很大的，今年小盘股涨，明年大盘股涨，上半年消费股涨，下半年资源股涨，单一风格的基金业绩是不稳定的。

第二点，持有时间短，错失赚钱机会。统计数据显示，基金个人投资者中，有43%的人连续持有一只基金的时间不超过1年，而能持有3年以上的仅有24%，很多人像炒股一样买卖基金，对自己的投资缺乏耐心。

在一段大行情启动的时候一般人都跟不上节奏，后知后觉，上车晚，下车早，掐头去尾的话，一段行情吃不到几两肉。巴菲特也讲过，拥有一只股票，期待它下个早晨就上涨是十分愚蠢的。拥有一只基金，期待它几个月就涨也是很愚蠢的一件事。过短的持有时间是影响基民收益率的重要原因，持有时间越长，基金获取更好收益的概率越大。其实，对于投资者而言，既然选择了基金，就应当相信基金管理人的专业水准，长期持有基金而不是短期投机。

第三点，情绪化操作，追涨杀跌。不仅散户炒股中存在这样的情绪，在投资权益类基金时也存在。很多投资者都有过类似经历，在市场上涨初期，犹豫不决，涨至高位时才追进，市场调整后开始亏损，下跌时又因恐惧而割肉，刚刚卖出，市场便再度上涨，恶性循环。在这个过程中，投资者的情绪超越了投资本身，让投资行为变得不理智，导致进出市场的时点出现错位。

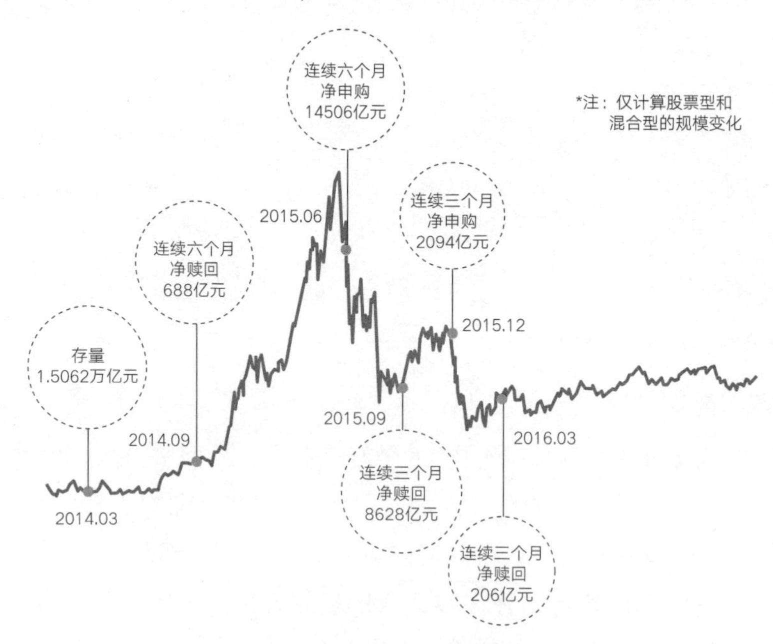

图 6-11　基民是如何把钱亏掉的

从图6-11中可以看到，在2014年至2016年这一轮牛熊周期中，广大投资者申购基金的时点大都在2015年6月，这是市场的最高点，同时也对应基金发行量的最高点，很多基金产品在那时单日募集量能够过百亿元。但是在市场的相对底部区域，比如2014年初和2016年，指数大幅调整后，偏股型基金，无论是公募还是私募，它的发行都是很艰难的，因为高点进去的那些股民、基民都在亏损，销售渠道正在忙着安抚客户，基本是不卖产品的，被市场和销售机构“伤害”的投资者都在远离基金行业。但反过来看，那些在低位买了基金的投资者最后都赚了。

简单说就是，跟炒股一样，大部分投资者都没有既定的投资纪律，而是情绪化操作，追涨杀跌。从某种程度上说，这也是基金行业的宿命，好做的时候不好发，好发的时候不好做。

第四点，基金的大幅回撤击穿客户心理底线，从而让风险变成损失。要强调的是，回撤大的基金不代表业绩差，很多收益常年排名前列的权益类基金，多数都有30%以上的最大回撤。投资者一旦遭遇回撤，损失虽然可能只是账面上的“浮亏”，但这种波动会击溃投资者的信心，导致割肉离场进而失去挣钱的机会。被击穿心理防线的投资者，更是很难在基金净值更低时进场，不仅没有止损，反而遭到实际损失。

大家在投资基金中需要了解清楚的是，公募基金尤其是权益类基金具有博弈性质，高仓位运作导致天然波动性大，不承担风险是无法获取收益的，这也是组合投资弱化风险的优势所在。

6.4.2 如何挑选公募基金

公募基金全市场已有超过6500只产品，选到业绩优秀又符合投资预期的基金还是比较困难的。我们通过选基模型的角度为大家提供一些实际建议。

挑选公募基金核心内容有三方面：挖掘可增值资产，纠正错误投资行为，定制化资产组合。就选择基金标准而言，PPSM原则（Performance、+People+Style+Market）是个不错的选择，历史业绩+基金经理+投资风格+市场情况=适合投资的基金。通俗一点说就是从取得过优秀业绩的基金中，筛选投资能力优秀并且投资风格契合市场发展趋势的产品，主要分析基金的历史业绩、基金经理的投资能力、基金经理的投资风格以及未来的市场趋势。

推荐一只基金产品，第一个要看的就是它的历史业绩，不是让你去看它累计回报是多少，赚了多少钱，而是要对这个基金在不同时间区间的投资业绩做切片分析，做放大镜分析，一个月的业绩跑得怎么样，一年、两年、三年，长期、中期、短期，各个时候的表现都是什么样的，是业绩一直差，还是时好时坏。

其次，要把市场划分成不同的牛熊市阶段，分析基金不同市场趋势下的超额收益状态。有些产品牛市的时候跑得特别好，而另一些产品熊市的时候又特别抗跌，需要找到它最擅长做的走势特征。

最后，还要把基金放在不同的市场风格环境下进行分析，比如大盘股风格占优的市场，小盘股风格占优的市场，消费品风格占优的市场，周期股占优的市场等，看基金在哪种风格环境中最有优势，超额收益最高，找到基金最擅长的市场环境。

第二步要做的，是找到这种业绩背后的驱动因素，搞清楚基金究竟是怎么操盘的。专业一点说就是对基金进行全面画像，这种分析一定是定性和定量相结合的，包括基金数据分析与对基金经理的访谈。

例如通过基金股票仓位的变化分析基金的择时理念，有的基金长期股票仓位很高，不管市场怎么涨跌，它都永远乐观，只要基金有钱就买股票，有的认为现在中国市场还比较脆弱，系统性风险的管理很重要，所以要进行仓位管理。

专业的基金销售机构可以通过基金重仓股的集中度、换手率来衡量一个基金经理是不是选股型的投资经理。有的基金经理换手率很高，重仓股每个季度都在换，说明他频繁在市场中做交易，这种产品就适合震荡市持有，不适合牛市。有的产品你看它的重仓股连续很多季度都没什么变化，不管市场怎么变，它坚持自己的投资理念，说明他是一个长线持仓的投资经理，适合牛市买。

有的基金经理偏好大盘股，有的偏好小盘股，有的偏好低价股，有的偏好困境反转的股票等，通过量化的方法可以给这些基金经理准确贴上标签。

最后，还要进行对基金经理面对面访谈，与前期数据展示的结果进行相互印证，以前基金经理比较高傲，不太愿意聊太多，现在金融去杠杆导致流动性紧张，基金经理为了规模也都放下架子了。我们在访谈的时候都会营造一个比较放松的环境，从个股、行业到宏观，从投资到生活，全方位互动，和基金经理聊天也是个技术活，他们都是非常聪明的人，投资上都有一套严密的话语体系。

当然，与基金经理访谈的机会一般个人投资者很难获取，哪怕有机会同基金经理直接接触，没有丰富的公募研究基础，也很难从中得到真正的收获。专业机构可以帮助个人投资者去和基金经理沟通，通过画像与基金调研的相互佐证，可以找到一些可把握的基金品种，即基金的业绩表现有可靠的投资行为支撑，而操盘的投资行为得有合理的投资逻辑支撑，且投资行为没有易变性，这样的产品才是有研究意义的。

第三步要做的，是结合投研团队对市场投资环境的策略判断，找到符合未来策略的产品，形成最有效的资产配置基金组合。在制定自己投资策略的时候问问自己，未来1年大概率是个什么性质的行情，什么样的风格大概率会占优。如果你认为未来是个震荡市，就找换手率高的、愿意做交易的、重股票轻宏观的、仓位变动灵活的基金产品，而这些标签在基金库里面已经都提前做好了。如果你认为未来是个小盘股占优的牛市，那就找持股集中度高的、擅长做成长股的、高仓位不择时的、换手率低的基金产品。

策略的准确性，需要专业团队的大量研究作为基础。在系统性机会来临时，类似于2006—2007年或者2014—2015年的暴利牛市，由于这种机会可遇不可求，很多人要么错过，要么在牛市后期上杠杆爆仓。第二种是主题性机会，也就是结构性行情，不管牛市、熊市和震荡市都有这种机会存在，通过找到对特定板块企业的经营发展有重大影响的事件来把握。比如，2016年由于产业补贴而大发展的新能源汽车板块、2017年雄安新区建设炒作河北股票、2019年由于贸易摩擦带来的国产替代，这些板块都在比较短的时间内取得可观回报。如果没有合适的策略提示，普通投资者很难把握这样的行情。

因此，整体的基金选择是一个寻找优势合集的过程，先给基金一个准确的风格标签，再找到每一类风格里面投资能力最强的基金经理，最后结合投研团队对市场环境的未来判断去配置合适的基金产品。

最后一步，每位投资者都要清楚自己真正的投资需求与风险偏好，以匹配适合自己的基金。投资这件事是千人千面的，不同的风险承受能力，不同的心理波动、投资阶段，不同的资产状况、资金属性、投资偏好等，影响着每一个人对基金的判断标准与投资感受，所以对于投资者而言，没有真正的“好”基金，只有适合自己的基金。

6.4.3 基金投资的特别提醒

选到和自己投资目标匹配的好基金之后，还需要注意些什么呢？面对种类繁杂、数量众多的公募基金，不少初入公募基金的新手还存在着一定误区，在投资过程中这些也是需要避免的。

1. 正确认识基金的风险，购买适合自己风险承受能力的基金品种

现在发行的基金多是开放式的股票型基金，它是现今我国基金业风险最高的基金品种。部分投资者认为股市或许会经历牛市，许多基金是通过各大银行发行的，所以，绝对不会有风险。如果你没有足够的承担风险的能力，就应购买偏债型或债券型基金，甚至是货币市场基金。

2. 选择基金不能贪净值的“便宜”

有很多投资者在购买基金时会去选择价格较低的基金，这是一种错误的选择。例如，A基金和B基金同时成立并运作，一年以后，A基金单位净值达到了2.00元/份，而B基金单位净值却只有1.20元/份，按此收益率，再过一年，A基金单位净值将达到4.00元/份，可B基金单位净值只能是1.44元/份。如果你在第一年时贪便宜买了B基金，收益就会比购买A基金少很多。所以，在购买基金时，并不是净值越低越能涨，净值更高的基金也不代表未来没有上升空间。

3. 新基金不一定比老基金有优势

我国不少投资者只购买新发基金，以为只有新发基金是以1元面值发行的，是最便宜的。其实，从现实角度看，除了一些具有鲜明特点的新基金之外，老基金比新基金更具有优势。老基金有过往业绩可以用来衡量基金管理人的管理水平，而新基金业绩的考量则具有很大的不确定性。所以在市场趋势较为确定的情况下，适合通过老基金把握行情，而震荡市则适合新基金建仓，可以分散资金到特色鲜明、基金经理过往业绩优异的新产品中来。

4. 基金投资往往是“反人性”的，因此要做逆向投资

全球顶尖基金经理人邓普顿有一句名言：“牛市在悲观中诞生，在怀疑中成长，在乐观中成熟，在兴奋中死亡。”最悲观的时刻正是买进的最佳时机，最乐观的时刻正是卖出的最佳时机。

例如2020年春节后开盘第一天，受疫情影响，A股有将近3000只股票跌停。

大家都争抢着卖出，以防第二天继续大跌，不少互联网平台甚至因为卖出人数过多而网络瘫痪。那一天，按照邓普顿的观点，应该属于极度悲观的时间点，同时也是非常好的买点。没有卖出的投资者，甚至逆势加仓的投资者，反而享受一波大涨，这就是常说的“黄金坑”，利空出尽之时，往往是投资者该入场的时候。

最后，如果觉得基金难筛选、时点难把握、组合难构建，那不妨选择专业负责的基金销售机构，对自身的基金偏好进行全面分析，并在专业理财顾问的帮助下，合理构建自己的公募基金资产配置组合。只有这样，才能真正破解“基金赚，投资者亏”的难题，获得良好的投资体验。

资产配置在大唐

客户周先生，43岁，某大型互联网企业的中层管理人员，税后年收入200万元左右。周先生之前未进行过资产配置，只在某地方银行认购过总计300万元银行理财产品与200万元权益类公募基金，整体投资风格较为积极。

在2018年底的一次基金公司策略会上，理财师小付结识了周先生。据他沟通了解，周先生除了在银行累积的500万元投资之外，还有约400万元闲置资金在账未投资。经过详细交流后，小付还了解到，周先生在2015年之前有过较长时间的炒股经验，但因工作繁忙，周先生没有时间精力对具体投资标的进行研究，只是在“荐股群”中获取相关的投资信息，最终结果大都以失败告终。

以对权益类市场的看法为切入点，在进一步的沟通、拜访后，小付了解到周先生处在职业黄金期，投资需求主要关注金融资产的保值和升值，对风险有较强的承受能力。周先生给小付展示自己之前投资的公募基金列表，从2016年到2019年初，三年以来整体亏损近15%。小付指出这些基金大多是机构季节性主推的“爆款”产品，周先生深表同意，他还说自己从基金公司策略会中了解到“公募基金赚钱，但基金投资者不赚钱”的怪现象，但不知道如何改善。同时表示，已经对之前给他推荐基金的理财顾问失去信任，但现在不知道是该更换基金，还是该等待市场上涨基金回本，希望小付能提供专业的建议。

结束拜访后，小付对周先生提供的持仓基金状况进行了充分细致的分析。他发现，周先生对于权益市场有一定了解，但对公募基金的类型、策略、基金公司的实力与基金经理投资风格没有清晰的认知，所投基金大多集中在阶段性市场热点产品，也并未进行过调仓。持仓中少数产品是业绩优秀的，但也有产品已经亏损近40%。

去芜存菁，带着对基金持仓的分析报告，小付再一次拜访周先生。在这次谈话中，小付了解到周先生因为有互联网行业的从业背景，十分看好中国的科技行业。同时也对科技行业的高弹性有着感性认知，表示能承受约50%最大回撤。周先生希望小付能根据他的投资需求，筛选出几只更加合适他的公募基金。

根据周先生的要求，小付对市场上长期业绩优势的主动管理型基金和科技行业主题基金进行初步筛选，并向总部产品部门的专业产品经理求助。总部产品经理帮助小付通过智投体系对基金进行了进一步的筛选。智投通过PPSM原则对基金进行分析，通俗说就是从取得过优秀业绩的基金中，筛选投资能力优秀，并且投资风格契合市场发展趋势的产品，分析历史业绩、基金经理投资能力、基金经理投资风格以及未来市场趋势。在总部产品经理的大数据量化体系分析后，小付结合周先生需求，最终筛选出2只长期业绩优异的主动管理基金与1只头部基金公司的旗舰科技主题基金，并通过历史数据回测，初步按比例为周先生制订权益类基金的配置组合方案。

在听过小付专业的方案汇报之后，周先生将自己闲置资金中的30万元按方案进行了配置。在2个月的观察中，小付帮助他构建的基金组合业绩表现优异，取得了超过15%的收益。同时在此期间，小付充分学习了对于权益市场与公募基金的分析，并实时高效地传达给周先生。结束观察期后，周先生将自己在银行的200万元权益类公募基金赎回，并按照方案进行追加申购。在一年多投资历程中，周先生同小付紧密沟通，充分享受到2019年下半年科技行业爆发的红利，基金组合年末收益率超过50%。而进入大幅震荡的2020年，周先生在小付的提示之下，赎回了部分基金避免深度回撤，又在低位加仓优质基金，反而逆势获取收益。

07 传说中神秘高冷的私募二级

市场上高净值投资者除了公募基金以外，有很多的私募基金管理人可以选择。私募证券基金的起投金额为100万元，一般不收取管理费，私募基金管理人追求更高业绩的主动性更强，持仓更灵活。

头部私募机构近几年的业绩表现亮眼，对投资者的吸引力更大。我们看到，对于头部私募来说，在不同的年份虽然业绩不尽相同，但从成立以来的年化收益率看，私募管理人不论是量化策略还是多头策略，都保持了较高的收益率，相较于沪深300，提供了更好的收益区间，这也是更多高净值客户选择私募产品的原因（见表7-1）。

投资者个人风险承受级别一般划分为5类，承受风险能力从低到高为保守型、稳健型、平衡型、成长型、进取型。私募二级则略有区别。一般可以将产品的风险划分为稳健，平衡和积极三个类型，不同风险承受能力的投资者可以根据自己的实际情况挑选适合的产品。

表 7-1　二级优质私募管理人业绩展示

时间	中性策略	股票策略			量化期货策略	宏观对冲策略	沪深300指数
	XX 投资	XX 投资	XX 资本	XX 投资	XX 资产	XX 投资	
	XX 对冲1号	XX 一号	XX1 期	XX1 期	XXX 二号	XXX 对冲9号	
2016 年	5.82%	24.16%	13.46%	-2.83%	-1.94%	25.99%	-11.28%
2017 年	15.24%	52.67%	68.70%	67.70%	15.13%	40.75%	21.78%
2018 年	12.23%	7.23%	-4.52%	-12.30%	21.78%	-12.48%	-25.31%
2019 年	31.69%	34.32%	59.75%	59.03%	18.85%	38.68%	31.81%
成立以来年化收益率	21.59%（费前）	28.90%（费前）	23.55%（费后）	32.07%（费后）	12.80%（费前）	22.27%（费前）	—
历史最大回撤	-4.4%	-14.43%	-31%	-32%	-9.41%	-16.13%	-46.97%
近三年行业排名	4.2%	2.8%	2.7%	1%	10%	2.8%	—
客户类型推荐	稳健	平衡	积极	积极	平衡 / 积极	平衡	—

数据来源：朝阳永续，管理人提供。

但由于私募二级起投门槛高，与公募基金相比普通投资者对私募基金了解较少，本章我们来介绍一下私募证券基金主流策略的具体逻辑及原理，以及如何选择私募证券基金。

7.1 私募证券基金及策略解读

私募基金是指以非公开方式向特定投资者募集资金并以特定目标为投资对象的证券投资基金。私募基金是以大众传播以外的手段招募，发起人集合非公众性多元主体的资金设立投资基金，进行证券投资。（广义的私募基金包括私募证券基金和私募股权基金，本章以下讨论的是私募证券基金。）

中国基金业协会月度统计数据显示，截至2019年12月底，私募证券基金整体规模2.45万亿元，私募证券基金管理人存续备案数量为8857家。在8857家私募证券基金管理人中，其中管理规模在1亿元以下、1亿~10亿元、10亿元以上的管理人分别为6064家、1285家、379家。从规模分布我们可以看出，10亿元以上的私募证券基金管理人占比不到5%。

根据中国基金业协会数据，截至2019年12月底，累计存续备案的私募证券投资基金产品数量为41399只（见图7-1）。

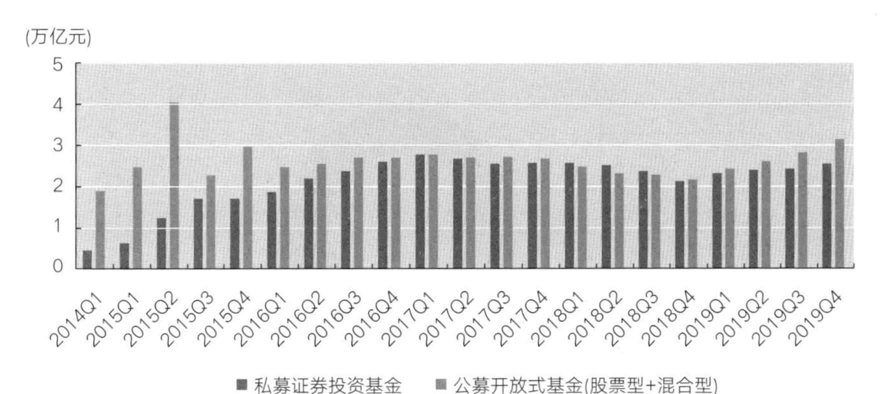

图 7-1 证券类私募基金备案存续规模

数据来源：Wind，中国证券投资基金业协会。

通过与公募基金从起投金额、披露要求、收益分配等方面的对比，我们能够更清楚了解私募基金的特点（见表7-2）。

表 7-2　公募基金与私募基金对比图

	公募基金	私募基金
募资对象	社会公众，非特定投资者	合格的特定投资者，包括机构和个人
募集方式	公开发售	非公开发售
起投门槛	较低（货币基金 1 元起）	较高，一般 100 万元起
投资对象	一般情况下是标准化资产	股票，非标债券，股权，期货，经营项目等
净值披露	一般每日披露净值	一般周度披露净值
业绩报酬	不收取业绩报酬，只收取管理费	收取管理费及业绩报酬

制表：大唐财富。

2017年，在去杠杆、去通道的影响下，证监会统计口径下的金融产品整体规模迎来拐点，其中以非标类、通道类产品受影响较大。在整体规模收缩的背景下，二级市场私募证券基金规模只是略低于公募基金，已然成为国内投资者财富配置的重要方向之一，尤其随着国内高净值客户和机构投资者的持续壮大，配置需求有望持续提升。

私募基金的投资策略非常多样，除了我们熟知的股票多头策略以外，还有市场中性策略、CTA策略、套利策略、股票多空策略、事件驱动策略、定增策略等。

基于各主要策略私募证券基金的存续数量，结合对各类策略单只产品平均规模的估算，截至2019年底，管理规模居前5位的策略分别为股票策略（61.82%）、债券策略（14.43%）、多策略（7.76%）、事件驱动（4.92%）、FoF/MoM（4.58%）（见图7-2）。

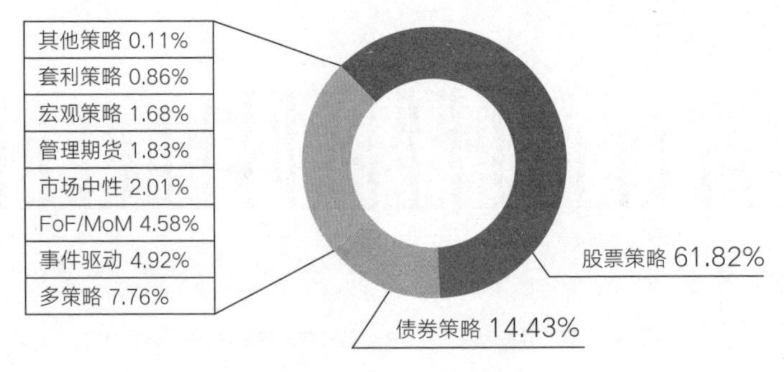

图 7-2　2019 年末主要策略私募证券基金规模占比（估算）

7.1.1　股票多头策略

先从投资者最为熟知的股票多头策略介绍，绝大多数购买股票多头私募基金的散户都有自己的个人股票账户，那么股票多头策略就是类似于个人投资者将自己的股票账户委托给私募基金管理人去管理，股票多头策略一般不存在对冲，即管理人为纯多头，不会用股指期货对冲风险，但是基于不同风格的管理人以及对市场判断的观点不同，不同股票多头策略的管理人的仓位在同一时间不尽相同，管理人的风格和选股逻辑也有很大的区别。

比如说，从股票的属性来说，有的管理人偏好于大盘蓝筹股，有的管理人专注于成长股，有的管理人更擅长对周期股的把握；从行业主题上分，管理人的偏好也不尽相同，有的管理人会更偏好消费，有的会更注重科技，有的全行业配置，有的会更注重某一板块的仓位。当然，不同的时间点由于管理人对市场情况的判断不同，做出相应的投资决策也会不同，但从策略上来看，股票多头策略是一种较为简单的策略，其核心价值与竞争力在于管理人本身的选股能力与选股逻辑，包括仓位的控制、风险的控制，其中最重要的是选股方法。

从选股的方法来看，可以将股票策略分为三大类，首先是主观选股，这里包括价值投资的很多管理人，当然也有很多偏重于成长股的管理人，也是用基本面分析来进行选股和投资的，主观选股占据了整个股票策略的70%以上。

第二大类策略是量化选股。量化选股相对于主观选股来说，更多的是依靠计算机分析进行选股，基金经理把不同的选股因子编制成算法和条件输入计算机当中，并且赋予每个因子不同的权重，通过多因子模型对每只股票进行打分，最终打分高的前几十只股票就是基金买入的股票。

上面只是对量化选股的一个简单描述，具体实际情况要复杂得多，比如如何确定每个因子的权重比例，因子是不是越多越好，每个因子之间相关性如何，如何能挖掘到其他管理人没有发觉到的因子，也有一些不太好量化的因子，比如投资者情绪等。这些因子如何用指标进行衡量，在建立模型时都应该关注或考量。再比如，随着人工智能的崛起，越来越多的工作通过人工智能节省了很多时间，节约了成本，提高了效率。从投资领域来讲，人工智能以及机器学习也是现在最热门的研究对象，很多私募管理人已经将人工智能及机器学习运用到了选股和日内交易当中，通过机器学习，优化算法，让程序修正之前的偏差，找到更好的股票和更合适的买卖时间点。相对主观选股来说，人工智能及量化选股有自身的优点，当然也有不足之处。

量化选股有其独特的优势，现在市场上有三千到四千只股票，如果一个人想要从这么多只股票中去筛选或研究，那是一件很不现实的事情，需要花费大量的时间和精力，即使有三到五个研究员去筛选，也是一项浩大工程。量化选股为很多管理人做初筛贡献了很大力量，通过最简单的公司市值、公司的市盈率、市净率、净利润增长率、营业收入增长率等指标，去设置选股条件，帮基金经理初步筛选到想要的股票，然后再通过基本面分析或量化选股进行精选。量化选股在覆盖广度和筛选速度方面更加快速和高效，并且通过对股票进行打分和机器学习，量化选股会更容易挖掘到紧跟市场趋势和热点的股票，也能够挖掘一部分被低估或者即将迎来反弹的股票，如果一个量化模型经过不断调试并且能够适应当前的市场，那么量化选股的股票业绩将表现非常好。

量化选股也有自身的一些缺点。首先量化选股使用各个因子或者条件进行筛选，对每个条件就会设立一定的标准，但是有时设立的这个标准相对来说也有一定的主观判断，并不能穷尽所有公司的实际状况。这样一来，就有可能漏掉某些具有业绩爆发潜力的好公司。

第二点是虽然在当前的市场下，通过现在的模型能够选出市场表现较好的股票，但是一旦市场出现突发事件或者发生反转，或者是风格切换，量化选股的判断可能滞后。虽然市场上现在很多管理人都在自己的模型里面加入了智能分析，但模型学习市场变化的速度还是和人主观判断比起来慢一些。所以当市场情况发生变化时，可能模型并未反应过来，这时候就需要人工去修正模型的参数。所有的模型都不能够一劳永逸，当市场发生较大波动时，如果管理人未能够及时修正模型，那么整个业绩组合还是回撤较大的。此外，量化选股对于业绩归因来说，比较复杂，由于量化选股的换手率普遍较高，有时候第一天买，第二天就会卖，所以当我们去做业绩归因的时候比较难找到是哪个或哪几个因子贡献的结果，更多的是一个模型整体算法的优化。

虽然说主观选股还是在私募管理人的风格中占据了主流地位，但主观选股也存在着自身的局限性。管理人本身的认知范围和对某一领域的钻研深度可能影响了整个投资策略，这也和管理人自身擅长的领域和偏好有关。所以说主观选股，更多的是去信任管理人对市场的把握和判断能力。对于投资逻辑层面上的发掘能力，主观选股在选股逻辑上能够更有说服力，管理人在买入和卖出点，更多的是出于对公司未来盈利能力发展的考量。对于价值投资的管理人来讲，主观选股的持仓周期远大于量化选股。当然主观选股也存在一些缺点，比如管理人对市场行情主观判断错误或存在偏差，会错过行情，甚至所买的股票出现一些风险，都是有可能的，所以投资者选择管理人时，还是要具体情况具体分析。

第三类是指数增强策略。指数增强策略顾名思义，就是我们所购买指数基金的加强版本，指数增强基金目前市面上主要可以分为两大类，第一类是沪深300指数增强基金，第二类是中证500指数增强基金，无论是沪深300还是中证500指数，都是通过将其成分股进行筛选并且赋予不同权重进行组合的基金，同时也会进行动态调仓，有的管理人还会进行日内交易。我们知道，指数基金一般有很多成分股，里面的股票有强有弱，那么指数增强基金所要做的就是，从中挑选到表现更好的股票，把它们做成一个组合。打个比方，比如某日沪深300指数涨幅为2%，那么指数增强基金的涨幅为3%，那么基金涨幅与指数涨幅之间差1%，就是增强的那部分收益。那么当大盘下跌时，指数增强基金所要做的就是跌幅要比大盘小，那么这就是我们所要达到的理想目标。

7.1.2 市场中性策略

市场中性策略是一种低风险策略，我们可以把市场中性策略分为两大类：一类是完全对冲策略，另一类是留有敞口、有风险暴露、没有完全对冲的策略。

简单来说，如果买了一篮子股票，这些股票的市值当前是100万元，我们需要同时卖空等值的股指期货进行对冲，具体来看，可以卖空沪深300、中证500，或者上证50。具体卖空哪个，需要看买入的股票风格或者是与涨跌的相关性，与哪个指数更为密切。一个好的市场中性策略，能够在指数上涨的时候，更好跑赢大盘，虽然做空了指数，但是我们赚取了股票的超额收益；当大盘下跌的时候，由于卖空了股指期货，所以大盘下跌这部分通过股指期货赚取了正收益，而股票这部分持仓虽然下跌，但是由于我们选择的股票比较抗跌，那么这些股票的综合跌幅，会小于指数的跌幅，整个组合依然能够取得正收益。

当然，不论市场上涨还是下跌都能够取得正收益，这是比较理想的状态，现实中我们需要考虑基差的影响，以及股市涨幅的风格影响。但在大部分的情况下，一个好的中性策略，能够保持一个较好的胜率和平稳的收益、较低回撤等优势。

正因为这些优势，市场中性策略更受到机构资金的欢迎以及大资金的青睐，市场中性策略在赚取一定收益的同时，又具有风险较低、波动较小的优势，市场中性策略的核心就在于选股的超额收益，哪家管理人选的股票组合更好，就能够在同期跑赢大盘。当然，股票中性策略相对股票多头策略也有一些局限性，比如说在牛市行情下，股票中性策略的收益是远小于多头策略的，因为股市单边上涨，做空了股指期货，所以这部分收益对冲掉了。但是在股指大幅下跌的时候，中性策略的优势就显现了出来，做空的那部分股指期货为组合起到了很好保护作用。

另一点需要说明的是，带风险敞口的市场中性策略，这部分从严格意义来讲，不是完全对冲的策略，一般情况下会有不等的敞口。比如说我们有一百万元的股票市值，同时卖空了七十万元的股指期货，那么留有的敞口就是百分之三十，这样就有了一定的风险敞口，也就是在上涨行情当中赚取的收益比完全对冲要高一些。

这里再介绍一个和市场中性策略比较相近的策略，叫股票多空策略，这个策略在有的地方会归到股票策略的大类之下。股票多空策略其实就是，管理人在持有多头仓位的同时，会做空一部分股指期货，或者股票，由于我国对冲工具的丰富程度有待完善，如果一家管理人想要做空某单只股票，那么他可以向市场上的券商进行融券后卖出，待股价下跌之后，在市场上以更低的价格再买入还给券商，从中赚取差价，但现实的借券成本和管理人向证券公司去借的证券，是否有充足的量，这个是需要我们考虑的因素。如果管理人仅仅是卖空股指期货，那么我们可以将这个策略看作带有风险敞口的偏中性策略，那么关键就是要看这个风险敞口的大小，有的管理人本身很看好股市未来的收益，但短期市场有波动风险，或者市场当前的涨幅过高有回调风险，那么此时，部分管理人也会做空一部分股指期货来对冲风险。

7.1.3 CTA 策略

CTA策略翻译成中文是“商品交易顾问”，实际上就是商品期货交易策略。CTA策略起源于海外，已经有几十年历史。CTA在国内是2013年左右发展起来的，CTA起初只涉及商品期货，包括我们所熟知的农产品、金属及矿产品、工业及化工用品等。随着期货市场及衍生品市场的发展，现在的期货交易品种还包括股指期货交易、利率期货交易、外汇期货交易和国债期货交易等。

我国国内分别有大连、郑州和上海期货交易所，其中金融期货的交易在上海。CTA策略包括的范围很广，跟股票一样，也分为主观期货策略和量化期货策略。由于期货交易具有双向性，即可做多也可做空，所以从策略方法上来分，也可以分为趋势策略和套利策略两大类，其中趋势策略根据交易周期趋势的长短，也可分为短中长三个交易周期，另外一个套利策略，我们也可以把它分为不同的套利方法，比如跨期套利、跨品种套利、跨市场套利等，具体我们可以通过图7-3来归类。

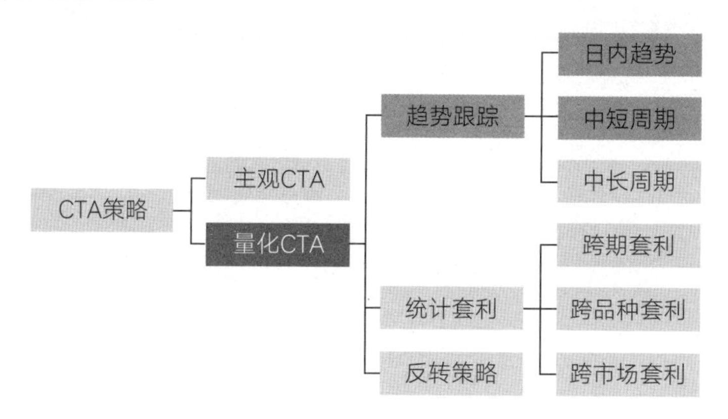

图 7-3 CTA 策略分类

制图：大唐财富。

在资产配置中，CTA策略有着自己独有的优势，虽然很多投资者对于CTA策略还比较陌生，但是在机构投资者中，CTA策略是他们资产组合中不可或缺的组成部分，由于CTA策略主要投资于商品市场，所以策略本身的收益与走势与股票市场的相关性较低，这也使得在一些大的风险事件中，对股市冲击较大的时间段，CTA策略表现更好。比如说在科技泡沫时期，国际金融危机时期，这些时间段股市经历了大幅震荡和下跌，但是CTA策略的表现却相当稳定，并且取得了正收益，通过这些过往事件的检验，CTA策略在极端事件和风险事件中的保护作用得到了很好发挥。

2019年全部私募证券基金产品平均上涨26.07%，取得了较好收益。分策略来看，与股票资产较相关的策略涨幅较大，其中股票策略、宏观策略、多策略、FoF/MoM产品分别获得了28.98%、23.82%、22.07%、18.69%的收益率；受益于上半年市场整体性上涨和成交活跃，市场中性产品上涨8.83%；受益于商品市场主流品种波动率提升，管理期货产品上涨15.85%；受益于部分增强策略，债券产品平均上涨8.91%，显著好于指数表现。从收益上看，2019年私募整体收益和公募相比基本持平、略高于公募；但从近三年的收益看，私募的整体收益优势更明显。从集中度来看，私募的收益分化更大，头部效应更明显（见表7-3）。

表 7-3 私募及公募各策略历年来收益情况

	2019 年收益率			近三年收益率		
	平均值	前 1/4	后 1/4	平均值	前 1/4	后 1/4
证券类私募整体	26.07%	38.89%	9.00%	26.15%	40.98%	2.50%
股票策略	28.98%	42.52%	12.50%	26.98%	43.50%	2.52%
债券策略	8.91%	14.04%	4.20%	14.70%	26.62%	3.17%
市场中性	8.83%	13.38%	1.85%	10.06%	18.21%	–8.28%
管理期货	15.85%	20.93%	1.79%	37.30%	40.97%	1.42%
宏观对冲	23.82%	40.75%	5.59%	39.66%	65.42%	12.41%
多策略	22.07%	28.49%	5.96%	24.02%	39.23%	8.16%
FoF/MoM	18.69%	28.52%	7.88%	25.13%	34.32%	10.46%
公募基金整体	23.85%	39.47%	5.12%	19.55%	27.18%	9.43%
被动股票型	33.86%	42.15%	26.15%	15.05%	31.50%	–4.65%
主动偏股型	45.60%	56.37%	34.18%	29.00%	45.37%	11.05%
股债混合型	27.53%	42.12%	11.16%	22.50%	30.51%	10.78%
市场中性	7.77%	8.89%	6.07%	8.64%	12.36%	3.55%
债券型	5.79%	6.18%	3.63%	12.45%	15.44%	10.07%
沪深 300 指数	36.07%	—	—	24.02%	—	—
恒生指数	9.07%	—	—	13.46%	—	—
中债综合财富指数	4.59%	—	—	13.50%	—	—
Wind 商品指数	4.06%	—	—	17.39%	—	—

数据来源：Wind，朝阳永续。

投资者在做资产配置时，应该分散不同种类资产之间或者策略之间的相关性，尽量将不同的资产分配到互不受干扰的投资策略当中。这样当风险来临时，整个资产组合的抗压能力将会大幅提高，组合资产的收益不会受到影响，产生全部单边下跌的行情，这样对于整个资产配置有很好的平衡作用（见图7-4）。

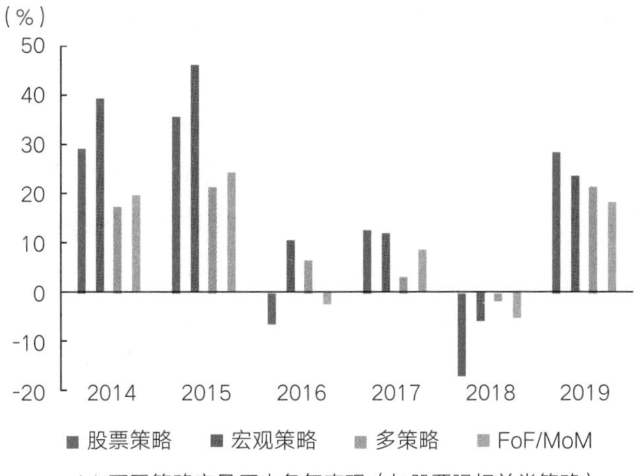

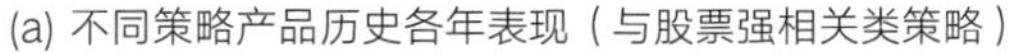
(a) 不同策略产品历史各年表现（与股票强相关类策略）

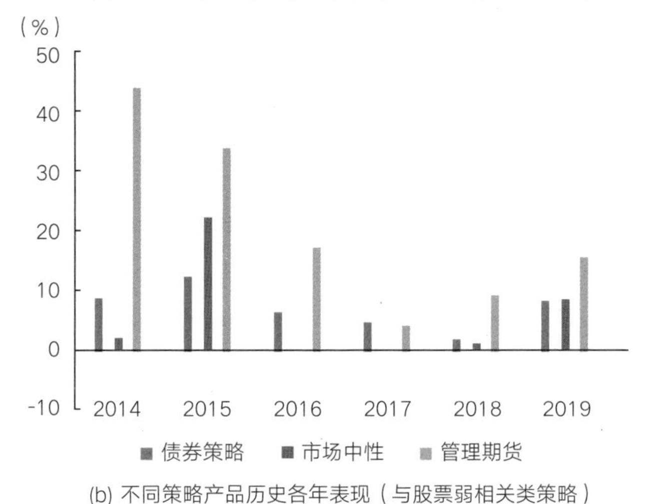

(b) 不同策略产品历史各年表现（与股票弱相关类策略）

图 7-4　不同策略历年来收益情况表现

数据来源：Wind，朝阳永续。

7.1.4　宏观对冲策略

宏观对冲策略是一种比较复杂的策略，主要是宏观对冲依靠管理人对市场的宏观判断，判断哪类市场或者哪项资产类别在未来半年或者一年当中会有机会，以此为依据，进行投资决策。所以说宏观对冲策略对基金管理人经济发展预测或宏观展望的能力要求比较高，好的宏观策略管理人能够根据当前市场的情况，制定出股票、商品以及债券的配置比例，对未来一段时间哪类资产更有优势或者应该布局哪些行业做出判断，然后进行投资。

从产品的净值或者收益上来看，宏观对冲策略的整体波动性较大，但在收益方面，管理人把握对了趋势之后，整体的收益也较为可观，所以我们对于这一类策略的考察，主要去看管理人对于当前市场的把握程度以及分析能力，由于宏观策略在不同时间段的持仓都有所不同，没有太长的连续性，所以我们更应该关注管理人对市场风格或者市场变化的敏锐度，以衡量管理人在下一次的市场机遇来临时，能否较好把握住。

7.1.5 事件驱动策略

对于事件驱动策略，很多投资者比较陌生，事件驱动策略就是管理人事先买入未来可能发生重大事项的股票或者标的，进行套利的一种方法。国内单纯做事件驱动的管理人较少。一般情况是，事件驱动策略会归类为股票多头策略的一个子分类。由于事件发生的概率以及影响程度都是不确定的，所以事件驱动策略主要是基于未来事件发生概率以及对其影响程度的判断，比如上市公司的并购事件或者收购事件，从消息出来到落地都存在很大的不确定性，有很多变数，所以对管理人的信息整理及把握程度的准确性有较高要求。

比如说，把业绩预报这个事项当作一个事件驱动的例子。上市公司会在次年发布最终年报之前的几个月发送一个业绩快报，是对上年经营情况及净利润增长情况的一个预估。可以根据这个预估进行数据筛选，对那些净利润增长率在20%以上的公司进行投资。到年报正式发布时，股价受市场预期向好的影响，会大概率上涨，这时候再择机卖出，赚取收益。当然并不是每一家上市公司的业绩预报与实际公布的利润收益水平都相差不大，有些上市公司在业绩预报的时候可能还是正的利润，到正式公布年报时可能会出现实际增长率远小于预报增长率，甚至出现亏损，所以我们要在筛选股票时格外注意公司基本面的变化，并从中发现细微问题来避免遇到这类投资发生。总的来说，事件驱动策略更像是股票多头策略的一个分支，在这里把它分开来讲，能够让大家了解更全面一些。

以上就是我们对于目前主流私募策略的分类和解读，对于投资者来说，要了解各类策略的风险收益比，各类策略的属性，以及更容易在什么样的经济环境下取得超额收益。在进行资产配置时，要去衡量自身的承受能力，再决定不同策略的配置比例，同时也要了解在不同策略背景下，不同管理人的风格也是不尽相同的。同一个策略下，不同管理人的业绩差异也较大。

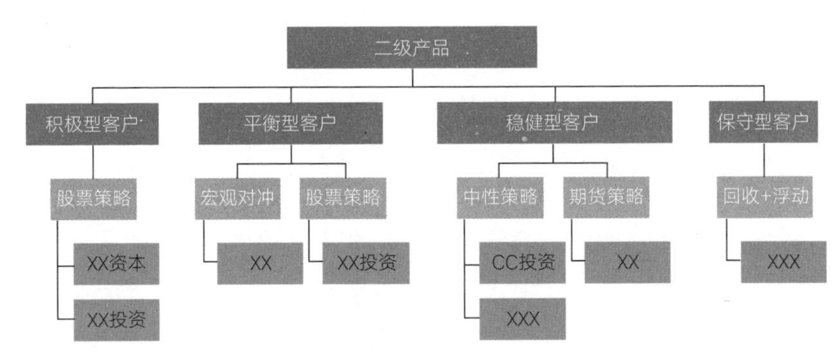

图 7-5　投资者如何选择主流私募基金

制图：大唐财富。

图7-5是我们为不同风险偏好的投资者建议的购买类型，由于私募基金的推介限制，隐去了具体名称。简单来看，我们可以按照各项策略的风险属性，匹配不同风险承受能力的客户，比如一个风险偏好积极的客户，可以同时去购买股票策略、宏观对冲和期货策略，但对于一个稳健型客户，我们建议去多配置一些中性策略的产品，这类策略波动较小，对于收益要求不高，对波动承受能力较低的客户合适。

图7-6是历年来各策略收益的一个统计，供大家参考。

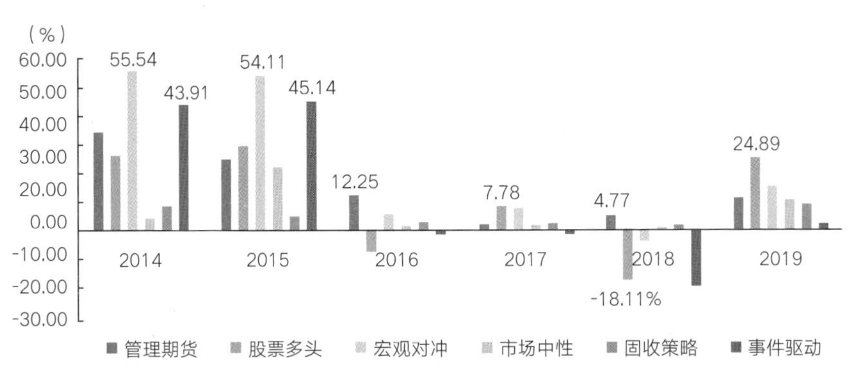

	2014	2015	2016	2017	2018	2019
管理期货	34.10%	24.60%	12.25%	1.75%	4.77%	10.83%
股票多头	26.18%	29.22%	-8.41%	7.78%	-18.11%	24.89%
宏观对冲	55.54%	54.11%	5.32%	7.38%	-4.42%	14.88%
市场中性	4.36%	22.15%	1.50%	1.84%	1.00%	10.69%
固收策略	8.37%	4.97%	2.63%	2.57%	1.75%	9.00%
事件驱动	43.91%	45.14%	-1.49%	-1.45%	-19.86%	2.12%

图 7-6　2014—2019 年私募各项策略收益表现

数据来源：Wind，朝阳永续。

7.2 如何挑选私募证券基金管理人

无论是投资者还是私募基金产品经理，除了要了解私募基金策略的几大分类，更重要的是通过选择优秀的私募基金管理人来选择合适的产品进行投资。现在市面上的管理人非常多，个人投资者很难去分辨管理人的素质好坏，下面我们将从产品经理的视角，结合实际尽职调查的经验，详细介绍管理人的挑选方法和如何衡量管理人的过往业绩，并给出一些指引性建议。

如何挑选私募管理人，这对于投资决策至关重要，保持一个好的收益不仅要策略有效，团队的配合与稳定也至关重要。

对管理人的尽调分定性分析和定量分析，下面我们将通过这两个部分分析带投资者去全方位了解一家私募管理人。

7.2.1 定性分析

定性分析就是通过对管理人的背景调查做的一种主观分析，对管理人的调查分为对管理人主要核心团队成员过往履历的调查，对管理人成员人数的调查，对各自分工的调查，以及对管理人的规章制度、投资决策流程以及风控人员、合规人员的调查。

首先要对公司整个团队进行调查，包括公司主要合伙人、创始人以及投资总监的过往从业经历，过去的工作单位，过往管理的业绩，公司总人数，每个人的分工是否明确，以及公司办公地址。实地尽调工作地点之后，除了以上因素，还有很多细节，甚至员工的办公状态都是我们关注的对象。

其次，要看公司的规章制度是否合理，对员工的激励是否到位。例如在合规经营和投资方面，公司有没有规章制度上的漏洞；在投资决策方面，公司是否有严格的投资决策流程，在出现风险的时候，能不能有相应的风险预案，保障投资风险可控。

同时，团队的稳定性也是重点考量的一个方面。团队的稳定性对私募公司业绩的稳定有着重要影响，应关注主要核心成员是否频繁发生变化，或者是否有研究团队成员离职，以及主要核心成员是否持有公司的股份，员工是否有相应的业绩激励等。我们相信，一个好的稳定的团队，与一家私募机构的业绩是正向循环。

最后，要去关注与管理人合作的机构以及管理人资金的主要来源，这有助于对管理人投资风格的认知，并且有助于去了解业内其他机构对管理人的认可程度，另外，也有助于今后对管理人的产品开展推广工作做好铺垫。

7.2.2 定量分析

定量分析是管理人考察比较重要的一部分。首先要对管理人的业绩进行定量分析，但是在做业绩的定量分析之前，更需要关注的是管理人的策略风格。在最初尽职调查时，应当明确管理人的风格特性，这有助于我们做业绩对比时能找到更好的参照标准，例如对一家债券策略的私募做业绩对比，拿沪深300指数当对比对象，显然是不妥当的。

在确定了私募管理人的投资策略和风格之后，应该找同策略和同时期，规模相近的两家私募机构及产品进行对比。很多私募榜单管理人的年化收益率达到100%以上，这对于个人投资者的吸引力是很大的，但我们需要注意的是，他们的产品规模是否足够大。对于一个股票多头的私募管理人来说，从一百万元涨到两百万元，并不是一件太难的事情，但对于规模一亿元的私募产品来说，短时间涨幅为百分之百，并不是一件容易的事情。规模越大，管理人可选择的股票标的就越少，在投资的时候难度就越大，同时基于风险控制的考虑，对于回撤的要求更为严格，所以说管理规模与体量越大的私募，业绩越具有说服力，我们在关注榜单时，一定要注意这家管理人管理的历史规模业绩是否具有延续性，以及管理人的风格是否有较大变化。

其次，我们对管理人的风格漂移持谨慎态度。只要核心的理念没有变化，我们就认为管理人在这方面有较好的延续性，因为市场是不断变化的，管理人的侧重会随着市场变化不断更新。尤其对于量化策略的私募而言，策略迭代更新的周期频率越来越短，有些策略如果三个月不更新，就会面临失效或者收益下滑的风险，所以经常会见到量化管理人在一段时间之后开发出新的策略和新的模型，研发出新的产品。

我们需要客观看待管理人每一段时间产品的业绩，不能片面认为管理人过去的业绩好，未来的业绩也会延续，同时，某一家管理人过去的业绩比较一般，但最近业绩忽然变好，我们也应该予以足够关注，不能因为管理人过去的业绩，影响到对现在的判断，应该去关注是否在这段时间管理人进行了策略升级、人员的引进等动作，是否管理人在过去的基础上开发出了新的策略。

最后，要对管理人的业绩进行持续性观察。我们发现，好的管理人，尤其是股票多头的私募管理人，业绩持续性是一个很好的指标。虽然可以通过对比沪深300指数，来客观衡量某一管理人的某个产品当年业绩是否能够跑赢当前指数，但仅对比指数还不够，我们更应该关注管理人产品的业绩修复能力，以及长期在市场上取得正收益的概率。在某一年，产品业绩跑输指数没有关系，管理人在整个大盘上涨的时候能够快速修复净值才是关键因素。

同时也要去对比管理人不同基金产品的业绩是否具有一致性，我们常常发现管理人的某一只或者某几只产品业绩较好，而其他产品业绩与最好的产品业绩相差较大。这时应该格外留意和关注管理人是否是在其他产品上有不同的风格策略或者投资限制导致产品收益分化，或者一家私募有不同的基金经理，每个人所管理的产品风格不同导致业绩分化，再或者运用不同策略导致业绩分化，这些都可以去综合衡量一家私募的业绩好坏。

7.2.3　常用量化指标介绍

我们对私募的量化分析会用到下面几个常用指标，比如说大家都熟悉的收益率和年化收益率、最大回撤、夏普比率、年化波动率、胜率这些基本指标，下面一一来介绍。

1. 收益率。这是投资者最关注的指标，关乎投资者的本金未来能够赚到多少钱。收益率的计算和比较也需要投资者擦亮眼睛，去多方面了解。

首先是绝对收益率，这是一个产品自成立以来，实实在在为客户赚到的钱，就是我们所说的净值1以上的部分。如果分年份来看，我们看到过去每一年的收益率就是绝对收益率。但是对于一个刚成立的产品来说，绝对收益率就是目前运作了几个月的收益率，与此同时，常会看到一个运作几个月的产品，旁边标注了一个年化收益率，那么这个收益率就是按照现在的月度收益预期这一年能够拿到的整年收益，这个收益率是基于当前的假设，并不代表一年之后投资者一定会拿到所描述的收益，当然如果市场行情好或策略有效，拿到超过所描述的收益也是有可能的。

另外一个描述收益的指标就是历史年化收益率，这个指标对于我们衡量一家私募机构也至关重要，我们有时会发现一家私募的近期业绩一般，但历史年化收益较高，出现这种情况的原因就是过往业绩较高，拉高了整体的平均收益率，对于这种情况我们需要留意，注意分析近期业绩下滑的原因有哪些，是外部市场因素还是投资策略所导致的。综上我们分析了收益率、绝对收益率、年化收益率和历史年化收益率几个指标。

2. 最大回撤。这个指标是衡量风险最重要的量化指标之一，它代表根据过往历史业绩，一个投资者投入本金可能亏损金额的最大比率，比如说某个基金的历史最大回撤为10%，那么你买一百万元这只基金，未来可能亏损的最大金额是十万元，但这个只是基于历史最大回撤的基础，具体情况依然要具体分析。那么最大回撤是和什么挂钩呢，除了管理人本身的投研能力以外，跟策略本身也有很大关系。比如说，股票多头策略，一般情况下最大回撤在25%到35%左右，那么同理对于市场中性策略，最大回撤应该控制在5%左右，是一个合适的区间范围。所以当我们衡量最大回撤时，不仅要同当前市场的整体行情进行比较，也要按照不同策略进行分类比较，才能做出一个合理的判断。

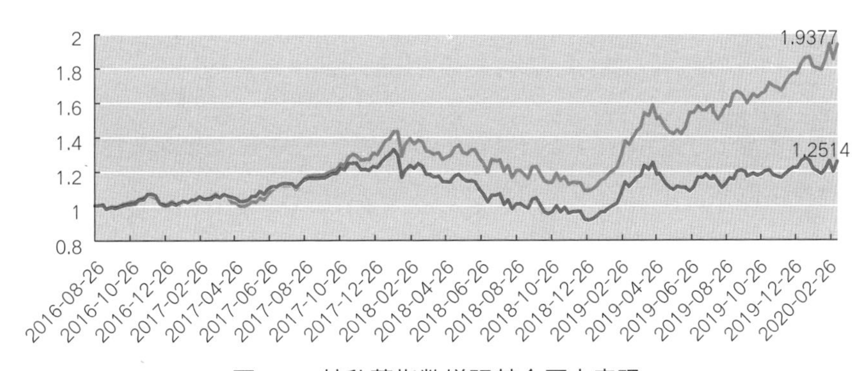

图 7-7 某私募指数增强基金历史表现

图7-7是一家私募指数增强基金的历史净值，可以看到产品A的浅色业绩曲线在深色净值曲线（同期沪深300指数）上面，说明产品A的业绩在同期是远好于沪深300的，根据统计数据可以得出，整个产品成立以来年化收益是15.83%，夏普比率是0.89，最大回撤发生在2018年12月28日，为24.09%，盈利百分比为50%，也就是我们所说的胜率，年化波动率为21.96%，因为这个产品是股票多头策略，所以整个产品的年化波动率在2018年来说并不算高。图7-7中，矩形方框中的最高点与最低点的差值就是产品成立以来的最大回撤，最大回撤代表着

一个产品买入以后可能承受的最大亏损，投资者在选择产品时，应与自己的风险承受能力相匹配，选择适合自己的产品。

3. 波动率。波动率是对基金产品历史业绩上下起伏剧烈程度的一种衡量，波动率越高，说明此基金的净值波动幅度越大。通常情况下，股票多头策略和宏观对冲策略的波动率一般来说高一些，市场中性策略和债券策略的波动率会低一些，同理套利策略的波动率也会低一些。可以这么理解，波动率较低的策略或者产品，一般来说相应预期收益也较低，也是我们通常所说的高风险高回报的一种反映。

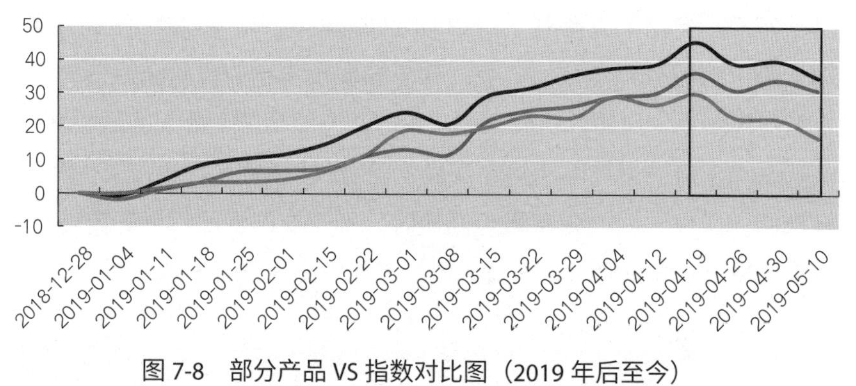

图 7-8　部分产品 VS 指数对比图（2019 年后至今）

图7-8是两个产品AB在大盘下跌时候的表现，图中黑色和深灰色曲线为产品A和B的净值曲线，下方的浅灰色的曲线为沪深300对比曲线，我们可以看到AB这两只产品大盘下跌的时候表现出来的抗跌性都强于大盘，波动小于大盘。在大盘跌的时候，好的管理人的产品的跌幅较小，同理在大盘上涨的时候，我们期望产品的净值要能够跑赢大盘，一般情况下我们会选取同一策略的同一时间段的产品进行对比，通过波动率来衡量产品的风险和收益属性。平衡和积极型的投资者更偏好选择波动率稍大的产品，在股市上涨的过程能够获得更多的盈利。

4. 夏普比率。首先夏普比率的计算方式是基金产品的年化收益率减去无风险收益率的值再除以基金产品的标准差，也就是我们所说的波动率。通俗来讲，就是每承受一个单位的风险能够带来的超过无风险利率的回报有多少。一般情况下我们认为夏普比率高于2的基金产品收益风险性价比就不错。当然在对夏普比率进行对比的同时，我们同样需要把投资策略联系起来。一般来说，市场中性策略的夏普比率在3以上就很好了，对于股票多头策略来说，一般情况下，夏普比率在1.5以上就可以接受。

5. 胜率。胜率包括月胜率和周胜率，胜率越高，代表在相同的时间段内，赚钱的概率越高，或者正收益的可能性越大。我们通常把这个指标运用在市场中性策略和套利策略中，而这个指标在股票多头策略和宏观对冲策略中是不常用的。我们对于胜率的考察，主要是基于对模型稳定的考察，主要是对管理人持续获取收益的一种度量方式。对于一个有效模型来说，月胜率在百分之七十到百分之八或以上，是一个不错的策略，当然在遇到特殊行情下，胜率达到百分之九十以上也是有可能的，所以我们要具体情况具体分析。最后提一点，关于策略与规模的问题，任何低波动、高频率的策略容量都是有上限的，没有哪一种策略既风险小又收益高，如果有，那么策略的容量一定很小。

以上是我们从定性和定量两个角度，简单介绍如何去筛选管理人，去判断私募的业绩好坏。但从实际角度出发，仅仅从以上几点还是远远不够的，我们依然需要考虑更多的因素和变量。当前市场环境的变化，也需要对管理人的策略保持实时关注。管理人观点的变化情况，近期同策略管理人业绩表现情况，国家政策的影响，以及投资者对行情的热情程度，这些因素我们都要在产品的筛选和投资中予以考虑。同时，我们也需要关注管理人整体规模的变化情况，大规模资金的进入是否会对其策略和业绩有冲击，策略的有效程度是否会受到影响等，所以，对于个人投资者来说，只有不断积累，才能选到好的基金。

下面我们将举例说明现实中如何去对比和筛选基金，下面是一张各策略产品收益情况和风险情况的对比表格：

表 7-4　不同策略代表管理人历年来业绩对比

时间	中性策略	指数增强	股票策略	量化期货策略
	XX 投资	XX 投资	XX 资本	XX 资产
	A	B	C	D
2015 年	35.40%	119.10%	57.13%	29.26%
2016 年	5.82%	17.75%	13.46%	-1.94%
2017 年	15.24%	28.47%	68.70%	15.13%
2018 年	12.23%	-16.17%	-4.52%	21.78%
2019 年	30.97%	62.76%	57.21%	20.00%

续表

时间	中性策略	指数增强	股票策略	量化期货策略
	XX 投资	XX 投资	XX 资本	XX 资产
	A	B	C	D
2020 年（1.17）	0.67%	5.22%	8.02%	1.16%
成立以来年化收益率	21.13% （费前）	33.84% （费前）	24.34% （费后）	13.06% （费前）
历史最大回撤	-4.4%	-28.92%	-31%	-9.41%
客户类型推荐	稳健	积极	积极	平衡 / 积极

数据来源：Wind，朝阳永续。

通过上述表格可以看到：不同的策略，有着不同的收益和风险特性，每一类产品的策略都对应着不同风险承受能力的客户，投资者在选择产品时，不仅仅需要关注每年的收益，也需要关注最大回撤及波动率。我们看到产品B指数增强的年化收益率最高，2015年更是达到了119%的高收益，但我们应该同时注意到这款产品的最大回撤达到了28.92%，所以这个产品仅适合风险承受能力较高的客户，在购买产品之前，应该先衡量一下自己，如果自己此时买入产品，那么接下来最极端的状况就是产品发生将近30%的回撤，意味着自己的本金将亏损30%，如果能够承受这个风险，那么可以选择这类产品。

针对不同风险承受能力的客户，除了股票类型策略适合积极的客户以外，市场中性和商品期货策略适合风险承受能力较低、稳健性的客户。我们来看表7-4中的第二列，虽然和第三列的产品比起来，在大多数情况下，历史收益没有第三列的产品高，但是我们来看2018年，第三列产品有明显亏损，跌幅达到16.17%，而与此同时，第二列市场中性产品，在2018年获得了12.23%的正收益，这样对于风险偏好较低的客户来说，产品的体验更好，虽然在其他年份的收益没有第三列高，但是第二列产品保持了业绩历年来的稳定。

同时相较于市场中性策略，我们看最后一列商品期货策略产品D，虽然在最大回撤方面略高于市场中性策略，但在收益方面也是很不错的，最重要的是，在2018年对于股票市场投资来说不是很友好的环境下，量化期货策略的互补优势非常明显，所以对于资金量偏大的客户来说，也同时应该配置一部分量化期货策略来分散资产、对冲风险。

另外，还有一些私募基金管理人的其他筛选标准也可以参考。对于股票多头策略，我们所考虑的不仅是管理人的背景、所管理的规模，更要关注管理人的历史业绩时长。通常来说，管理人的历史最长业绩产品至少经过股市一轮牛熊周期，这样才能更加全面衡量管理人的选股水平和对仓位、趋势的把控能力。还需要关注管理人在极端情况下，对回撤的控制能力以及净值的修复能力。

股票纯多头，可以与沪深300对比来衡量管理人的业绩水平。如果大部分年份都能跑赢沪深300指数，我们认为这家管理人的业绩水平还算不错，能够进一步观察。此外单只产品与整体的管理规模也是需要关注的，通常来说，成长型私募是最能够做出业绩的，规模过小或者规模过大的私募都或多或少有一些局限性。比如小私募当增量资金过大时，对策略和投资的把控能力需要进一步观察，而规模过大的私募，虽然在市场有很大知名度，安全性及风控也够高，但在业绩上不一定比中小型私募做得好。虽然大型私募在选择上也是一个不错的选择，但对于想要取得更高收益的客户来说，有一些标的本身的市值较小，如果大量资金进入很容易推高股价，在卖出时也会遇到流动性问题，所以对一些大型私募来说，在标的选择和建仓上面，没有中小型私募灵活。

对于中性策略，我们除了要考虑管理人每年的绝对收益以外，关注最大回撤及波动率更为重要。一个好的市场中性策略，需要最大回撤小于5%，年化波动率不超过10%，同时我们要关注管理人选股的超额收益水平，因为这才是真正能给投资者带来收益的部分，同时我们也要和同类型策略对比，看管理人在同时期是否能够跑赢其他同策略的产品业绩，一般好的中性策略的夏普比率会超过3。

对于短周期的管理期货策略来说，年化收益率要达到15%，才算一个不错的管理人。当然我们也需要关注管理人每年的收益情况，尤其在股票市场大跌时，管理人是否能获得正收益或者有较好的表现。对于期货策略来说，一般越高频的策略，容量越小，有些高频策略虽然收益高、回撤小，但是策略规模非常小，大概只有一至两亿元，所以也不能大规模复制。

所以投资者在选择产品时，也要区分自己买的产品是否和管理人所展示的产品业绩属于同一类策略。这样才能保证未来收益不会出现大幅度偏差，现在越来越多的管理人都在开发复合策略，不仅会在中性策略里面加入管理期货策略，还会将不同周期的期货策略进行组合，这样更能够保持业绩的平滑，同时减小回撤，为投资者带来更好的体验。

资产配置在大唐

客户张先生，55岁，私企老板，做家居生意，税后年收入约300万元，是某家商业银行私行钻石客户。张先生在该银行购买了近800万元的银行理财产品，同时在该银行专属理财顾问的推荐下购买了200万元的某知名私募的股票型基金产品，张先生的投资风格偏稳健，之前未在财富管理公司购买过产品。

2019年初，在一次见面中，理财师小刘了解到张先生虽然年收入较高，但因公司资金运作需求，除了需要较为稳健的产品收益以备公司现金流的短缺，也想投资一些收益较高的产品，来增加一些收入，所以在某银行的理财顾问的推荐下购买了某知名私募发行的股票多头私募基金。

在经过了合格投资者认证和风险测评及相关沟通后，理财师小刘发现，虽然张先生购买的这家私募基金在市场上名气很大，但是由于张先生购买的时间点在2018年，当时的指数点位较高，由于当时整体市场波动较大，张先生所购买的某私募产品有接近30%的浮动亏损，波动大于沪深300指数，张先生有点担心后期基金的走势，觉得市场行情不好，知名管理人的表现也没有太大优势。小刘经过分析，建议张先生先可以等市场行情缓和并且净值恢复之后，进行赎回，然后将200万元分别配置一只多策略对冲基金和一只稳健型股票基金，这样既能够满足张先生提高收益的需求，又不用承受市场风险带来的较大波动，投资的体验较好。

小刘也进一步跟张先生讲解了私募二级基金的配置逻辑，由于私募基金的投资策略非常多样，在选择私募二级基金时除了要考虑管理人的知名度、产品情况、入场时机外，还要结合投资者的风险偏好选择适当的策略和具体产品，与客户的风险承受能力相匹配。稳健、平衡和积极型的投资者对产品波动和回撤的承受能力是不同的，投资者策略偏积极的基金多数在行情好时跌幅也偏大，匹配不适当的产品会影响投资者的体验和下一步的判断。

深入沟通后，小刘发现，张先生认同小刘的资产配置理念，但对小刘推荐的产品还是有些疑虑，不是很放心购买，虽然这两个产品之前的业绩都排名前列，但张先生担心未来业绩是不是能够延续，对于小刘推荐的这两个私募基金管理人的知名度也有一些疑虑。针对张先生的这几个疑虑，小刘耐心地一一进行了解释：

首先，小刘为张先生解答了产品业绩来源的问题，多策略对冲基金因为是把资金配置到股票、期货和商品三个领域，所以起到了相对较好的风险分散的作用；其次针对市场单边下跌的行情，由于私募基金管理人在持有股票的同时做空了股指期货，所以可对冲市场下跌的风险，发挥稳定净值的作用，由于资金投资到多个领域，又带来了多行业获取收益的机会。头部多策略对冲基金的特点就是既能获取相对稳定的收益，又能够减少净值的波动。私募基金管理人知名度并不是私募二级基金业绩的保证书，在购买私募二级基金产品的时候需要多方面考虑，不但要考虑当前市场行情适合哪种策略，还要考虑管理人的管理规模上限、管理人的投资理念等。

小刘为张先生推荐的稳健风格股票基金管理人投资理念稳定，同时较为谨慎，仓位适中，在大盘上涨的时候能够有较好的收益，同时在大盘下跌的时候能够及时减仓，尽量减少损失，这样两个产品组合起来，带来较好收益机会的同时，也能够相对减少张先生资产的波动，避免了投资单一策略在市场下跌的时候，出现较大回撤的情况。

经过几次深入的沟通之后，张先生表示很赞同小刘的投资理念和资产配置的建议，决定回家考虑一下，再认真研究一下这两款产品的条款。三个月后，到了2019年5月，张先生在银行所购买的私募基金净值涨回到了本金以上，他把资金赎回后打算重新规划私募二级的投资。张先生去网上查询了小刘推荐的这两只产品的净值，发现距离小刘推荐几个月之后，这两只产品都有很明显的涨幅，而且回撤明显小于同类别产品，于是张先生打电话给小刘想要进一步了解这两只产品的情况。

小刘在张先生咨询的当天，提供了产品的最新信息和开放日情况，也参加了5月底的私募二级产品分享会，了解了这两只产品的具体选股策略和市场策略，也对私募二级基金产品不同策略有了整体的了解，这次近距离和私募管理人的接触也打消了张先生对产品的疑虑。刚好6月3日、5日是这两只产品的开放打款日，在小刘的协助下，购买了小刘推荐的这两只私募二级基金，每只基金投资100万元。

在张先生购买了两个月之后，这两个产品有了5%的涨幅，2019年底这两个产品分别有8%和10%的涨幅。张先生更加认可小刘给出的专业配置和组合建议，和之前购买的私募二级基金相比，这两个产品更符合张先生稳健的投资理念和风险偏好。

经过半年的接触和沟通，张先生非常欣赏小刘的专业度和敬业精神，于是张先生又主动追加了一笔200万元的资金平均投向这两只产品。同时张先生也更加信赖小刘，进一步咨询了小刘公募基金等产品和服务的相关配置建议。

08

“人无股权不富”是真的吗

提到股权投资人们往往会想到“高回报”和“高风险”，前者的明证可以通过福布斯排行中国榜的变化一窥端倪。2010年之前富豪排行榜前列属于中国传统行业的卓越企业家们，而随着2011年百度李彦宏的闯入，互联网新贵迅速涌上了这一象征中国财富最高水平的顶峰：2012年腾讯的马化腾，2013年阿里巴巴的马云，2014年小米的雷军和京东的刘强东，2015年网易的丁磊。毫无疑问，互联网是这些人共同的标签，而这些标签的背后又都打上了股权投资的深厚烙印。

回看中国新经济快速发展的历史也正是国内股权投资大发展的历史，红杉、IDG、鼎晖、软银、高瓴、深创投、经纬……越来越多高光案例背后的投资神手被推到前台，让更多人认识到股权投资的造富效应是如此强大且持续。而另一方面，这个市场也在逐渐暴露出凶险的本貌：凡客诚品的消失、乐视的爆雷、摩拜单车的贱卖……高光项目的迅速陨落开始不断向人们揭示股权投资“高风险”的残酷。面对失败的血和泪，行业人开玩笑自嘲：股权投资的胜利或许是华山一条路——IPO，但对于失败可能有100种不同的“死法”。

股权造富到底是少数人的传说还是多数人的机会？在现代财商思维建立的道路上，股权投资已经成为每个投资人绕不开的命题，如果现在提起股权投资人们更多想到的只是“高回报”和“高风险”，那么作为市场的从业者我们应该不断重复提醒甚至是高呼：股权投资还有一个最重要的标签是“高专业”。只有系统认识这个行业的真实面貌，修炼好对不同行业理解的深刻内功，以及用对适合自身的参与方法才是驾驭这头“高价值猛兽”的驯兽之道，这也是本章内容想要实现的目的：让投资者了解并选择适合的股权投资类型和参与方式。

8.1 百倍千倍回报的股权投资

近年来，股权投资逐渐走入大众视野，一些先行者更是通过股权投资令自己的身价一翻再翻，股权投资已成为中国高净值人群的投资首选。

本节我们将拨云见日，为您详解股权投资到底是什么，其盈利逻辑如何，以及其收益表现。同时，通过滴滴出行、拼多多等经典案例生动呈现股权投资的回报如何。

资产增值带来的财富效应，中国人并不陌生，像房产就是过去二十年最大的造富机器。而未来，股权投资将接力这一筹码，成为财富增长的主要来源。

8.1.1 拨云见日话股权

股权投资（Equity Investment），是为参与或控制某一公司的经营活动而投资购买其股权的行为，可以发生在公司的发起设立或募集设立场合，可以发生在股份的非公开转让场合，也可以发生在公开的交易市场上。

本书中多数我们提到的股权投资是指参与私募股权投资（Private Equity）基金，通常是专业的基金管理人以非公开方式向少数机构投资者或个人投资者募集资金，然后寻找到优质未上市企业进行股权投资，并提供增值服务帮助企业发展，最终通过被投资企业上市、并购、第三方转让或管理层回购等方式退出而获利的一类投资。市场上也存在以公募方式筹资的股权基金，如英国最大的股权基金3i事实上是一家上市基金，但这类基金数量极少，我国还未出现，因此之后提到股权投资时我们默认为私募股权投资。

从资产类别来看，私募股权投资通常被归于另类投资（Alternative Investment），区别于现金、固定收益证券、股票等主流投资。其他另类投资还包括对冲基金、房地产、大宗商品、古董艺术品等。与主流投资相比，另类投资通常来说平均收益率更高，但相对风险也更高。

8.1.2 股权投资的盈利逻辑

近年来，通过股权投资获取的高额回报，很多成功人士得到了第一桶金，更有人预言，未来10年人无股权不富。投资者买卖股票，是买卖已经上市的公司股票，股票市场被称为二级市场，任何普通投资者都可以参与。股权市场被称为一级市场，即公司股份还没有自由流通，也称为原始股，普通投资者一般没有渠道直接参与，同时也缺乏专业的判断能力。股权投资的筹码更稀缺。同时，股权投资资产价格低、投资交易成本少，决定了其未来发展升值的收益空间更大。

股权投资的盈利逻辑其实很简单，即看好一个企业的发展，在企业合适的时机投资一笔资金，助力并且陪伴其共同成长，待企业发展到一定阶段，企业的价值可能比投资时增长了数倍、数十倍，乃至成百上千倍，此时投资者将其持有股份对应的金额变现，从而获得高额回报。

但如何投资到赚钱的企业呢？其中的影响因素比较多而且复杂。通常要考虑行业现状及发展趋势、公司治理水平及团队能力、公司业务核心竞争力及财务表现、资本市场融资环境及估值水平等。另外还要关注投资价格、投资保障条款、投资风险控制等，而这些综合的评估和决策往往就需要专业的股权投资基金和股权投资人来掌舵。

股权投资按照细分投资领域的不同，主要分为以下几种，其投资的逻辑和收益风险情况也略有差异（见图8-1）。

1. 创业风险投资（Venture Capital）：主要指投资于技术研发初期或商业模式概念期的初创型企业，这类企业往往存在技术、市场、运营及财务等诸多方面的不确定性，往往具有较高的风险，但预期收益率也最高，百倍千倍回报的造富故事也多诞生于此。据历史数据统计，5%极成功的投资占到了VC投资总收益的80%。

2. 成长投资（Development Capital）：主要针对已经过了初创期，发展至成长期的企业，其经营项目已经成型并产生了一定的收益。成长期企业具有良好的成长潜力，通常可用2~3年投资期寻求4~6倍的回报，具有可控的风险和可观的回报。该部分投资也是我国股权投资中占比最大的部分。

3. 上市前投资（Pre-IPO Capital）：主要投资于企业上市前阶段或企业规模与盈利已达到可上市水平时，退出方式一般为上市后从公开资本市场出售股票。该种投资具有风险小、回报快的优点，并且如果二级市场溢价水平可观，也可获得较高投资回报。

4. 并购投资（Buyout Capital）：主要专注于并购目标企业，获得控制权后对其进行重组改造提升企业价值，成功后择机出售。并购投资多投资于相对成熟的企业，涉及金额较大，资本运作要求高，但也因此造就了很多经典成功案例。

5. 夹层投资（Mezzanine Capital）：这是一种附有股权认购权的无担保债权投资，在约定的期限或触发条件下，投资者可将债权转换成股权。夹层投资的风险和收益低于股权投资，但高于债权投资，往往在企业最需要现金的时候进入，待企业进入新的发展期后全身而退。

6. 上市后私募投资（Private Investment in Public Equity）：PIPE是指以市场价格的一定折价率投资于已上市公司股份的私募股权投资，从而扩大公司资本。相比传统上市发行，该方式监管较少，融资效率高，融资成本低，可为投资者带来快速成长上市公司的收益回报。

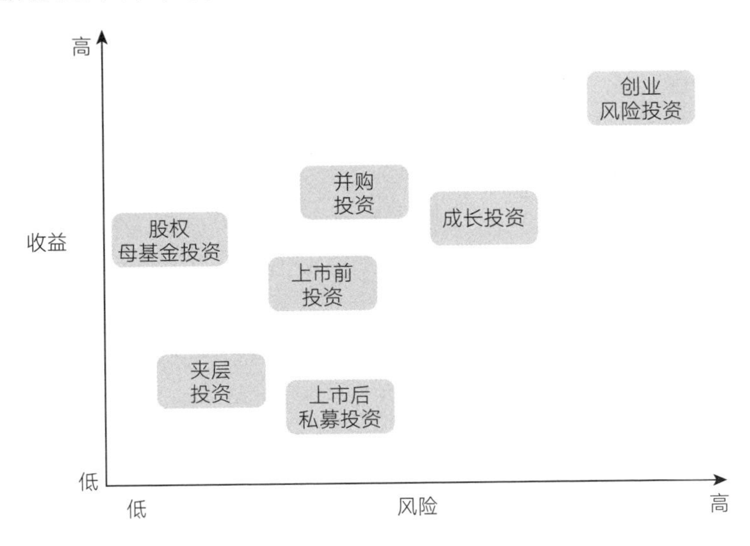

图 8-1 各类别股权投资收益风险情况

制图：大唐财富。

7. 股权母基金投资（Fund of Fund）：FoF也被直译为基金中的基金，通过向机构和个人投资者募集资金，分散投资到上述各类型股权投资基金中，一方面降低了投资者参与各类股权投资的门槛，另一方面也帮助投资者实现了风险分散化，以更稳健的方式博取股权投资的高收益。

8.1.3 股权投资的收益和马太效应

根据Preqin Pro（全球知名另类投资行业数据平台）最新数据显示，在全球范围内，股权投资的年化收益回报与各主流公开市场指数进行比较，业绩可圈可点。

如图8-2所示，以2017年末为统计节点，股权投资（Private Capital）年化收益回报在3年期、5年期、10年期均超过MSCI新兴市场指数（MSCI Emerging Markets）、MSCI欧洲市场指数（MSCI Europe）以及罗素2000指数（Russell 2000 TR），对比标普500指数（S&P 500 TR），也仅在5年期略低一点，在3年期和10年期也实现了超越。

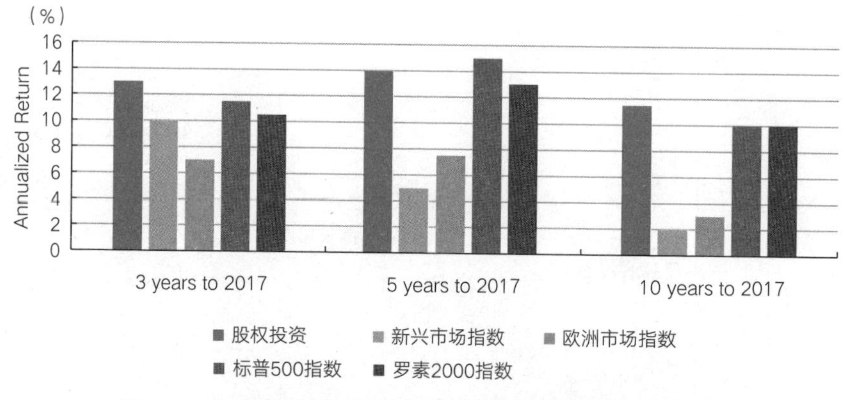

图 8-2 全球范围股权投资与公开市场指数收益表现对比

数据来源：Preqin Pro。（全球知名另类投资行业数据平台）

由此可见，股权投资的整体收益回报高于公开市场平均水平，这也体现了股权投资的中长期价值以及高回报的特征。

从全球维度来看，股权投资整体上可以为投资者带来年化约12%的回报率。如图8-3所示，以2018年末为统计节点，10年期的股权投资基金可达到12%的IRR中位数水平。IRR也称内部收益率（Internal Rate of Return），是股权投资行业常用的衡量投资收益的指标，同时因为其内含时间价值，通常会随着基金周期的增长而逐渐收敛，在基金清算时点达到其最真实的投资收益水平。

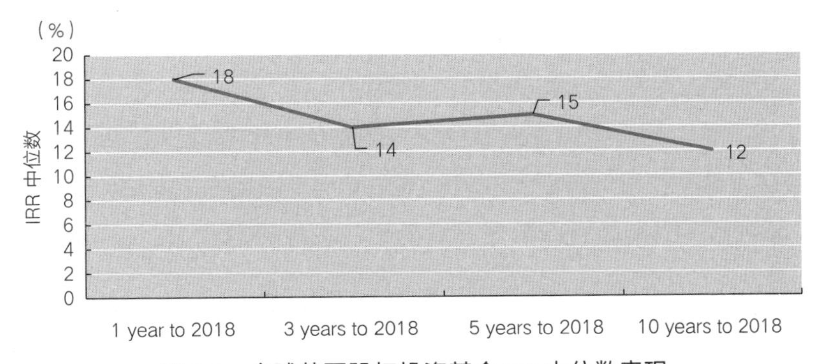

图 8-3 全球范围股权投资基金 IRR 中位数表现

数据来源：Preqin Pro。（全球知名另类投资行业数据平台）

但不同股权投资基金的IRR水平存在较大的差异。如图8-4所示，我们收集了全球范围自2000年以来历年成立的股权投资基金IRR中位数水平，上四分位数（Upper Quartile），也即前25%的基金，其IRR中位数的一般表现高达20%，而下四分位数（Lower Quartile），也即后25%的基金，该数值仅为5%，收益差距有四倍之多。

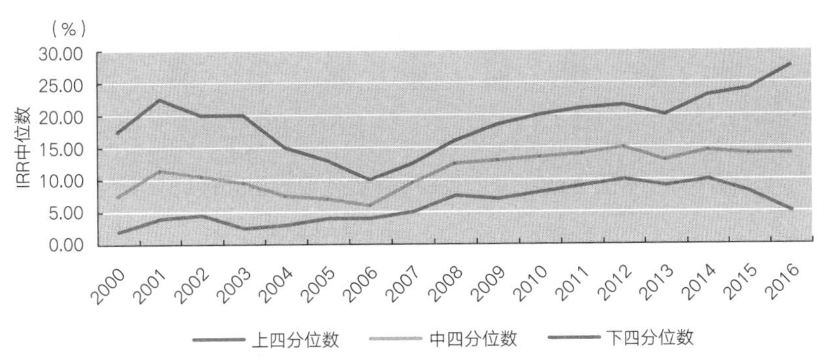

图 8-4 全球范围股权投资基金四分位数 IRR 中位数表现

数据来源：Preqin Pro。（全球知名另类投资行业数据平台）

中国的股权投资相比全球起步较晚，但经过最近十余年的快速发展，已成为全球第二大股权投资市场，管理资本量超过10万亿元。同时，中国第一批股权投资基金也经历了完整的"募、投、管、退"生命周期，其业绩成绩单也可以供行业借鉴和总结。

根据CVSource投中数据（中国知名股权投资行业数据平台）对2009年成立、2019年清算完成、平均存续年限超过7年的16只各类型基金的真实调查，退出回报倍数的中位数水平为2.05，但排名前三的基金退出回报倍数分别为9.76、6.57和5.56，为投资人带来了可观的回报（见图8-5）。

和全球市场一样，中国不同股权投资基金的业绩表现也参差不齐。进一步统计上述16只基金，我们发现上四分位基金的退出回报倍数高达6.16，十年间的IRR水平高达19.94%，而下四分位基金的退出回报倍数仅为1.64，IRR水平约为5.07%，两者相差近四倍（见图8-6）。

因此，综观全球市场和中国市场，股权投资比一般的现金类资产、固定收益类资产和权益类资产有着更可观的收益回报，美中不足的是投资期限较长，是长期投资者一个比较理想的选择。但同时股权投资的马太效应，也即业绩两极分化的现象也普遍存在，投资者需要擦亮自己的双眼，或者依托优秀的基金管理人，寻找到真正优质的股权投资基金。

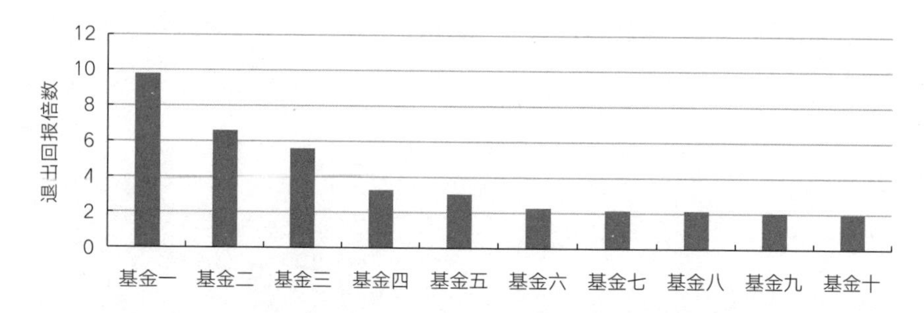

图 8-5　中国 2009 年成立股权投资基金退出回报倍数表现

数据来源：CVSource投中数据。

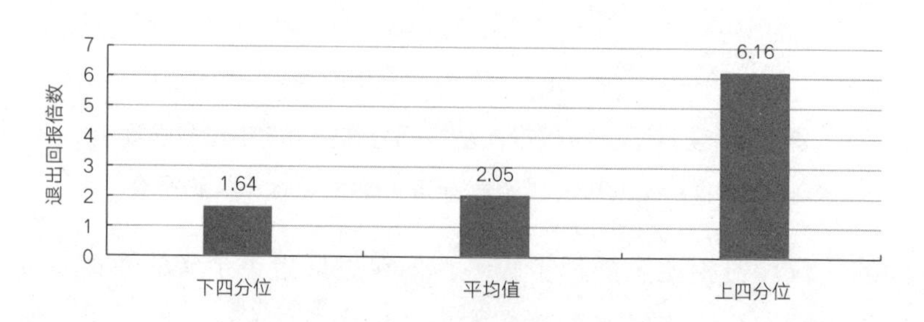

图 8-6　中国 2009 年成立股权投资基金退出回报倍数分析

数据来源：CVSource投中数据。

8.1.4　股权投资的经典案例

股权投资行业不乏慧眼独具的投资人，我们来看几个经典的造富案例。

1. 滴滴出行

滴滴出行是一家全球领先的一站式移动出行平台，在亚洲、拉美和澳洲等地为5.5亿用户提供出租车、快车、专车、代驾等多元化的出行和运输服务，年运送乘客超过100亿人次。成立仅7年多时间，滴滴出行已经引领汽车和交通行业发生重大科技变革，并成长为估值超过500亿美元的超大型独角兽。如此巨大的成就，除了依靠创始团队的辛苦努力外，也离不开资本的助力，同时这一世界巨头也为陪伴其成长的投资人带来了巨大回报。

2012年，阿里巴巴员工程维辞职创业，成立了嘀嘀打车，专门为用户提供出租车在线叫车服务。成立之初，程维的前同事王刚投资了70万元，成为第一笔启动资金。随后，创始团队用了3个月时间在北京辛苦做线下地推，让平台正式顺利上线。

但对于靠烧钱为动力的移动互联网企业来说，初始的创业资本只是杯水车薪，于是程维团队开始寻求资本的帮助。当时大多数投资机构对于这一新兴业态都是持观望态度，直到几个月后金沙江创投合伙人朱啸虎主动找上门来，双方一拍即合，金沙江投资300万美元，拉开了嘀嘀发展的序幕。

2014年，嘀嘀和快的掀起轰动全国的补贴大战，移动出行自此开始在大众普及，嘀嘀打车也正式更名为滴滴打车。2015年，滴滴和快的战略合并，2016年滴滴收购优步中国。滴滴打车也逐步升级为滴滴出行品牌，陆续上线专车、快车、拼车、租车、公交等全方位服务。

滴滴在金沙江创投的A轮投资之后，又进行了十三轮融资，迎来了腾讯、中信产业基金、华兴资本、DST、淡马锡、GGV、北汽、中金、鼎晖、平安、阿里、中国人寿、软银中国、招商银行、保利、中国邮政、富士康、交通银行、丰田汽车等资金巨头的入股支持，累计融资金额超过240亿美元。

如今，滴滴出行的公司估值已达到570亿美元，对于天使投资人王刚来说，投资回报金额已超过百亿美元，投资回报倍数已超过一万倍。对于A轮投资人金沙江创投来说，投资回报也超过一千倍，是名副其实的造富神话。

而正是踏上了移动互联+共享经济的东风，滴滴凭借独创的商业模式引领了交通出行行业新时代。

2. 拼多多

拼多多是一家为广大用户提供物有所值的商品和有趣互动购物体验的“新

电子商务”平台。

成立4年时间，已汇聚超过5亿年度活跃买家和360多万活跃商户，平台年交易额超过8400亿元，是中国第二大电商平台，第一大社交电商平台。拼多多成立3年就成功上市的惊人表现，也是多家资本助力的又一经典案例。

2015年，连续创业者黄峥洞察到了社交流量上升的迅猛势头，开始了他的第四次创业，创立拼多多，这是第一家把社交与电商、游戏与电商结合在一起的平台，力争在已有的电商红海格局中突出重围。短短几个月时间，拼多多累计活跃用户就突破千万，日订单量超过百万，也引起了投资行业的关注。

高榕资本创始合伙人张震对拼多多这种结合中国国情敏锐捕捉市场机会的创新商业模式有非常深刻的印象，同时也非常认可创始团队的创业热情和高效的执行力，于2015年6月就进行了A轮600万美元投资。后续三年，高榕资本每轮追加投资，坚定看好公司的发展。国内其他知名投资机构，腾讯、红杉、IDG、新天域等也纷纷下注拼多多。

功夫不负有心人，2018年7月，拼多多火速登陆纳斯达克，上市首日市值突破300亿美元。2020年，拼多多的最新市值已达到400多亿美元。可以看到，在电商平台发展十余年后，拼多多发现消费下沉市场新的商机，创造了电商行业又一巨头。而高榕资本整体的投资回报在短短几年内已超过40倍，创造了新时代电商投资的经典案例。

3. 明德生物

明德生物是一家专业提供体外诊断试剂及配套仪器（POCT\分子诊断\化学发光\血气分析等）产品以及移动心电产品的研发、生产和销售的国家高新技术企业。医疗健康行业在中国目前是刚需，正处在迅速发展的时代。明德生物深耕体外诊断领域，潜心技术研发和产品创新，产品自研发以来，快速上市销售创造了行业内的“明德速度”，截至目前已覆盖全国30个省、直辖市、自治区近4000家医疗机构，同时在亚洲、欧盟、南美等多个区域实现销售覆盖，成为国内POCT领军企业以及产品线最全面的企业之一。

2008年，明德生物诞生于武汉光谷生物城。2014年以前，公司潜心研发，陆续拥有了CFDA注册的POCT快速诊断试剂产品30余项，覆盖心脑血管疾病、感染疾病、肾病、糖尿病、健康体检和妇科疾病等多个领域，成为国内POCT产品线较丰富的企业之一，并获评国家高新技术企业。2014年1月，明德生物登陆新三板，并吸引到君联资本的精准入股投资。

2014年6月，君联资本独家参与明德生物新三板定增，助力其产品销售拓展。从2014年至2017年，短短几年时间明德生物的净利润从数百万元增长至近七千万元，增长近10倍。2018年明德生物成功登陆深交所挂牌上市，君联资本持有的股份净增长23倍，折合IRR约为96%，为基金LP带来了丰厚的收益。

4. 三只松鼠

三只松鼠是我国著名休闲零食品牌，主营产品包括坚果、肉脯、果干、膨化等品类。成立7年来，已累计销售坚果零食产品超过200亿元，自2014年起连续五年位列天猫商城“零食/坚果/特产”类目成交额第一名。搭上电商流量红利期的顺风车，三只松鼠不仅交出亮眼的成绩单，还为创始人和背后的投资人带来了丰厚回报。

2012年，由五名创业初始人在安徽芜湖的一个小区里创立了三只松鼠。在淘宝天猫商城试运营上线仅7天，团队就通过“风味”“鲜味”和“趣味”构建起独特的“松鼠味”以及“造货+造体验”的核心能力完成了1000单销售。当年，三只松鼠获得IDG资本150万美元天使投资，有了创业的第一笔资金。

随后五年，三只松鼠在互联网零食品牌中异军突起，多次创造中国电商食品销售奇迹，迅速占领大片江山。2016年，三只松鼠年营业收入达到44.23亿元，年复合增长率达到118.72%，高于挂牌上市的其他线下食品生产零售企业，包括洽洽食品的35.13亿元和来伊份的32.37亿元。

在三只松鼠高歌猛进的背后，也少不了资本方的支持。继IDG资本的首轮投资后，公司又陆续获得了“投资女王”徐新的今日资本、前IDG合伙人李丰成立的峰瑞资本的重磅投资，IDG资本也在每轮继续追加投资。资本助力了三只松鼠亮眼的业绩，也使其在2017年就发布了招股说明书，正式寻求上市。根据当时招股说明书发布的发行计划，三只松鼠的市值已达约153亿元，IDG资本和今日资本持有的股份分别翻了53倍和29倍，而创始人持有的股份相比创业时投入的100万元注册资本，足足翻了6685倍。

2019年，三只松鼠正式登陆深交所创业板，被媒体誉为“国民零食第一股”。如今，三只松鼠的最新市值已超过260亿元，全年营业额已突破100亿元，在休闲零食的激烈竞争环境下，三只松鼠坚持产品迭代并大力发展数字化供应链体系，在行业中突出重围，成为知名品牌，相信在未来也将续写新的传奇。

2020年，股权投资的一个个成功案例还在延续，只要你理解其中的内涵，寻找到合适的投资之法，股权投资赚钱其实并没有那么难。

8.2 单一股权项目怎么选

伴随股权项目造富神话的增多，更多投资人热情参与其中，股权市场回报的胃口被吊得很高，但整个市场的马太效应也逐渐被人们认识到，因此对单一项目投资的判断能力很大程度决定了股权投资起跑线的位置和冲过终点的可能性。

在本节中，我们将介绍单一股权项目投资如何赚钱，如何评估，以及通过回顾市场中的一些典型单一项目投资案例来帮助大家更深入认识如何进行股权投资。

8.2.1 投资单一股权项目赚的是什么钱

股权投资，是通过买卖企业的股权实现投资收益，而股权实质上对应着企业的所有权。换言之，股权投资不仅仅是一笔投资，更是成为企业的股东，因而最早的股权投资主要是依靠企业盈利分红获取收益。随着金融业的发展，企业的股东发现自己所持有的股权可以在市场上交易，甚至可以将市值数十亿元的公司股权拆分为上亿份，从此“股票”就诞生了。

了解了股权投资诞生的原理，我们可以发现，股权项目实质上是获取企业的所有权，那么股权投资又是如何赚钱的呢？这里我们可以更具体一点把股权投资的盈利拆解为分红和股权差价：

1. 分红

投资股权实际上是获得企业的所有权，企业在经营过程中每一年年底会对当年的营业利润进行分配，如果企业的利润全部分配给股东，股东可以按照持有企业的股权比例进行分配，获得分红。

有的投资人会问“为什么我们投资的股权项目没有给我们分红呢？是不是这笔投资失败了呢？”实则不然，我们来看一个例子：

“唐朝”公司当年企业净利润5000万元，并且预测下一年企业会依旧保持20%甚至更高的净利润率，由于企业经营需要本金，“唐朝”选择将当年的利润部分或全部用于第二年的企业经营，未来赚取更多利润。这种情况就是股东决定把分红转化为资本金，等到合适的时间再分更多利润。

2. 股权差价

接上文的案例，如果"唐朝"的经营者明确告诉股东（投资人），基于行业的发展、政策优惠、技术领先等因素，可以预测企业未来可以至少连续五年每年净利润增长率维持在20%以上，但是某一个持有"唐朝"10%原始股的股东A通过在企业创立之初投资300万元获得10%的股权，因为现金短缺，急需用钱，需要尽快转让。

投资人B了解了企业的发展情况，经过详细尽调，非常看好"唐朝"未来的持续盈利能力，认为企业当年的净利润1000万元，连续五年净利润增长率超过20%意味着企业未来五年累计至少可以获得8929.92万元，因此投资人B与股东A通过谈判协商，决定用600万元的价格购买股东A 10%的股权。

我们可以发现股东A在"唐朝"创立之初投资300万元获取10%的股权，后又以600万元的价格出售，从中获得了100%的收益，这就是企业发展过程中，股权价格变化带来的价格差价。

我们通常听到的股权投资百倍甚至千倍的回报大多都是通过股权价格差价带来的，但是股权价格差价并不是凭空而来的，而是企业的经营情况或者说未来的赚钱能力决定的。作为股权项目的财务投资人，大部分都是为了赚取股权价格差价。企业未来的盈利能力带来的股权差价，就是股权投资者最希望赚到的钱。

8.2.2 坚守你的赚钱原则

当我们明确了赚什么钱以及赚钱的原理之后，就需要制定股权投资策略，第一步就是要明确我们的原则。

原则一：赚钱

赚钱是市场化投资人的第一原则，当我们在做一笔股权投资时一定要仔细想想，这笔投资是否真的会赚钱，把握住这个原则再去审视投资过程中的各个决策环节，你会发现很多问题都会迎刃而解。

例如，2018—2019年，新能源领域的创业企业以新能源电车主机厂为代表雨后春笋般出现在市场中，如蔚来汽车、小鹏电动车、车和家等。在这些主机厂创业公司快速爆发期间，伴随的是一轮又一轮上亿元人民币的融资，蔚来汽车上市前的估值高达370亿美元，有知名投资机构投资、顶级创始人参与，同时蔚来汽车公开招股（IPO）得到了摩根士丹利、高盛、摩根大通、美银美林、德意志银行、花旗银行、瑞士信贷、瑞银证券和WR Securities等超豪华承销商支持。但在这一系列利好的因素下，这种企业真的值得投资吗？

2018年，蔚来汽车上半年只卖出了不到500辆，销售额只有700万美元，而负债却高达5亿美元，其估值竟然是其总收入的近110倍，然而回顾蔚来汽车的上市之路，蔚来汽车对其未来五年的市盈率目标定为10倍，按照在IPO路演当中的估值要价（80亿~100亿美元），若想在2023年达到10倍的市盈率目标，蔚来汽车必须在当年完成8亿~10亿美元的净利润。

即使获得知名投资机构的青睐，又通过一轮又一轮的融资走上了IPO之路，蔚来汽车依旧无法掩饰其不赚钱的事实，违背了财务投资的第一原则。想通这个原因，如今蔚来汽车43亿美元的估值就不足为奇。

一切商业投资都是建立在赚钱的原则基础之上，切勿因看似美好的前景而忽略了商业本质，财务投资人有且仅有的筹码就是资本，资本都亏损了，盈利就更无从谈起了。

原则二：有退出渠道

一级私募股权基金面向的主要是未上市企业的股权，未上市意味着企业的股权无法像二级市场股票一样随时买卖。很多一级市场的基金管理人对外披露的基金业绩是经过第三方审计公司审计后的账面价值计算得出的，但是由于所投企业并未上市，并不能像二级市场随时可以退出交易。因此我们可以看到很多期限为10年的私募基金，在第三年账面浮盈[①]1倍左右，才能实现第一笔现金回流[②]，在基金即将清算时即使是一线知名基金账面浮盈达到了5~6倍，但是现金回报倍数[③]也普遍在3~4倍，那么剩余的账面价值都到哪里去了呢？

熟悉中国互联网创业的投资人其实很清楚，很多互联网公司是靠着一轮轮的融资不断扩大企业规模，快速占领市场。在数轮融资后，如果企业发展到了

① 账面倍数 =（账面价格 – 投资成本）/ 投资成本。

② 现金回流，基金通过投资所获得的各类现金回收。

③ 现金回报倍数 =（累计现金收益 – 投资成本）/ 投资成本。

瓶颈，由于业务发展的制约，导致无法完成后续融资或上市，但是业务依旧继续，企业并没有倒闭清算。审计报告的结论就是按照最后一轮融资估值计算的企业最新账面价格。早期的投资机构依旧拥有数十倍的回报，但了解企业发展实情的投资人明白，企业因为种种原因不可能完成后续融资或上市。

二级市场之所以是中国最主要的一级股权投资退出渠道，是因为企业上市后，投资人可以在二级市场出售所持有的股权，如果没有上市，二级市场的投资人无法购买企业的股权，这就是所谓的“有价无市”。有人可能有疑惑，一级市场的投资人不会购买吗？实际上，除非其他投资人有产业布局或其他诉求，多数不会盲目投资一家没有退出预期的企业，买进容易卖出难，退出不了很可能会变成“接盘侠”。

所以投资者在做每一笔股权投资决策时，需要时时刻刻提醒自己，这笔投资未来要如何退出，如果不能按计划退出，是否可以通过一些保护性条款[①]确保自己的投资成本不受损失。

8.2.3 专业 + 运气 = 顶级投资人

中国具有真正意义的股权投资是在20世纪90年代初以IDG为代表的第一批市场化投资机构进入中国，时至今日，这些机构投出了像阿里巴巴、腾讯、美团等众多国内市场回报超过百倍甚至千倍的明星项目。

那么这些知名投资案例背后的顶级投资人都是如何修炼成的呢？其实股权投资市场的进入门槛并不高，很多刚刚毕业的大学生就可以参与股权投资的工作。截至2019年11月底，基金业协会已登记私募基金管理人2.45万家，在从业人员管理平台完成注册的全职员工17.57万人。但顶级投资人如沈南鹏、熊晓鸽、张磊、张颖这样的人才却屈指可数，数百倍的投资回报背后是每年拜访上千家企业的付出，上万份的行业研究报告，每一次审慎的投资决策，力求在专业性上无懈可击和抓住每一次难得的投资机会。

顶级投资人之路，着实是“道阻且长”。那么在“阻且长”的道路上，如何衡量一名顶级投资人呢？第一点——专业性。

投资本身是一个专业性非常强的领域，但在中国，很多人把投资描述成一件非常简单的事情，无论是金融产品还是贵金属，甚至是股权投资，你接触的

① 保护性条款，是指私募股权投资者为了保护自己的利益而设置的条款，如回购、优先领售权等。

所谓“专业人士”都会把它描述成稳赚不赔的“送财童子”。

每一个优秀企业的创始人对所从事行业都有深刻的理解，要求普通投资人的认知达到创业者的水平是一种苛求。因为创业者大多在所处行业从业数年数十年，积累了很多第一手经验，对行业有着更敏锐的触角和趋势判断。投资人想要了解行业的情况，除非是行业从业者转型，否则只能依靠不断和从业者沟通，以及从众多行研报告中消化吸收。这种对行业的了解还处于成为顶级投资人的“形成认知”阶段。

当对行业有清晰的认知后，还需要对数以万计的企业进行判断，选择适合自己的投资标的，选择那些未来有潜力成为行业头部的企业，此时不仅仅是对行业有认知，还需要具有判断能力。输出认知至少需要经历一个行业的完整周期，在行业低谷时期勇敢向那些有潜力跨越低谷的企业伸出“橄榄枝”，并在泡沫时期克制自己的欲望，通过3~5个投资案例来证明自己投资判断的准确性，此时才能达到“认知输出”的阶段。

然而这才仅仅是一个行业的“认知输出”，任何一家投资机构不可能只投资一个细分赛道的一个企业，而是会专注于某一个行业的数个赛道，比如在文化娱乐行业不仅包括影视，还有短视频、网络大电影、综艺、MCN、动漫、IP衍生品等，每一个细分赛道都有成功的上市案例。因此投资人不仅需要从深度上对行业有极强的认知，还需要扩宽到数条赛道，这就需要数十年的长期积累。孙正义投资阿里巴巴，如果没有对互联网行业的深度认知，在当时“互联网泡沫”时期就可能和其他投资机构一样对马云说“NO”了。

成为顶级投资人，首先需要总结适用于自己的标准化投资逻辑。在专业性方面需要通过长时间的行业经验，总结自己的投资方法论。各行各业均有自己的行业特征和属性，因而投资方法论不可以完全照搬，但是我们可以总结出一套相对笼统且全面的投资分析范式。下面来简单分享一套以产品思维为基础的分析范例。

所有企业无论是销售产品、提供服务、咨询或者投资，本质都是面向客户提供了一种产品，这个产品可能是实物商品，也可能是一种服务，所以都可以用产品经理的逻辑进行分析。可以总结为以下因素：市场规模、市场需求、产品情况、产品研发、销售、技术、团队、股权结构、融资，等等。通常产品经理会反复思考下面几个问题：

1. 你的产品真的会被需要吗

所有参与或者了解股权投资的读者，都曾听过一个词“痛点”。我们把痛点放在产品中，就是思考你的产品是否会被别人使用，是否解决了用户的问题，而且这个问题客户是否真的非常需要被解决。如果没有，你的产品无论多么优秀都不会有更多的用户了解。这一点是股权投资的核心关键，最典型案例就是O2O大热情况下出现的上门洗车平台，部分企业融资上千万元，估值上亿元。

从“痛点”问题来看，我们真的需要上门洗车的服务吗?

其实并不是非常需要，如果我的车非常需要清洗，我可能更倾向于找一个就近的洗车店洗车，如果没有排队10~15分钟即可完成，并没有必要选择线上平台专门派人上门洗车，这种需求多数是满足了自我的好奇心，体验新鲜的服务，但不会长期持续消费。

2. 产品研发及落地能力如何

产品的研发能力可以简单理解为技术能力，但是大家普遍有个误区，技术强并不代表产品的研发能力强，如果企业只是一群科学家/工程师的简单组合，是无法产生更多的协同效应的。

这种问题常常出现在科技公司，一群顶尖科学家开发出领先市场的技术，但是长时间无法商业化，甚至工程化都无法做到，这并不是一个优秀的创业公司。另外一类典型就是国内众多顶级工科大学内由教授带领的研发团队，学术能力没问题，但由于缺乏真正的产业化经验，最后往往形成技术的空中楼阁，无法落地。这也是为什么我们现在能看到很多高校都在大力推动自己的孵化板块，通过专业的股权资本让校内技术和校外产业形成有效结合，实现高技术价值产品与服务的真正市场化。

3. 要投资什么团队

哈佛商学院的教授们跟踪数千例美国创业团队，分析得出：95%的创业企业失败的主要原因都是团队和创业者自身的不足，所以创业团队在企业初创期是最重要的问题。

最常见的例子就是“专家创业”，核心障碍是自身的心态。有三个心态最致命：（1）心里总觉得“我是专家，你们都不懂”，无法融入商业社会，难以找到创业期的商业伙伴；（2）心里总觉得“有的选”，不成功就回去当教授，企业的创始人都有自己的备选方案，投资人如何敢投？（3）心太大，动辄就是“我这个可以颠覆整个行业”，颠覆式创新需要技术积累并符合商业逻辑和规则，比如自动驾驶出租车取代目前的出租车司机，想必5年内都无法做到。

在专业性之外，顶级投资人不可否认还需要一点点运气。尤其是还未上市的一级市场的股权投资，在企业创立早期，企业员工不多，业务也没有非常完善，对比成熟阶段的企业，早期企业更像作坊。但是所有伟大的公司都是从作坊一步步走向上市，因此早期投资是有价值的。

早期投资的逻辑是牺牲投资的流动性，赚取的是未来的超额回报和收益。投资人对被投公司的帮助，特别在早期、种子期还是比较大的。所以在严谨的方法论基础之上加上一些运气，获得比较好的收益是可以预期的。如今的人工智能四小龙——商汤、云从、依图、旷世，以及一些更小的人工智能公司，商业化能力众所周知，但变现依旧是非常困难的事情。世界级领先的人工智能技术需要大量的前期投入，但作为企业，所有的技术研发都是为了在某一特定的商业场景中提高产业效率，通过替代人工获得更高的利润。但目前人工智能依旧还处于商业场景的测试阶段，并未在民用商业场景中大规模应用，而且人工智能领域第一梯队的企业在技术的领先性上相差不超6个月。但不可否认的是，商汤的估值已达百亿元人民币，从这个角度看，商汤的早期投资人一定程度上存在一些运气。

8.2.4 单一项目投资的常见误区

单一项目投资市场里非专业投资人，往往过分关注热门行业、热门题材、热门IPO项目的参与机会，但对于专业投资人来讲，项目投资永远是在自己的行业认知范围内进行谨慎尝试的结果。一个创业者渴望获得资本青睐，他最起码应该了解自身业务模式是什么，靠什么盈利，自己的产品或者服务是否有护城河或者不可替代性。因为对于一个创业者来说，这三个问题关乎他的业务如何发展，如何盈利，如何可持续，任何一个问题没有解决，这样的项目站在投资人的角度都不具备价值。以下我们将列举一些市场的典型单一项目投资案例，帮助大家透过现象看到项目投资的本质。

1. 不符合行业特点的估值——动漫行业

市场通常的估值方法是按照互联网企业和传统企业来分大类的，但每个细分行业肯定又有自己要调整的地方，或者说随着行业的发展细化，很多估值模型已经不具备普遍性，动漫行业的估值就是一个例子。

2017年伴随着动漫行业的火热，更多资本介入。动漫公司整体估值在近年飙升，头部IP和优质团队一直是资本热捧的对象。但在变现方面，由于行业尚处于早期，模式仍有待探索，投资人更多投的是未来动漫行业有大额利润的可能性。

但是从2017年开始，动漫公司的估值普遍按照互联网企业的融资逻辑，A轮估值1亿~3亿元，B轮估值5亿~10亿元。能看到的是，企业不断在一级市场一轮又一轮融资，虽然没有上市的准备或者条件，但是估值却持续不断向上攀升。互联网行业逻辑是企业需要靠一轮轮融资扩大市场占有规模实现快速占领市场，但是这对于动漫行业真的行得通吗？

动漫行业归根结底是内容产业，内容产业的核心就是IP的质量。衡量IP，首先要看关于作品的一些数据，比如播放量、粉丝数等，但市场数据真假难辨，所以主要看作品的热度、话题指数以及作品是否突破了次元壁，走到大众视野中。动漫公司需要通过一款款的爆款IP来实现业务收入的快速增长，没有爆款IP，就不具备投资价值。

例如玄机科技，一家创立于2015年的原创动漫制作公司，出品过《秦时明月》，是一款上亿播放量的原创顶级国漫。这一爆款IP，奠定了玄机在原创国漫领域的领头羊地位，同时也获得数轮融资，包括微影资本、掌趣科技、腾讯投资、中国文化产业基金、云峰基金等知名投资机构。但时至今日，玄机自《秦时明月》后再未出品过爆款IP，但融资依旧继续火爆，估值高达25亿元人民币。

动漫原创公司的估值是以IP制作能力为核心的估值体系，而非仅仅拥有几个爆款IP。如果公司在A轮融资拥有1年一部核心IP，估值3亿元，那么B轮估值应当是公司拥有1年制作3~5款核心IP的能力，并保证其中拥有1~2部爆款，这样才可以支撑5亿~10亿元的估值。如果B轮融资企业仍然是1年一部核心IP的制作能力，只能说明企业业务并没有发展，并不足以支撑更高估值的B轮融资。

因此在做每一笔单一项目的股权投资时，需要结合企业的核心能力，以及行业内的估值依据来判定企业估值是否合理，不要盲目认为所有创业企业都遵循A轮估值1亿~3亿元，B轮估值5亿~10亿元，后续轮估值必须增长的所谓“惯例”。否则，投资者就可能高价买了股权却无法退出，真正成了“接盘侠”。

2. 上市退出是企业退出的唯一途径——51信用卡

2019年中国互联网企业在境外上市频频破发，给普遍以上市为唯一退出渠道的广大财务投资人带来不小震撼。但是综观中国的股权投资，百倍以上回报的投资案例普遍以上市为退出渠道，但还有很多以并购以及股权转让方式退出，也实现了很好的收益。虽然相比上市退出，其他方式的退出收益水平或许并不符合人们对股权投资高回报的期望，但就现在专业机构投资股权项目主要采取的股权基金这种方式来说，一只基金投资几十个项目，进入成本有区别，企业成长曲线不一样，退出方式也不尽相同，作为优秀的基金管理人只需平衡整只基金的回报就可以了，过分关注项目的上市退出反而会丧失更佳的退出机会。如今港股上市企业频频破发，美股的中概股企业也经常面临海外资本的恶意做空，投资人需要更加关注股权投资的非上市退出路径，理性选择未来的投资策略和被投标的。

51信用卡成立于2012年，是一家帮助用户一键智能管理信用卡账单的APP，目前已发展成为管理中国信用卡账单最多的移动互联网金融公司。用户在APP注册后，授权51信用卡通过技术来解析用户账单的邮件，从中提取详细的账单信息并同步在应用中。由于契合了用户多卡管理的刚需，APP上线之初快速吸引大量用户，上线不到5个月便拥有了200万用户，而且还在不断快速增长，并吸引了华映资本等600万元的天使投资。

51信用卡上市前，一度是资本争相追捧的企业，投资人看好的是51信用卡的商业模式，即通过手机APP将多个信用卡账单邮件信息打通，帮助用户管理多张信用卡之外，可以获取上亿级别的用户，基于信用卡使用场景，杀入借贷市场，形成从工具到交易的闭环。华映资本作为51信用卡的天使轮投资机构，通过这笔投资在临近上市前账面回报近10倍。而且51信用卡作为当时的明星“独角兽”企业，受到无数明星投资机构的追捧，华映资本可以选择企业上市后在二级市场交易退出，或者在上市前出售给其他投资机构。华映资本创始管理合伙人季薇认为51信用卡在上市前的信用卡业务用户量增长已经达到峰值，另外还考虑到网贷平台涉嫌P2P，政策监管日益趋严，因而在上市前华映资本果断将51信用卡持有的股权全部出售给深创投（知名市场化运作的政府引导基金），该笔投资获得了近10倍的现金回报。

从深创投的角度，认为51信用卡是一家有明确上市计划的企业，且在2018

年之前，投资机构普遍认可赚取一二级市场差价的投资逻辑，即常说的"Pre-IPO轮"。这样一个独角兽，上市之前有几家券商给出200亿~300亿元人民币的估值。51信用卡最终发行价定为8.5港元，上市当天一度升至9.55港元，51信用卡最高市值也诞生于此刻，108亿港元。

如今反观深创投的这一笔投资，上市后并没有达到当时的预期投资收益，再加上2019年下半年P2P频频爆雷，51信用卡遭到了警方的突击调查，2019年10月21日51信用卡股价"闪崩"，一度跌逾四成，跌幅收缩至35%后紧急停牌，市值蒸发11亿港元。

3. 知名机构参与的企业不会失败——凡客诚品

VANCL（凡客诚品），由卓越网创始人陈年创办于2007年，产品涵盖男装、女装、童装、鞋、家居、配饰、化妆品等七大类，支持全国1100个城市货到付款、当面试穿、30天无条件退换货。2009年，凡客体、29元的T恤、韩寒、王珞丹一起，把凡客推向巅峰，当年凡客销售3000万件衣服，销售额暴涨400%，突破20亿元，成为京东、亚马逊、当当之后中国第四大B2C电商。2009年，凡客以28%的市场份额，在自产自销服装B2C中排名第一。

凡客诚品在快速扩张的过程中，获得众多知名投资机构的参与，成立8年时间内，完成7轮融资，总额超6.2亿美元。投资方包括联创策源、IDG资本、赛富投资基金、启明创投、中信产业基金、淡马锡等，最高估值达50亿美元。雷军的顺为资本曾领投凡客诚品1亿美元。

好景不长，2014年"双十一"前夕，国家质检总局公布了一次质量抽查公告，抽查结果显示网络销售的儿童玩具、服装、鞋类、背提包和小家电等，合格率只有73.9%。其中，被所有投资机构认为"物美价廉"的凡客诚品，共有鞋、服装、提包等11批次产品登上"不合格榜"。后又因广告费节节攀升，差评堆积如山，极速扩张没有带来销售额增长反倒带来了巨大的库存压力，在最严重的时候，凡客的库存高达20亿元。凡客诚品在经历了盲目扩张、库存危机、资金链断裂、上市折戟等挫折之后，一蹶不振。

企业成功并不在于融资金额巨大，知名投资机构支持，而是企业的实际业务是否能够快速扩张。通过市场融资快速扩张市场占有率的商业逻辑是成立的，但是还需要企业有严格的内部管理制度、团队的执行能力等"软实力"去承接投资人的资金，真所谓"烧钱需要烧在钢刃上"，否则看似欣欣向荣给企业带来的反倒是不堪重负的运营压力。

总结来看，私募股权基金每一个项目都有一定的失败风险，但又因为马太效应显著，更多优秀的项目集中在顶级投资机构的手中，结合顶级机构多年的投资经验，失败风险显著低于市场的平均水平。

投资更是一门艺术，尤其在一级私募股权投资市场中赚钱则是专业与运气的结合，专业是为了能够及时规避潜在风险，对于眼花缭乱的股权项目，如果没有极高的专业素养，无异于大海捞针。

8.3 参与股权投资的正确姿势——股权母基金

股权投资高回报需要付出大量努力并要求极高的专业素养，那么对于仅想将股权投资作为家庭财富增长配置工具的普通投资人来说，有没有一种简单又行之有效的方法参与到这个市场中去呢？我们接下来将讨论的主要对象——股权母基金就是答案。

本节我们主要解读股权母基金的投资逻辑以及它在家庭资产配置中所发挥的作用，为什么目前越来越多的高净值家庭都在配置股权母基金。

8.3.1 站在巨人肩膀上参与股权投资

母基金即Fund of Fund（基金中的基金），它是通过投资某个市场的基金来间接参与该市场的投资方式。本质上我们可以认为母基金就是一篮子基金的组合，通过借助专业子基金的力量实现对市场优秀项目的覆盖（见图8-7）。

投资者通常接触到的母基金按照所投类别一般分为三类：

◎ 私募股权母基金：投资于私募股权基金

◎ 二级市场母基金：投资于公募或私募股票基金

◎ 私募房地产母基金：投资于私募房地产基金

我国的私募股权母基金发展至今已近20年，据第三方母基金研究机构——母基金研究中心所发布的《2019年上半年中国母基金全景报告》，截至2019年我国私募股权母基金管理规模已达23498亿元，其中以政府牵头出资设立的政府引导基金达18335亿元，由国有企业、民营资本参与设立运作的市场化股权母基金达5163亿元（见图8-8）。

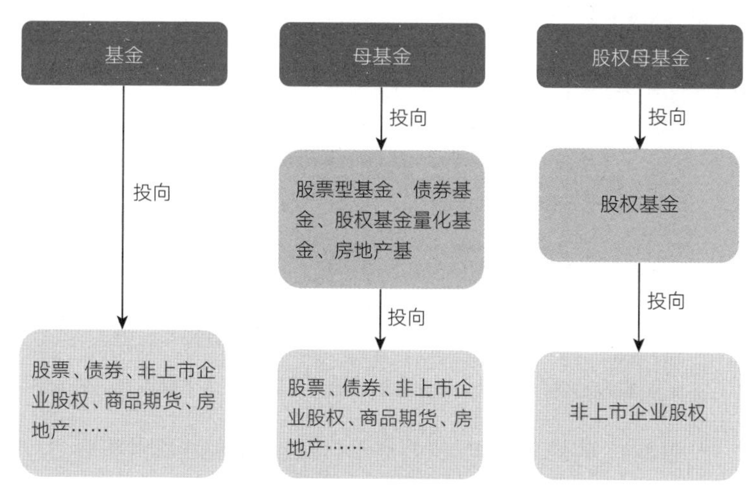

图 8-7　基金 / 母基金 / 股权母基金

制图：大唐财富。

政府引导基金	市场化股权母基金
• 由政府牵头出资设立，吸引或接纳其他地方政府、大型金融机构、投资机构、社会资本的参与； • 不以财务回报为目的，旨在通过引入外部资金来放大财政资金的杠杆比例，促进某个区域的产业发展； • 如国家中小企业发展基金、国家科技转化成果引导基金等国家级政府引导基金	• 通常由国有企业、第三方财富管理公司、大型金融机构、创投机构等民营资本发起设立； • 以财务回报为目的； • 如由第三方财富管理公司、信托公司、银行发起设立的股权母基金，其出资人以高净值个人或超高净值个人为主，是理想的理财工具之一

图 8-8　市场化股权母基金与政府引导基金的对比

制图：大唐财富。

据中国证券投资基金业协会披露，截至2019年12月底私募股权/创业投资基金管理人已达14882家，备案的私募股权基金超过3.6万只（见图8-9）。

面对快速发展的股权投资行业及伴随而来的众多股权基金，高净值投资者是否做好了参与准备呢？我们来看一组数据。

据招商银行与贝恩咨询共同出具的《2019年中国私人财富报告》披露，当前国内高净值人群理财投资决策中的主要痛点有（见图8-10）：

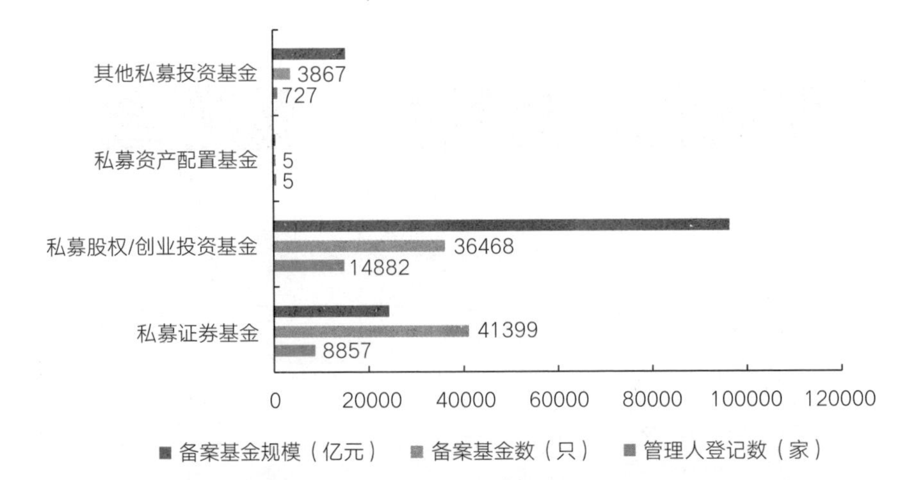

图 8-9　截至 2019 年 12 月底不同类型私募基金细分数据

数据来源：中国证券投资基金业协会。

制图：大唐财富。

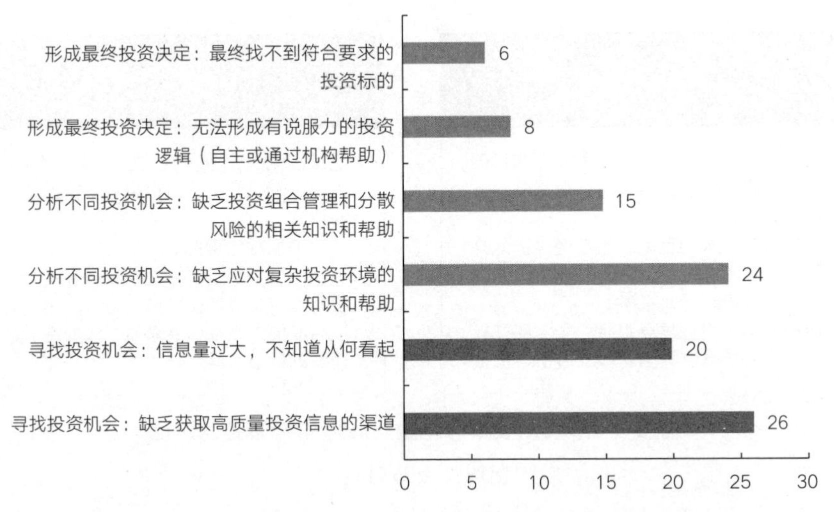

图 8-10　2019 年高净值人群投资理财投资决策中的痛点

数据来源：招商银行–贝恩公司高净值人群调研分析。

可以看出面对投资决策，个人投资者的主要问题是如何有效识别和筛选出好的投资机会，而在股权投资行业，受经济环境、产业环境、政策因素、管理人管理能力、创业团队企业经营能力等诸多因素影响，且股权投资主要投资未上市企业，管理人的真实业绩面临较大信息不公开、不对称，因此对于普通投资人来说，依靠个人判断识别出一只真正好的股权基金将变得困难异常。而股权母基金的价值就在于它以机构投资者的身份运用自身积累的专业投资能力以及行业资源，代替投资人对子基金进行严格筛选，并通过在一只母基金中同时配置多个头部子基金的方式把单一子基金可能产生的风险降到最低。

在股权母基金以机构投资者的身份运用自身积累的专业投资能力以及行业资源对子基金进行严格筛选的实际操作中，母基金投资团队通常会从本次拟投基金管理人和本次拟投基金两个方向进行考量，通过严格尽职调查流程有效判断基金管理人能力的好坏及基金的优质与否。

8.3.2 股权母基金如何选好管理人

市场中面对各式样貌的股权基金，很多投资人会迷信“名牌机构”，就像我们平时买商品愿意选择百年老店，但如果把品牌作为遴选一个投资品的重要参考因素则太过片面。股权基金由于存续期多达7~10年，因此在选择去投资一只股权基金时必须要站在过去、现在、未来三个角度进行整体判断。

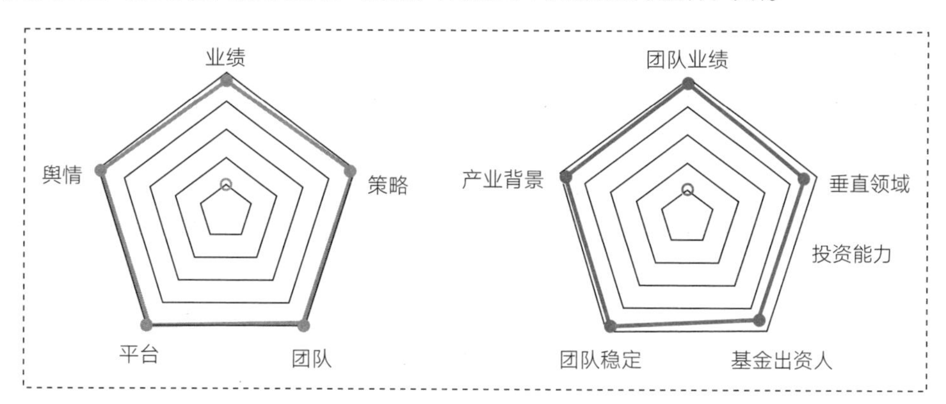

图 8-11　五维分析法——基金图

制图：大唐财富。

我们来看看财富管理行业市场化母基金代表——大唐元一母基金在筛选子基金时的五维分析法（见图8-11）。其通过对一只基金过去业绩、现在策略、未来发展分析预判，总结出五个主要维度：业绩、策略、团队、平台建设、舆情，以及通过每个维度背后更多的子维度形成对一只股权基金投资价值整体研判细网，反复推敲过滤的结果后才能得出一个更为严谨有效的投资结论。在未来，这样的筛选方法将被更多专业投资人使用，相信随着市场化母基金市场的日益成熟，市场化母基金管理人对行业的认知能力，对子基金的筛选能力也将稳步提升。

从中长期来看，股权投资市场中的马太效应将愈加突出，这也意味着投资者在进行单只股权基金投资时应更加谨慎，因为只有投进头部管理人所管理的基金，才能以更确定的方式取得高于市场平均收益水平的投资业绩。而这些基金通常都会设立较高的投资门槛，往往需要单笔3000万元人民币及以上的资金投入。而同样是投资到顶级基金的股权母基金，其参与门槛则降低到数百万元甚至100万元人民币。股权母基金的出现可以帮助个人投资者获得以较低门槛参与头部股权投资基金的机会。

8.3.3 股权母基金在资产配置中的作用

我们每个人在经历单身期、家庭成长期、家庭成熟期等各个阶段时都会面临不同的金融财务风险。选择运用哪种金融工具来规避当下的风险都有其背后的逻辑。

不同的金融工具在资产配置中发挥的功能最终取决于它的市场投向。而私募股权投资通过长期持有未上市企业的股权，后期伴随企业成长带来的公司估值提升，盈利能力提高，最终通过多样化的退出方式来实现理想收益，退出时回报率可以达数倍，因此它被选为进攻性资产，投资一只好的私募股权基金是实现财富等级跃升的理想选择之一。如何去弱化私募股权投资的高风险是每位投资者都关心的话题，股权母基金以其分散与配置功能助力投资者解决难题。

通常一只母基金会配置5~10只子基金，假设每只子基金平均投资项目数量为几十个，则一只母基金可覆盖上百个项目，资金利用率足够高。同时因为母基金对地域、行业、投资阶段、管理人、投资年份分散，从而实现了基金风险的分散（见图8-12）。

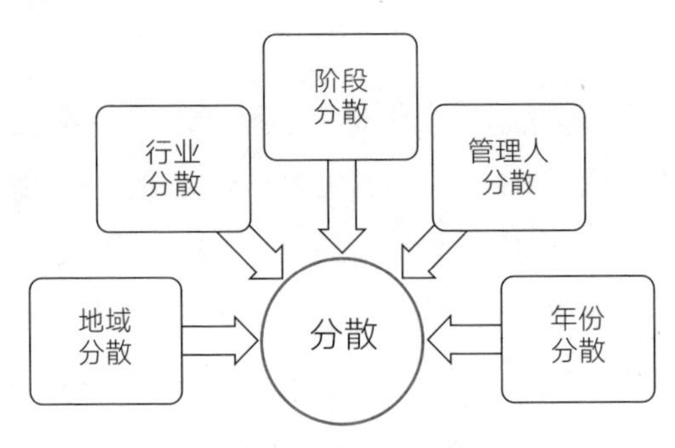

图 8-12　股权母基金的多层分散

制图：大唐财富。

◎ 地域分散：可分散至北上广深苏杭等潜力城市，避免因集中在某个地域从而受到当地政策影响以及投资范围过窄而影响基金收益的风险。

◎ 行业分散：可分散至智能制造、消费、大健康、文娱、清洁能源等潜力行业，避免因经济周期或系统性风险、宏观政策所带来的对某个行业的巨大冲击而导致投资失败或收益受损的风险。

◎ 阶段分散：可分散至从天使到pre-ipo的全阶段，企业在不同的发展阶段面临不同程度的风险，如初创型企业的投资风险大于对成熟企业的投资风险，因此进行阶段分散也就是在进行风险分散。

◎ 管理人分散：可分散至市场上的白马型管理人、黑马型管理人或聚焦某垂直领域的管理人、以产业投资为主的管理人等，从而充分规避单个管理人所带来的单一管理人的经营风险、基金运作效益未能达到预期的投资风险等。

◎ 年份分散：可分散至不同时间成立的基金，比如在一只股权母基金中可以同时投资新成立的子基金或者S基金（基金已成立运作多时，已完成部分或全部的项目投资，原基金出资人因资金诉求或其他原因而出让股权份额。S基金相比新基金退出预期缩短，且因已存在项目投资，故前期能对未来收益进行测算、预估），从而规避部分流动性风险及其部分投资风险。

可以看到，股权母基金通过对不同地域、行业、阶段、类型的管理人进行配置，有效实现了各个层面的风险分散。同时又由于母基金投资的往往是市场中最头部的基金，股权市场马太效应也决定了这些头部基金将为股权母基金带来不菲回报。从国外股权市场的历史数据来看，股权母基金可以轻松实现超过整个股权市场中位数水平的收益。

另一方面，股权母基金的收益波动性很低，具备典型的抗周期性，所投行业又是以高创新、高技术为主的新经济行业，在更长周期的家庭资产配置规划中母基金将成为天然提高投资组合稳定性的一类产品，充当着家庭资产配置中的定海神针。

据招商银行与贝恩咨询共同出具的《2019年中国私人财富报告》报告，当下国内高净值人群资产配置中遇到的困难仍主要集中在风险、收益、配置方案上（见图8-13）。

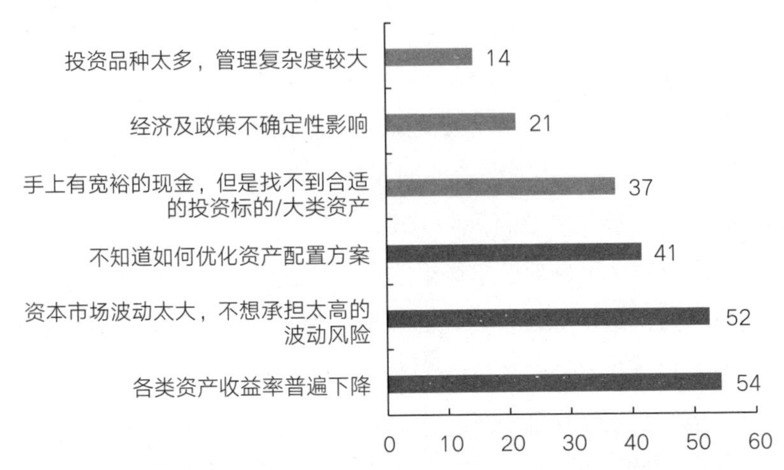

图 8-13　2019 年中国高净值人群资产配置困难点

数据来源：招商银行–贝恩公司高净值人群调研分析。

可以看出，股权母基金的产品属性能够有效解决上述问题。所以如果你是有着以下需求的投资人，可以考虑把股权母基金当作家庭资产配置的重要组成部分。

◎ 现金流充裕，可以接受长期投资。

◎ 风险厌恶型，不愿承担本金亏损的风险。

◎ 希望投资组合的收益波动性较低，投资具备抗周期性。

◎ 希望家庭财富的增长能够有效抵御通货膨胀的压力。

◎ 对新经济满怀希望，并且参与其中。

8.3.4　股权母基金的实际配置案例

1. 股权母基金在家庭资产配置中的实际运用

我们先来看以下唐先生案例的分析：

表 8-1 股权母基金在家庭资产配置中的实际运用

唐先生	过往配置	客户分析
• 某纺织企业老板，家庭财富主要来源于企业经营所得； • 一儿一女均在上大学，妻子为全职太太，家庭和睦； • 年龄 55 岁，亏损承受意愿 5%~10%； • 家庭当前可用于配置金额在 3000 万元	• 杭州、三亚、苏州投资性房产共 3 处； • 个人炒股 800 万元； • 家庭保险已配齐； • 信托资产持有 1000 万元； • 银行理财持有 3000 万元	• 唐先生防御性资产已配置足够； • 唐先生企业资产为家庭财富的一部分，因此唐先生的进攻性资产配置足够，再加上拥有三处房产，整体进攻性资产已配置较高比例； • 在房地产回归“住”的属性情况下，房地产投资三年翻番的盛况很难再出现； • 当前国内经济增速放缓，传统行业利润受到不同程度影响，可能会抑制财富进一步提升； • 唐先生年纪偏大，承受亏损意愿较低，属于风险厌恶型，因此可能会回避较复杂、高风险的金融工具

总的来看，唐先生目前对于投资流动性无需求，可承受长周期的投资产品。其防御性资产和进攻性资产已配置足够，市场性资产虽已配置了部分股票和信托，但整体资金占比较低，且其拥有的最重要的进攻性资产就是赖以发家致富的企业，但是因本身传统行业属性，使得未来是否能持续创造更多的财富存在不确定性，因此唐先生应该提早关注新兴产业的投资机会，提高市场性资产的配置比例。当前可用于投资的3000万元中可以配置1000万元的股权母基金来参与新兴市场的股权投资，同时可配置债券基金、量化对冲基金来进一步提高市场性资产的占比。

2. 股权母基金在长期资金资产配置中的实际运用

以社保基金为例，截至2017年底，社保基金累计回报金额已超过1万亿元，整体呈上涨趋势（见图8-14）。从2008年开始，国务院就已放开全国社保基金投资产业基金和股权投资基金的限制。截至2017年底，社保基金通过股权母基金投资的形式参与长期股权投资及股权投资基金（即项目直投与股权母基金）的收益在整个社保基金总收益中占比达到将近11.22%，且涨势明显。究其收益来源，一方面来源于社保基金背靠政府，强大资源优势明显，其通过直接投资入股了一批国企、央企、优质的民营企业取得了理想收益，如投资蚂蚁金服；另一方面社保基金以母基金的运作方式间接参与投资了20多只子基金，以进一步提升市场化投资能力，以此分散风险，如投资了中比基金（经中国和比利时两国政府及商业机构共同设立的产业投资基金）、联想人民二期基金（由君联资本于2011年成立的成长基金）、鼎晖人民币一期基金（由鼎晖投资于2010年成立的成长基金）等。

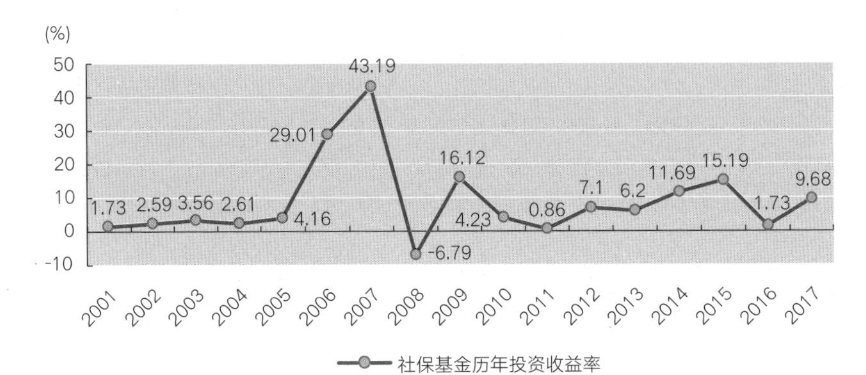

图 8-14　社保基金历年投资收益率

数据来源：全国社会保障基金理事会-社保基金历年收益表。

总的来看，股权母基金通过分散和配置有效平滑了单只股权基金的投资风险，同时也为普通投资人提供了以较低金额就能参与市场头部基金管理人所管理的基金中的机会，让缺乏权益类产品投资经验的投资者真正实现站在巨人肩膀上参与股权投资的心愿。相信在未来每个高净值家庭的资产配置组合中，股权母基金将扮演越来越重要的角色，为家庭财富的保值增值发挥重要作用。

资产配置在大唐

方先生，50 岁，私营企业主，税后年收入 200 万元左右，太太李女士 47 岁，地方银行后台职员，每年税后总收入 20 万元左右。方先生目前配置了 1000 万元信托产品，夫妻双方在本地有四五处房产，市值一千多万元，闲置房及写字楼租金收入每年约 30 万元。

2018 年，方先生的儿子去英国上大学。随着儿子出国念书，家庭的开支也有了一定幅度的上涨，方先生预留每年 50 万元的资金，作为儿子在国外念本科及硕士期间的学费和生活费开销；原来每年的家庭出行变成方先生夫妇假期去英国看望儿子，花费预计 20 万元。

理财师小张与方先生一家相识多年，目前夫妻俩的收入由方先生进行管理，家庭刚性开支主要由信托产品产生的收益以及房屋的租金覆盖，随着儿子出国留学，家庭开支每年超过 100 万元，投资及租房收益要完全覆盖支出，已经稍显吃力。

由于近几年方先生身体情况欠佳，经营的贸易公司受到新型消费模式的冲击，几年前方先生就已经在逐步缩小公司规模，并在几个月前将公司彻底变卖获得近千万元现金。他拿出其中部分资金和朋友开了新公司，只作为公司的玩票股东。而原公司所处办公室也是方先生名下的房产，出租给新公司后每年约有 20 万元的收入。此后方先生家庭的财富只靠投资收入和租金收入保持。

2019 年初，在聊天中，小张发现方先生对中国未来的发展很是看好，曾与朋友投资过几家早期芯片公司，由于投资阶段过早，目前暂未获得任何回报；通过非公开渠道投资过某供应链公司定增项目，最后连本金也没能收回。非专业投资人投资股权大概率是碰运气，对项目的了解容易停留在表面，根据方先生的情况，小张建议方先生考虑通过专业的投资机构来配置一些较为稳健的股权资产，比如说股权母基金。

针对股权的投资方向进一步沟通后，方先生认可未来十年我国在智能制造、大健康、大消费等刚需行业将迎来快速增长，并希望能够参与其中，但个人直接投资项目可能存在看不懂、投不进甚至未来投资大幅亏损等问题，对现在的家庭来说风险太大。长期来看方先生已经不再经营企业，如何保障过去积累的财富在未来不缩水也是重要的考虑因素，而且方先生近几年的理财经验让他清楚地意识到仅靠银行理财、信托等类固定收益的产品已经无法满足家庭财富增长的需求，如何平衡风险和收益成了方先生将面临的一个重要抉择。

结合方先生希望以最低的风险换取股权市场中高水平收益的投资需求，小张认为股权母基金是方先生的选择方向。方先生目前闲置资金较多，可以拿出部分资金配置股权母基金，股权母基金通过专业尽调筛选子基金，子基金再选取具有发展潜力的企业进行投资。双层甄选不仅大幅降低了投资风险，也规避了单一项目或者单一基金投资过于集中的风险。此外，股权母基金通过选取智能制造、大健康等增速快、需求大、技术壁垒高的抗周期行业进行投资，长期看也是抵御经济周期获取稳健回报的极佳选择。

方先生听了小张的介绍后，也很认同母基金的投资逻辑，表示需要回家和夫人商量。不久后，小张带着详细的资料再次拜访了方先生与夫人李女士，小张向方先生夫妇具体介绍了一款母基金产品，方先生对于母基金管理团队多年的股权投资从业经验，以及从市场中最好的股权基金管理人中再筛选好基金的方法非常认可，而通过投资头部基金获取市场中位数以上回报也满足了方先生对于收益上的期待。在沟通的过程中，李女士突然问道："这些底层的基金这么优秀，是不是直接投资子基金就可以了？"对于李女士的疑问，小张解释道，对于非专业投资人来说，从上万家投资机构中找出头部机构本身就是一件不可能完成的任务，同时这些头部管理人的基金为了控制沟通成本和管理成本，设置了很高的投资门槛（一般是5000万元以上），通常也不接受非专业的个人投资人参与。而母基金恰好在非专业个人投资者和顶级股权投资机构之间架起了一座桥梁。

李女士又提出投入几百万元的资金七年都拿不回来，时间成本有点高，小张耐心地解释道，以时间换收益是股权投资的特点，因为好的企业需要时间成长。而且母基金本身就是采取随退随分的退出策略，任何项目的退出都会及时为投资人进行分配，根据股权母基金资金回流的时间曲线可以判断，正常情况下，5~6年后随着大量项目的退出，当初所投的本金就能陆续收回，对资金的占用时间并非想象的那么长。但任何投资都是会有风险的。其次目前方先生公司资产变现后，家庭资产中存在大量的闲置资金，只配置信托或者其他债权类产品虽然可以覆盖家庭支出，但是无法满足财富保值增值的需求，配置部分股权母基金，能够提高整体投资的收益。

经过两次深入交流，方先生夫妇很认可母基金的投资逻辑，表示可以考虑配置，小张进一步建议，根据方先生的家庭情况，可以先尝试配置300万元，占据家庭可投资产的比重不大，不会影响正常生活，即使是面对应急的大额支出需求时也能轻松应对。

2019年8月，方先生给小张打电话，打算配置300万元到这次的母基金中，很快小张携带合同上门拜访完成签约。后续在小张的协助下，方先生迅速完成了所投母基金合伙企业的工商变更，对母基金团队的严谨高效的工作作风非常认可，也对陆续收到的母基金出具的详尽投后报告和几乎每个月都会迎来的项目喜讯表示满意。方先生表示之前的股权投资不仅本金亏损，也从未收到过专业的投后报告和项目进展，相信未来的时间里股权母基金会带给他们家庭更多的惊喜。

09 家族信托——“从坟墓里伸出的手”

家族财富传承一直是个世界性的难题，也是高净值人群永远关心的话题。在中国，改革开放40年造就了一大批家族富豪，然而其辛苦创业而来的商业帝国以及点滴积累来的家族财富，很多都因为个人合规风险、家企不分风险、个人或子女婚姻风险、子女挥霍巨额遗产等原因没能逃过“富不过三代”的魔咒。

反观欧美国家，众多耳熟能详的家族如洛克菲勒家族、肯尼迪家族等，借助家族信托（或家族基金会）的财富传承机制，成就了家族财富的基业常青。因家族信托可以在委托人去世后持续存在并继续执行委托人的意愿，持续管理家族财富并且按照委托人的意愿将财产由受益人受益，也被称为“从坟墓里伸出的手”。此外，家族信托还能发挥资产隔离、债务隔离、税务筹划等作用，因而成为海内外高净值客户财富传承安排的首选。

本章我们来聊聊家族信托的功能、实际案例操作和“迷你”家族信托——保险金信托，为您打开财富传承之门。

9.1 财富传承的那些事儿

2018年11月发布的《2018胡润财富报告》指出，截至2017年末，大中华区拥有600万元资产的富裕家庭数量已经达到488万户，总财富达133万亿元，拥有千万元资产的高净值家庭数量达到201万户，拥有亿元资产的超高净值家庭数量达到13.3万户，拥有3000万美元资产的国际超高净值家庭数量达到8.9万户。

在可投资资产方面，大中华区拥有600万元可投资资产的富裕家庭数量达到172万户，拥有千万元可投资资产的达到103万户，拥有亿元可投资资产的超高净值家庭数量达到7.8万户，拥有3000万美元可投资资产的国际超高净值家庭数量达到5.4万户。

随着中国经济的发展，富裕人群数量进一步增长，其寻求专业的家族财富管理及传承的意识将更加迫切。与一般的人群不同，高净值人群在家族财富管理和传承上具有非常个性化的要求。除了要求家族信托具备财富管理、资产配置、资金给付等事务上高度定制化设计外，还要求通过家族信托传递家族的“进取心”“家规家训”等。

当前高净值人士面临的财富传承主要风险点在于企业经营风险、婚姻风险、合规风险及个人健康风险等。婚姻风险导致的分产是家族财富传承最常见的风险之一。例如真功夫因为其创始人蔡达标与其前妻潘海峰离婚，导致男女双方两个家族陷入争夺控股权的“战争”，继而导致真功夫上市搁浅，贻误企业发展的契机。土豆网创始人王微也因为与其前妻杨蕾短暂的婚姻付出了沉重的代价，其在上海全土豆网络科技有限公司中的38%的股份被其前妻申请法院保全和股权分割，最终导致土豆在和优酷的竞赛中失败，被优酷合并。合规风险相对来说是一个比较宽泛的概念，既包括个人的税务、刑事风险，也包括因经营企业、进行投资而产生的风险。2018年范冰冰利用“阴阳合同”偷逃税被举报后被处以8.84亿元人民币的罚款，也引发了全国影视娱乐行业的税务自查和整改。因个人、家庭与企业之间的财产混同等造成企业经营风险传递至家庭，也是高净值人士面临的一个重大风险。例如在企业为项目投资或补充流动资金向金融机构贷款，创始人及其配偶通常需对企业还款承担连带保证责任；而在接受投资机构投资时，如企业发生经营不善或未能达成上市或业绩对赌条件，将会触发回购；这些经营风险传递至家庭往往会给健康的家庭带来毁灭性的打击。

9.1.1 财富传承工具对比

面对迫在眉睫的财富传承需求，高净值人群应当充分考虑各种传承工具的利弊，选择最适合自己和自己家庭情况的方案。

常见的财富传承方式包括法定继承、遗嘱、赠与、保险、家族信托，下面就一一介绍这些传承方式。

1. 法定继承

法定继承就是在没有遗嘱或遗赠协议的情况下，按照法律规定将遗产在有资格继承的人中间分配的一种方式。法律规定了顺位继承人的概念，在同一顺位继承人之间按照平均分配的方式来分配遗产。因而，在一般的法定继承案件中，财产所有者的配偶基于夫妻共有财产制度首先分走50%的财富，剩下50%在其父母、配偶、子女之间平均分配。

例如，企业家“王总”青年创业，积累了个人财富的第一桶金，并不断地扩大生产、投资积累下了巨额的财富。王总与爱人育有一子，一直在海外接受教育，毕业后就留在了海外。王总50多岁时爱人离世，王总迎娶了一名年轻的女士。王总认为自己正值壮年，尚未到将自己的财富安排给后人的时候。谁知，一场交通事故意外地剥夺了王总的生命。王总去世后，由于未留下任何遗嘱、未做过任何财富传承安排，他的个人财产按照法定继承的方式在所有的继承人之间平均分配，新婚夫人作为夫妻共同财产所有者可分得50%（除非能够证明王总财产全部或大部分为其个人婚前财产，否则财产将作为夫妻共同财产首先由配偶分得50%），王总的父母、新婚夫人以及儿子作为继承人再平分50%的比例。

可见，完全按照法律规定的方式来继承，财富无法完全按照财富所有者的意愿进行传承，更谈不上财富传承的效果。

2. 遗嘱

遗嘱继承是最为人们熟知的继承工具。遗嘱人生前可按照法律的相关规定，通过设立遗嘱的方式，将其所拥有的全部或部分财产和事物指定由一人或多人继承。遗嘱人去世后，遗嘱立即发生法律效力。

遗嘱继承明显的优势之一是遗嘱的订立相对简单。其次，家庭财富往往有许多种，被继承人可以对各种形式的财产做出安排，从而体现其意志，同时避免因为未立遗嘱而导致其去世后遗产无从查找。

我国继承法中明确地规定了遗嘱的五种形式，即公证遗嘱、自书遗嘱、代书遗嘱、录音遗嘱和口头遗嘱，并且分别对这五种形式的遗嘱规定了不同的生效条件。如自书遗嘱必须是立遗嘱人亲笔书写、签名、写明日期，公证遗嘱必须前往公证处按照法律法规的规定和公证处的要求完成等。

并不是只有富豪们才需要立遗嘱，《2019中华遗嘱库白皮书》对所保管的12万余份遗嘱进行数据分析，12万余份遗嘱中，一半左右是独生子女家庭的父母立下的遗嘱。“以前人们认为遗嘱是防范子女争夺财产，独生子女家庭不需要。但现在大家发现，立遗嘱不只为防范纠纷，也是避免家庭财产损失的方式。数据中99.92%的老年人选择中华遗嘱库范本中的“防儿媳女婿条款”，即在遗嘱中规定继承人所继承的财产属于个人财产，不属于其夫妻共同财产。

但遗嘱也有诸多局限性，比如，2007年，原亚洲女首富龚如心病逝，华懋慈善基金会根据其在2002年立下的遗嘱，是其千亿元遗产的继承者；但同时龚如心的风水师陈振聪称龚如心在2006年重新立了遗嘱，指定其为唯一继承人。华懋慈善基金会和陈振聪均表示持有遗嘱，两份遗嘱大相径庭，一场巨额遗产争夺战揭开了序幕。

由此可见，遗嘱订立虽然简单，却容易出现漏洞，比如多份遗嘱之间的效力之争，或遗嘱被伪造、篡改。更有甚者，遗嘱人在订立遗嘱时可能受到他人威胁，导致遗嘱不能反映其真实意愿，家庭财富流入他人手中。

此外，国内遗嘱在实际继承时都需要经历烦琐的继承权公证程序，如有的继承人联系不上或者无法取得所有继承人的一致同意，继承程序将会一再中止，甚至闹上法庭。

最后也是最重要的，遗嘱继承的财富传承效果不佳。遗嘱只是从财富传承的第一步解决了财富的分配问题，但是财富是否能够真正按照财富所有者的意愿去分配，财富分配后是否能够被合理使用以及在代际之间有序、可持续传承都是不确定的。

3. 赠与

赠与是贯穿于普通人和高净值人群亲情生活的一种财富传承方式，小到春节拜年时的压岁钱，大到父母为子女在大城市买房支付的首付款，抑或子女创业时来自父母支持的“天使投资”，甚至父母将自己的企业股权交到子女手上，这些都属于法律意义上的财产赠与行为。赠与具有成本低、保密性高、适用于各类型财产等优点。但是，赠与行为完成后，赠与的财产就与赠与人脱离了法律上的关系，成为受赠人的财产；在未指定赠与个人的情况下，将成为受赠人夫妻共同财产。

赠与，与遗嘱类似，表面上完成了财富的传承，但实际上只实现了财富的分配和转移，缺乏财富传承安排。

4. 人寿保单

人寿保单也是高净值人士在财富传承时广泛选择的工具之一。此类保单一般具有较强的投资属性，一定程度上可以实现避税、避债的功能，使得保险赔付金顺利传承给下一代。此外，与遗嘱不同，通过保险进行财富传承无须将被保人的信息公开，可以有效保障客户的隐私。

中国台湾经营之神王永庆去世后，缴纳了100多亿新台币的遗产税，创下史上最高遗产税纪录。而台湾首富蔡万霖，生前财产约2564亿新台币，按台湾当时遗产税率50%，蔡家后人应缴纳遗产税约500亿新台币。但实际上只缴了1亿多新台币。因为蔡万霖早就为自己购买了巨额的人寿保险，以达到规避遗产税、合理安排和转移财产的目的。

遗产税在我国多次的讨论，并在2004年和2010年发布了两版《遗产税暂行条例（草案）》：2004年9月21日，首次发布了《遗产税暂行条例（草案）》；在2010年8月新出《草案》，对其中部分内容作了修订，并且添加了新的内容。尽管遗产税尚未正式开征，但参考国际上其他国家的税法和此前多次征求意见，在我国征收遗产税只是时间问题，作为高净值人群，是遗产税重要的课税主体，尤其需未雨绸缪做出规划。

案例：张总爱女小张即将步入婚姻，张总希望在给予女儿一定保障的同时隔离女儿的婚姻风险。如果200万元直接给女儿，很容易就会与小家庭的各种资金、开销混在一起；但如果将200万元变成大额保单，投保人是父亲或母亲，被保险人与年金受益人是女儿。一旦女儿将来发生婚变，根据法律规定，这份保单会被视为女孩父亲或母亲的财产；而且由于投的是年金险，5年后，每年可以给女儿发付年金，也被纳入女儿的个人财产，与其配偶无关。

不过单纯的保单传承也面临与遗嘱传承相同的问题，即财富传承效果不佳。被保人身故后，受益人一般会一次性收到大笔赔付金，而该笔资金如何进行进一步的管理并不在这种传承安排的范围内。尤其是当受益人年龄尚小，缺乏管理大笔资金的经验与能力时，家庭资产还可能面临被挥霍、缩水的困境。

此外，保单传承还面临着流动性差、保单变现速度慢等挑战。

5. 家族信托

家族信托是委托人基于对受托人的信任，将其财产所有权委托给受托人，由受托人按照委托人的意愿，以自己的名义，为受益人的利益或其他特定的目的，对信托资产进行管理或处置。

家族信托可以实现人寿保单所具有的资产隔离功能。通过将个人资产转移至家族信托，创富一代们可以有效地将企业经营风险和家族资产隔离开。同时可以消除家族成员之间因婚姻变动、继承等问题对企业和家族资产造成的影响。

在家族财富传承与管理方面，家族信托不仅实现了家族财富的代际转移，还可以进一步为财富的保值增值提供个性化的服务。家族财富放入家族信托后，不是简单地投资一套资产组合，而是可以聘请专业投资管理人，以合理的资产配置来管理信托资产，并提供持续且长久的跟踪服务。

在高净值人群的财富构成中，除了金融类资产以外，更多为不动产和企业股权资产。与金融资产相比，不动产和企业股权的家族传承更为复杂，需要在家族信托框架中根据委托人的要求进行统一安排，搭建现行法律、税务政策下有效的传承框架，满足家族多类资产管理和传承需求。

当然，除了财富的传承，家族信托还有一双“隐形的手”。家族信托可以按照设立人的意志，对受益人的行为加以规范和约束，一来避免了后代挥霍无度，使家族资产缩水，二来鼓励家族成员遵守家族的价值观，携手发展，保证每一位后代都事业有成、生活富足。即使设立人身故以后，家族的精神与价值观也可以得到传承与延续。

家族信托甚至可以通过合理的传承规划，培养有意愿接手家族企业的子女的能力，为家族企业的传承保驾护航，为基业长青奠定牢固的基础。

除此之外，家族信托的避税功能、保密性等也是其在众多工具中脱颖而出的原因。

6. 各种财富传承工具比较

表 9-1 各种财富传承工具比较

传承效果 \ 财富传承工具	法定继承	遗嘱	赠与	保险	家族信托
易操作性	×	√	√	√	×
指定受益	×	√	√	√	√
保密性	×	×	×	√	√
成本低	×	√	√	√	×
风险隔离	×	×	×	√	√
税务筹划	×	×	×	√	√
资产配置	×	×	×	×	√
灵活分配	×	×	×	×	√
避免纠纷	×	×	√	√	√

制表：大唐财富。

9.1.2 家族信托为什么备受富豪青睐

经过在国内十年的发展，家族信托已经成为高净值人群高度关注和需要的财富传承制度。虽然家族信托在内地发展只有短短几年时间，但在中国香港已是多位明星及富豪的传家利器。李嘉诚借助家族信托妥善安排了两个儿子之间的遗产分配。沈殿霞在生前也设立信托，以帮助二十出头的女儿打理庞大资产。梅艳芳更是将约一亿港元的资产交给信托公司，并指定每月支取固定费用作为其母亲的生活费。

而在海外，家族信托几乎是富豪们的标配。最有名的案例莫过于洛克菲勒家族办公室，原本仅仅是管理洛克菲勒家族私人财富的单一家族办公室，因其卓越的财富管理能力，而逐渐发展成为同时管理多个家族财富的家族办公室，帮助洛克菲勒家族实现了富过六代。戴安娜王妃也在生前通过遗嘱的方式指定自己的母亲和姐姐作为受托人设立了家族信托，为两位王子留下了2100万英镑的财富，经过十几年的经营，信托收入很可能超过2500万英镑。

1. 什么是家族信托

除了《信托法》及对应的信托法释义外，境内家族信托的监管机构——中国银行保险业监督管理委员会还在2018年8月17日发出被业内称为“信托细则”的37号文，明确了“家族信托”的定义，也明确了家族信托对于家庭财富的保护、传承和管理作用。

但是，市场上也有一些境内法律不完善的声音，究其原因，主要在于两方面：第一，境内信托财产登记制度缺乏，导致股权、房产等类型的资产，装入信托成本极高；第二，境外信托发展百年，对于很多争议都有判例可寻，有确定的裁判结果，客户对于法律的确定性会更强。境内家族信托从2012年至今才几年的发展时间，确实需要很多空间完善发展，但是几年来也从未出现过关于家族信托争议的案例，这也一定程度上说明了境内家族信托法律的稳定性。

2. 家族信托的重要要素

常见的家族信托架构，如图9-1所示。

其中涉及的几个核心要素包括：

委托人：委托人是信托的创立者，可以是自然人也可以是法人。委托人提供财产，指定和监督受托人管理和运用财产。家族信托的委托人一般都是自然人。

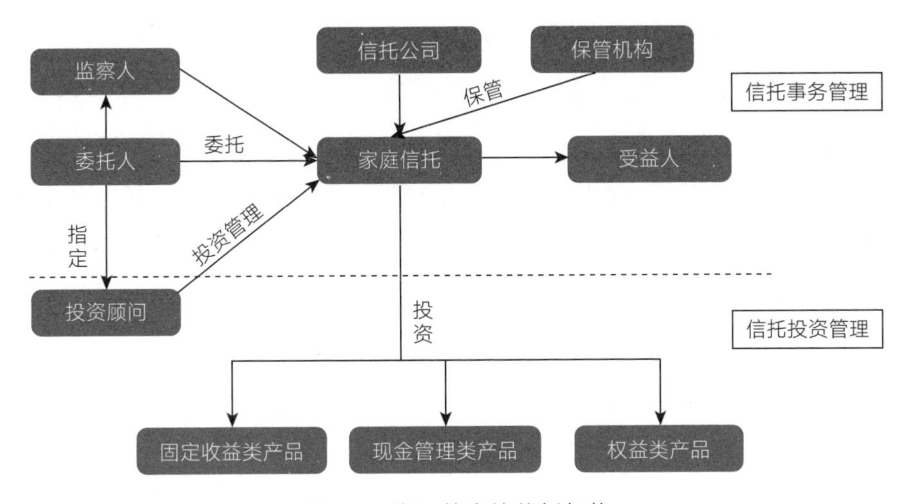

图 9-1　常见的家族信托架构

受托人：受托人承担管理、处理信托财产的责任。受托人根据信托合同为受益人的利益持有管理“信托资产”，具体包括信托资产的管理、行政及分配。受托人必须对信托相关资料保密，履行尽责义务，遵照相关法律，为受益人的最大利益工作。一般受托人都由独立的信托公司担当，在境外也可以是家族成员自己成立的私人信托公司。

受益人：由委托人指定，根据委托人意愿获得相关资金或收益的分配。委托人在某些条件下，也可成为受益人。在家族信托中，受益人一般都是委托人的家族成员。

监察人：为了使家族信托更好按照委托人的意愿执行，家族信托的委托人可以指定信得过的人作为家族信托的监察人。监察人被委托人赋予各种权利，如更改或监管受益人等。监察人可以是律师、会计师、第三方机构等。

投资顾问：根据信托财产的类别，家族信托可以聘请不同的投资顾问打理信托财产，使信托财产保值赠值。投资顾问可以是银行、资产管理公司等。

信托财产范畴：家族信托可持有的财产没有限制，只要该信托财产的所有权能够被转移，可持有的资产可以是现金、金融资产、房产、保单、股票、家族企业的股权、基金、版权和专利等。但是由于目前中国法律的一些界定问题以及缺乏全国范围的房地产资产管理合作伙伴，不少金融机构目前纳入家族信托的资产还只限于金融资产。

3. 家族信托的作用

（1）资产隔离

信托财产具有独立性，这就决定了信托一旦设立，信托财产独立于受托人的财产和其他信托财产，委托人在进行破产清算时，其设立的信托财产不会包含在内，委托人的债务也不会转移给信托财产的受益人，法院对于信托财产也无强制追偿的效力。此外，由于家族信托指定受益人和受益范围，因此婚姻关系的破裂也不会影响财富的完整传承。

（2）财富指定传承

财富人士在规划财富传承时，最为关注的一点是其财富能否完全由其理想的继承人继承并持续传承下去。因此，在规划时不仅要考虑财富本身的风险，如将来可能出台遗产税，还需考虑目标继承人自身的风险，如债务风险、能力风险、婚姻风险等。设立家族信托，则可以根据委托人的意愿灵活制定各项条款，如信托期限、收益分配方式、财产处置办法等，委托人可详细设置受益人获取收益的条件，从而确保家族财富在委托人逝世后仍能完全按照其意愿持续传承，因此很多人形象地把家族信托称为“从坟墓中伸出的手”。

（3）信托资金投向灵活

信托公司作为联系货币市场、资本市场和产权市场的重要纽带，是资金运用范围最广的金融机构。信托行业是目前我国金融理财机构中唯一可以横跨货币市场、资本市场和产业市场进行组合投资的特许金融机构。

随着高净值人群财富管理的需求逐渐多样化，信托业“个性化定制”客户资产组合，全球配置客户资产的措施，对于高净值人群实现财产保值和增值具有重要的意义。信托资金既可以运用于银行存款、发放贷款、融资租赁，也可以运用于有价证券投资、基础设施投资和实业投资。

（4）私密保障

非婚生子女根据法律规定也享受财产的继承权，所以如果他们和其他继承人无法在分割财产上达成一致，那么必然对簿公堂。公允地在所有孩子（无论是婚生还是非婚生）之间分配财产，同时又保障财产和继承人身份的私密性，如果没有信托这个工具是很难做到的。家族信托取代遗嘱同时可以避免预立遗嘱和保证遗嘱认证程序的公开，从而有很好的保密性，这点也深为高净值客户群体所青睐。

（5）兼具社会效益和慈善效益

有很大比例的企业家，愿意把自己的财产拿出来回报社会，如何使他们的财产对社会的贡献达到最大化，家族信托是一个很好的选择，企业家可以设定特定人群作为家族基金的受益人，家族信托基金在保值增值的前提下，可以为受益人提供持久的帮助。家族信托可以在财富传承的同时兼顾社会效益和促进慈善事业的发展。

（6）规避高税率

这一点目前主要针对的是欧美等发达国家，欧美发达国家一般都征收很高的遗产税，而设立家族信托业务则不需要缴纳很多税，同时又可以实现遗产继承的效果。

从国外的经验来看，富豪们可以将资产放入信托中，由第三方进行经营管理，一方面，实现了财富所有权的转移；另一方面，由于是去世前的财富转让，故不纳入遗产税的征收范围。

（7）激励和约束后代

委托人可以在信托条款中明确规定受益人获取收益的条件，附加对后代的约束条款，比如考上大学或找到好工作的情况下可以多分配收益。如果一事无成，挥霍度日，那么可以支配的钱就会少一点。通过这些具体条款的约束，可以有效避免出现“败家子”，从而实现对继承人的约束，使得物质财富和精神财富能双重传递。

9.2 唐先生的家族信托规划案例

1. 创业拼搏

改革开放40多年，中国经济创造了一个又一个奇迹，“爱拼才会赢”的精神激励一代代人顺应潮流，推动市场变革。我们的主人公“唐盛仕”先生就是在这样一个时代背景下成长起来的民营企业家。

1978年，改革开放的春风吹遍大江南北，2年后的1980年，出生于裁缝世家时年18岁的唐先生迈出家门，背着一台缝纫机，来到成都，成为一名靠手艺吃饭的小裁缝，从此开启了自己的辉煌创业之路。

刚开始，唐先生在亲戚的服装店帮忙，主要是做裤子，并且要熨烫好、挑好边、扣好锁扣眼……全套完工后才能在第二天交给客户。因为手脚麻利，别人上一天班最多做5条裤子，唐先生每天要从早上8点忙到晚上12点，往往能做10条。回家后，唐先生还要抽空研究版型、练习打版，经常忙到凌晨才睡觉。不久，唐先生就租下一个只有15平方米的店面，并挂起“唐氏制衣”的招牌，自己当起了小裁缝兼小老板。当时，改革开放刚刚过了2年。

到了20世纪80年代初，随着物质越来越丰富，老百姓的生活逐渐得到改善。从沿海到内地，服装也开始出现多样化，一款新式西服出现不久，就会在市面上流行起来。唐先生凭借自己精湛的手艺，制作的西服受到很多人的追捧，常常供不应求。唐先生不断寻找新的布料，开发新的款式。那一年，唐先生挣了整整500万元，拿到人生中的第一桶金。他于是开始在成都繁华地带设分店，每个店每月的利润至少二三十万元。

生意蒸蒸日上，但唐先生并未止步不前。唐先生专门就服装知识前往日本学习。除了每天12个小时的工作量外，每晚回到住处后，唐先生还会再把老师课堂上讲的知识在脑海中过一遍，不愿遗漏每一处细节。随后1988年唐先生回国后开创“唐仕西服”品牌，很快跻身成都名牌服饰行列。10年后的1998年，唐先生公司正式成立。

2000年以后，伴随中国加入WTO，唐先生顺应时代潮流，赶上中国出口的好时光，唐先生的公司快速融入国际贸易，企业做大做强的同时，资本投资渐次涉足矿产开发、商业地产开发、私募股权等领域。

2. 修身齐家

自离开家乡打拼到现在，唐先生实际控制的公司已有十家以上，身家资产预估数十亿元，可以说已经拥有了殷实的家业。取得这样的成就也使得唐先生在家乡当地颇有名望，唐先生家族自然也成了当地的名门。人到中年，管理好唐盛仕家族，在当地做好修身齐家的典范，是唐先生的追求，也是继续拓展人脉，提高家族名望的有效途径。

和同时代的很多人一样，唐先生成长于传统的中国家庭，唐先生在家中兄弟姐妹中排行第二，上面还有长姐，下面还有2个弟弟（三弟、四弟），1个妹妹（幺妹）。长姐刚从中学教师岗位退休，三弟3年前则因肺癌去世，留下三弟媳妇和孩子。四弟和幺妹现在在自己的企业里任职，家族里面的几个侄儿侄女正在大学读书。

如今，生于60年代的唐先生也已人到中年，父亲5年前已过世，母亲也已82岁高龄，年纪一大，身体也不是特别好，两年前做过一个心脏搭桥手术。前期一直忙于事业的唐先生对母亲非常孝顺，如今关心老人健康的同时，也愈加尊从母命，担起整个家族的担子。

为了更好地团结整个家族，照料家族长辈的健康，关心家族中还没有成年的侄儿侄女，帮助他们健康成长，多年经商的唐先生希望为整个家族做一套完整的规划，形成规范化、制度化的安排，为此他找到了家族办公室并提出了自己的一些想法。

（1）作为长子，唐先生一直谨遵母命，多年来一直很好地照顾兄弟姐妹，家族里孩子们的学习和成长是他最关心的事情之一。对于已经工作的孩子，唐先生鼓励他们多学习多观察，要有创业的勇气和梦想。为家族的青少年提供学习与创业支持，是唐盛仕心中的一件大事。

（2）家族里面，唐先生的母亲如今年纪大了，日常的体检、保健、医疗等项目需要安排；唐先生的大姐2020年刚退休，需要按时给予生活津贴；唐先生的三弟去世后，留下三弟媳妇和未成年的孩子，唐先生希望能提供一个好的成长环境与生活条件，让三弟媳安心把孩子教育成才。

（3）唐先生坚持“为富要仁”的理念，2008年汶川大地震，唐先生以母亲名义，向灾区捐赠上百万元抗灾物资。唐先生坚信企业家要力所能及回报社会，回报家乡。多年来，唐先生一直以其父亲的名义，在老家的中小学捐赠善款，帮助贫困家庭的孩子能上得起学。未来，唐先生希望在当地学校设立“唐氏奖学金”鼓励家乡孩子努力学习，并且多参与慈善事业。

（4）用于家族的款项和股权等资产要专业管理，并与家族个人财产隔离，他人不得对资产占用及主张权利，资产要能按唐先生的要求，有规章、有制度去使用，真正实现原定目的。

在了解唐先生的需求后，我们认为家族信托+慈善信托的模式可以较好实现唐先生的需求与安排，设立家族信托用于统一规划唐先生的家族事务，设立慈善信托，每年由慈善信托在当地学校捐助“唐氏奖学金”并参与慈善事业。整体根据唐先生的家族结构，设计家族信托方案具体见图9-2，表9-2、9-3：

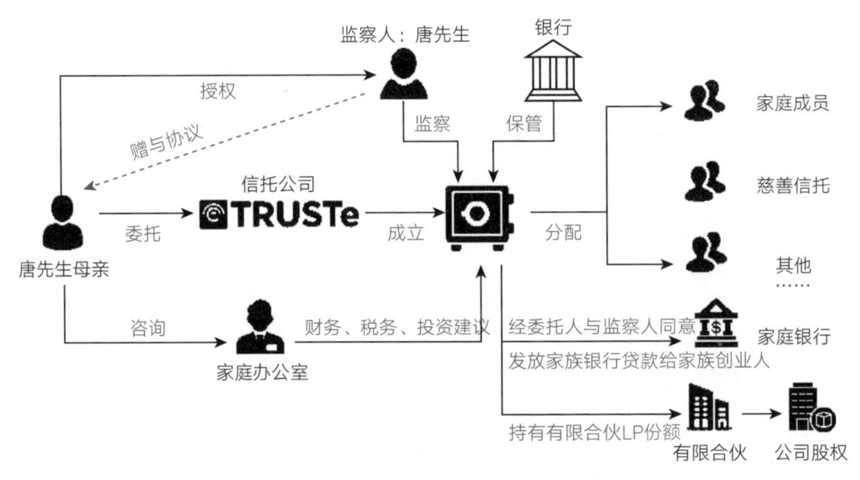

图 9-2　唐先生家族信托方案

制图：大唐财富。

（1）唐先生通过“赠与协议”方式将资产赠与母亲，并在赠与协议中约定相关资产的用途，同时声明相关资产为唐先生个人所有。

（2）唐先生母亲作为委托人将受赠资产委托信托公司，用于设立家族信托，相关资产由银行等保管，完成委托资产与家族的隔离。

（3）委托人唐先生母亲指定唐先生作为第一顺位监察人，并将全部权利不可撤销地授权给唐先生，使唐先生可以主导家族信托的管理，第二顺位监察人则选择家族中的大姐。

（4）家族信托增添唐先生母亲、唐先生大姐、唐先生三弟媳及家族其他成员作为受益人。具体分配方式如下：

①固定分配（唐先生的大姐、唐先生的三弟媳）

日常生活费：每月固定。基于本家族信托资产隔离和财产传承的目的，如其他资金能够支付此项目，可不进行固定分配。

②特定事件分配（唐先生母亲、大姐、三弟媳及家族其他成员）

a. 医疗费，根据受益人的实际医疗费用进行分配。

b. 生活保障，退休之前，如不选择固定分配生活费，则可以根据特定的生活需要，分配相应的费用，以保证生活品质。

③特定事件分配（唐先生家族青少年）

a. 教育金。根据进阶阶段进行奖励：A. 幼儿园；B. 小学；C. 初中；D. 高中；E. 本科；F. 研究生；G. 博士。

b. 健康关怀金。为保障受益人的健康成长，为其购置高端医疗保险和重大疾病险，在生病时获得优质的医疗保障。

c. 婚姻祝福金。受益人在婚嫁时，在已购置婚房的前提下，可一次性领取婚姻祝福金。

d. 生育奖励金。受益人在生育下一代时，每生育一个孩子可一次性领取生育奖励金。

e. 创业启动金。每位受益人在创业时可一次性领取创业启动金。

④临时分配（家族信托所有受益人）

分配项目：根据委托人需求自行设定。受托人根据委托人和监察人书面指示，以信托财产净值为限，在信托资产非投资期间，进行临时分配。

表 9-2　唐先生家族信托架构

家族信托要素	重点内容	唐先生安排
委托人	由谁来做委托人、资产隔离考虑、配偶是否同意	唐先生母亲、赠与协议、个人财产 / 夫妻共同财产
监察人	监察人权利的规定、监察人顺位安排、后继监察人的安排	唐先生做第一顺位监察人（全部权利）、家族中的大姐做第二顺位监察人
受益人	受益人范围、潜在受益人的新增及可能修改	家庭成员、慈善信托等

制表：大唐财富。

表 9-3　唐先生家庭信托架构

分配方案	重点内容	唐先生安排
固定分配	用于日常生活费，每月 / 年固定金额	三弟遗孀和侄子、大姐、唐先生母亲
临时分配	委托人和监察人书面指标，临时分配	根据家族需要，可以临时分配
特定事件分配	设立创业启动金、婚姻祝福金、生育奖励金、健康关怀金、教育金等	激励家族青年学业、事业、家庭发展

制表：大唐财富。

（5）通过有限合伙企业的形式去持有公司股权，然后将有限合伙企业的有限合伙份额装入家族信托，实现家族信托通过持有有限合伙企业份额而间接持有公司股权的目的，将股权类资产装入家族信托。家族信托内的现金资产、股权资产由信托公司、家族办公室、律师事务所、会计师事务所等机构提供专业财务、税务及投资建议，由监察人唐先生决策及选择具体方案。

（6）为充分利用每个成员带来的机会，发展与分享家族成员人力与智力资本，丰富家族成员金融知识、普及金融教育，帮助家族成员摆脱汇款依赖，提高独立性，家族管理规范化与制度化的全面落实，经委托人唐先生母亲与监察人唐先生同意，提供家族银行服务。所谓家族银行服务即由唐先生家族的重要成员组成家族银行委员会，与外界顾问团队的相关专家共同审议家族成员的创业项目，为创业项目提供辅导与建议，并发放“家族贷款”给创业项目，监督创业项目运营、还款的服务（见图9-3）。

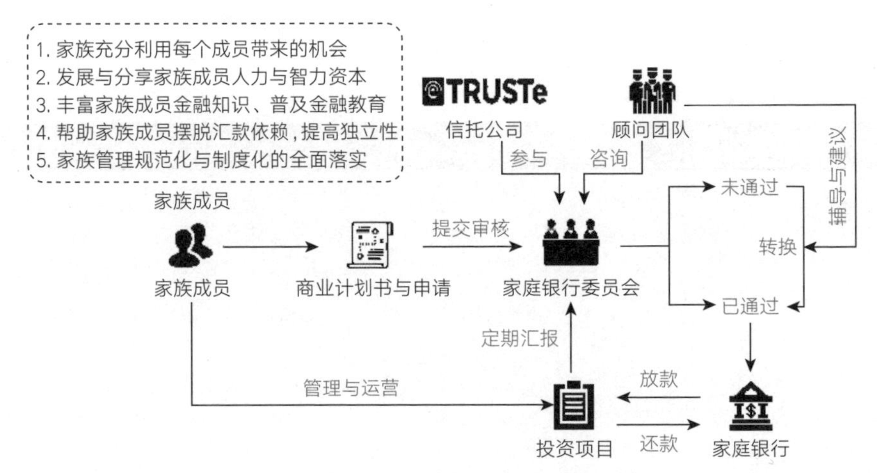

图 9-3 唐先生家族信托架构

制图：大唐财富。

慈善信托方面，由信托公司作为受托人，慈善公益基金会作为执行顾问，信托公司根据委托人唐先生母亲的意愿设立慈善信托，并对信托财产进行管理和运作，包括资金拨付、资金使用监管以及项目实施效果评估等事宜，慈善公益基金会根据具体慈善目的负责项目的执行工作，具体包括项目策划、项目筛选、项目实施和后续持续维护等事宜（见图9-4）。

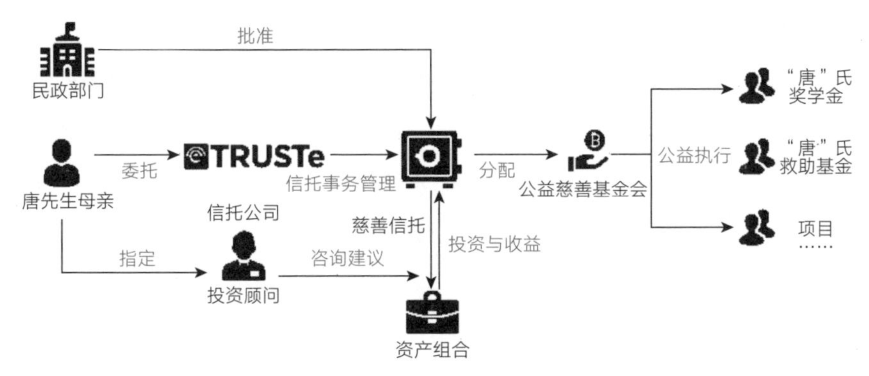

图 9-4　唐先生家族信托架构

制图：大唐财富。

3. 家业传承

通过家族信托与慈善信托规划好家族事务的同时，自身事业与财富的传承问题也摆在了唐先生面前。

事业上，近几年来，伴随着唐先生涉足的商业领域的扩大，其商业版图逐步拓展到海外，6年前唐先生在美国设立了一家小型地产开发公司，由于经营需要，留存了近千万美元在公司账户，目前正在寻求续投项目，其间唐先生意识到中国已经加入CRS（Common Reporting Standard，统一报告标准），这对自己海外资产的信息保护会产生比较大的影响，海外财富在CRS体系下可能会被披露出来，信息很难做保留。作为传统的中国人，唐先生希望能在保护隐私的同时做好海外资产规划。

目光移向国内，近几年国内快速变化的商贸环境与企业扩张带来的挑战让唐先生压力倍增，特别是金税三期系统实施以来，企业税务压力陡增，商业的快速扩张又使唐盛仕在一些项目上难以适应，就说涉足国内商业地产开发领域后，自己两年前的一个三线城市的地产开发项目，由于项目资金回流严重拖后，导致公司整体资金调度紧张，最后不得不低价转让股权给一家国资背景房产公司，亏本撤回项目资金。身边有几个同时起家的生意朋友在房地产生意上也和唐盛仕一样，吃了“败仗”甚至出现严重债务危机，当时为了大家一起干出事业，唐先生为这些朋友做过银行贷款担保，现在开始面临担保责任的履责，如果不履责的话，家人会被牵连。面对资金链紧张的危机，唐先生十分焦虑。

个人财富传承方面，唐先生的前妻在10多年前因为意外去世，留下了两个孩子，大儿子2020年30岁在国内创业，但是拿了美国绿卡并在美国生子，二女儿2020年24岁，在美国读书，主修西方艺术专业，和哥哥关系非常好，唐先生经常与女儿聊天谈及未来职业发展方向，发现女儿对商学院、金融、经济学都不感兴趣，只喜欢艺术。唐先生在前妻过世几年后又收获了一份新的爱情，与现任妻子张女士成立了新的家庭，张女士比唐先生小18岁，两个孩子，一个10岁，1个5岁。对于目前自己的小家庭，唐先生一直考虑要做一个妥善的传承安排，毕竟孩子们年龄相差太大，自己的小儿子比孙子才大两岁。对外虽然唐先生很少聊及这个话题，但是家产纷争一定是唐先生极不愿看到将来发生在自己家庭的，因为他特别爱面子。总是说："树活一张皮，人活一张脸。"

不仅如此，联想到2019年初国内开始实施的新个人所得税法，唐先生如今也已经认可"国内有较大可能将在未来10年落地遗产税和赠与税"的判断，一旦遗产税和赠与税落地，财富传承必然面临较高的税收，这是唐先生越来越担忧的事情，奋斗几十年打拼获得的财富该如何传承？

综合唐先生的诉求后，经过与唐先生交流，我们为唐先生的家业与财富传承做出如下设计：

（1）对于滞留在美国的资产，可以通过搭建海外架构持有海外资产，首先在美国当地的信托公司设立美国信托，以美国信托控制注册地设在开曼群岛的有限责任公司，进而间接控制注册在美国的有限责任公司，注册在美国的有限责任公司持有美国房产及持有美国/加拿大的资产（见图9-5）。

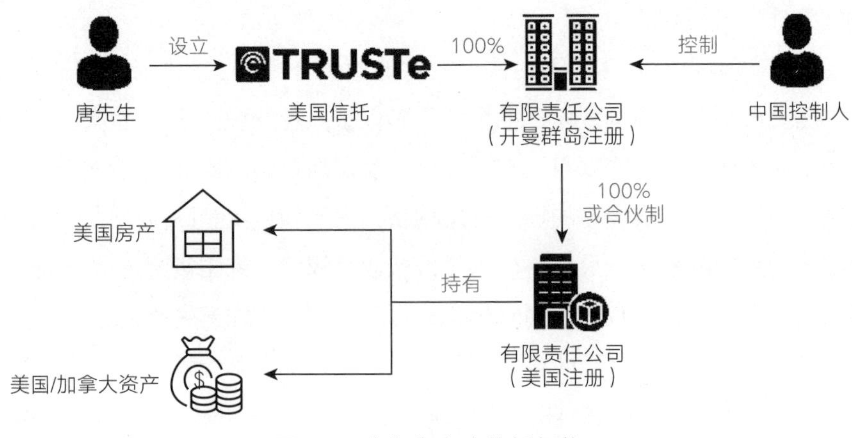

图9-5　唐先生家庭信托架构

制图：大唐财富。

（2）前妻与唐先生一起生育的大儿子与二女儿都是在美国发展，可以为他们在美国设立FGT信托（Foreign Grantor Trust），即外国委托人信托，该种FGT信托是由非美国税务居民成立的，并受委托人控制的美国信托。唐先生作为信托的设立人，符合非美国人的要求，同时将信托设置为可撤销信托，根据美国信托公司当地州法律的要求进行设立。因为FGT的税务身份十分特殊，其等同于非美国税务居民；在信托设立时，受托人是美国持牌信托公司，所以FGT又具备了非美税务居民的投资便利、隐私和税务中立身份（见表9-4）。

表 9-4　唐先生当前婚姻与家庭安排，境内家庭信托

前妻子女安排	重点内容	唐先生安排
FGT 信托	不缴纳美国所得税、灵活转化、受美国法律保障	根据唐先生前妻所生子女所在美国当地州法律进行架构设计，并设立 FGT 家族信托

制表：大唐财富。

（3）对于现在的小家庭，为唐先生设立境内家族信托，由唐先生作为委托人，并指定妻子张女士在婚姻关系存在期间作为监察人，委托人赋予监察人信托财产及收益分配权、投资管理监督权等部分监察权，唐先生，张女士及其子女作为受益人，设置固定分配、特定时间分配、临时分配等多种分配方式。在该模式下，可以保障唐先生对家族信托的主导控制，同时有利于资产隔离与私密性传承，装入信托的合法财产，家人作为受益人，不受债务追索的同时，可以按照唐先生自己的意愿，完成财富传承的同时，消除家产纷争的隐患（见图9-6、表9-5）。

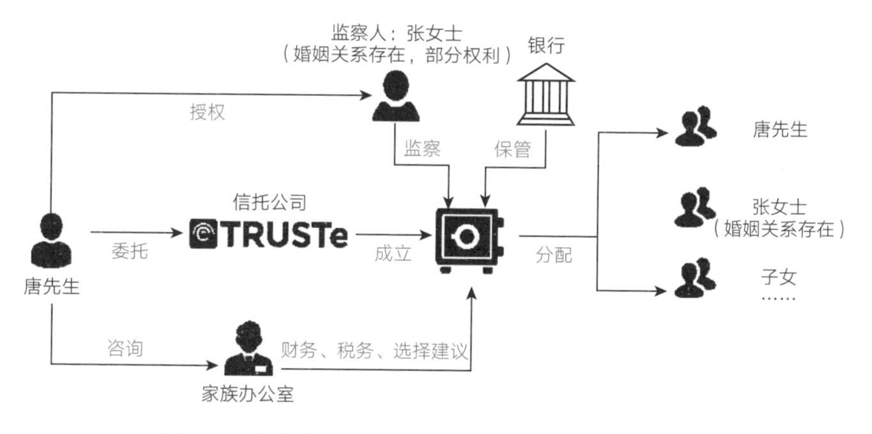

图 9-6　唐先生当前婚姻与家庭安排，境内家庭信托

制图：大唐财富。

表 9-5　唐先生家庭信托架构

当前家庭安排	重点内容	唐先生安排
委托人	由谁来做委托人、资产隔离考虑、配偶是否同意	唐先生为委托人
监察人	监察人权利的规定、监察人顺位的安排、后继监察人的安排	张女士为监察人（部分权利、婚姻关系存在）
受益人	受益人范围、潜在受益人的新增及可能的修改	唐先生、张女士（婚姻关系存在）、子女 2 人

9.3　“迷你”家族信托——保险金信托

家族信托是高净值家庭常用的金融工具，无论从其隔离传承的功能上来看，还是从其高高在上的设立门槛来看，都是属于富裕阶层的专属武器。对于更多的中产家庭而言，资产长周期管理、隔离、传承的需求也是非常迫切的。因此保险成了更多中产家庭常用的工具，但保单的天生设置存在一定的限制条件，不能很好拟合客户需求，比如保单的资金使用效率偏低、大额受益金释放后的使用问题等。因此，将保险与家族信托相结合，就能解决使用单一工具的困扰，究竟保险金信托如何既能满足高净值家庭的高要求，又能满足中产家庭的实际需要，成为他们的新宠呢？

9.3.1　麻雀虽小，五脏俱全——保险金信托模式

传统意义上的保险金信托，是一项结合保险与信托的金融服务产品，以保险金给付为信托财产，由保险投保人和信托机构签订保险信托合同书，当被保险人身故发生理赔或满期保险金给付时，由保险公司将保险金交付受托人（即信托机构），由受托人依信托合同的约定管理、运用，并按信托合同约定方式，将信托财产分配给受益人，并于信托终止或到期时，交付剩余资产给信托受益人。

从上述定义不难看出，在保险金信托设立初期，委托人将保单委托给受托人，并没有其他资金作为信托资产，这也就形成了保险金信托最初的1.0模式，具体架构如图9-7所示。

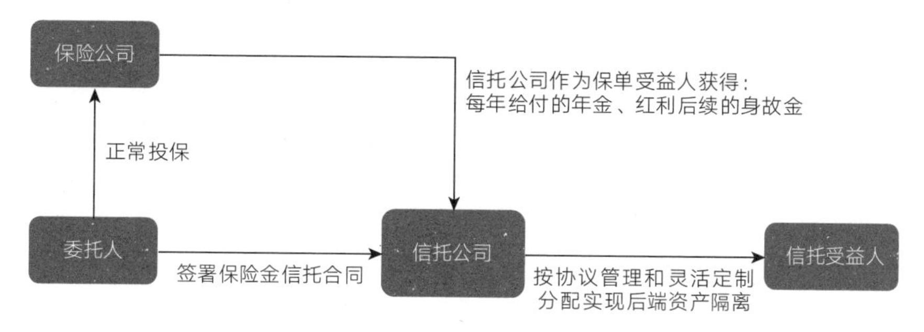

图 9-7　保险金信托 1.0 模式架构

制图：大唐财富。

在1.0模式下，委托人将保单交付信托公司后，每年委托人仍需要亲自向保险公司缴纳保费，直至保单缴费期结束。为了进一步加强隔离效果，防止投保人的身故风险，增强控制权，在1.0的模式下，增加预交费的概念，将未来所需缴纳的保费，和保单一同在信托设立时委托给信托公司，由投资顾问和信托公司共同打理信托资产，通过稳健投资赚取收益，通过信托资金本金以及收益部分来为投保人缴纳每年的保费，防止保单失效。至此，保险金信托2.0模式就形成了。

保险金信托2.0模式能够有效将未来的续期保费通过理财模式提高资金使用效率，委托具有全面、系统资产管理能力的专业金融机构进行资金打理，安心省心，更能够避免保单失效的情况出现，为保险金信托的运营保驾护航。

特别要提出的是，目前对家族信托的设立门槛要求为1000万元人民币，因此对于很多家庭来说，门槛较高，很多具有实际隔离、传承需求的家庭并不能在短时间内，满足设立门槛要求。而在保险金信托的设立过程中，利用保单的杠杆作用，可以将现金资产与保额之和作为委托资产纳入家族信托，这在一定程度上能够将未来的资产与今日的资产相结合，满足了更多家庭的实际需求，作为隔离作用更强、更灵活的保全工具，为委托人提供相关服务。

9.3.2　未雨绸缪，双重保障——保险金信托的作用

众所周知，家族信托和人寿保单都具有隔离和传承的作用，但具体两者在实际操作层面有什么不同呢？为什么要将家族信托和保单相结合，通过保险金信托的方式来达到隔离和传承资产的目标呢？我们来看一下图9-8：

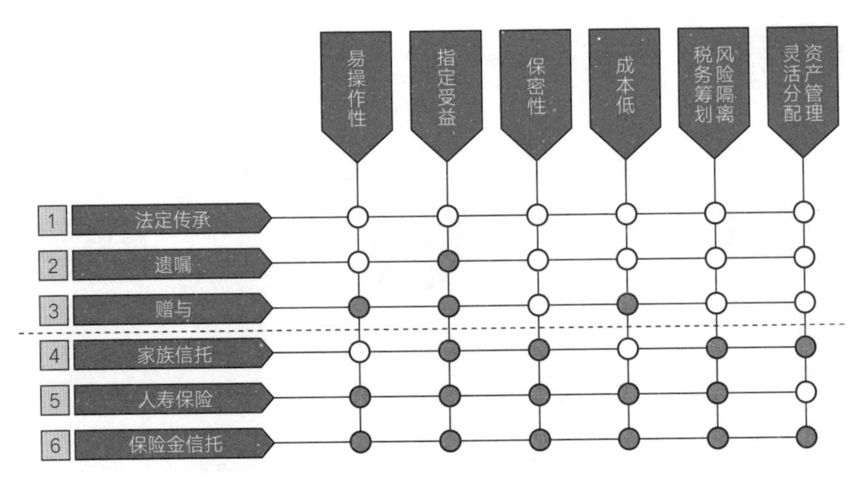

图 9-8　财富传承的形式与比较

制图：大唐财富。

实际上，将资产传承给下一代的方式有很多，但明显通过赠与、法定传承和遗嘱的方式在操作性、指定受益（指定传承）、保密性、成本、风险隔离和税务筹划、资产管理及灵活分配等维度上，与家族信托和保险这样的金融工具相比，具有明显的劣势。而家族信托的设立门槛较高，保单在资金使用效率以及灵活分配资产上的功能是相对较弱的，因此将家族信托和保单相结合，能够将两者的优势都发挥出来，甚至达到“1+1>2”的实际效果。

总结而言，保险金信托有下列三个作用：

1. 可以实现被保险人生前的理财愿望

将人寿保险与信托相结合，不是凭空想象出来的金融服务，是有强烈和客观的市场需求的。正如前面所提到的，保险信托的一项最主要功能便是能够实现委托人的愿望。

原本信托的原理就是按照委托人的要求，帮助委托人管理和运用有关资产。而作为人身保险与信托相结合的保险信托，更是有着特别的功能。委托人身故后，最为担心的应该是自己的家人能否好好生活、家人是否能好好运用自己留下的资产、不争气的后代是否会马上把获得的家财挥霍一空等。如此种种担忧，正是保险信托可以解决的事。

如果被保险人采用信托方式，将保险金的管理交给专业团队，签订信托合约，约定受托人按照委托人自己的安排管理资金，定期定额给信托受益人生存资金或者约定领取受益金需要达到的相关等级条件等，这样便能实现委托人的愿望。

2. 将人寿保险与信托相结合，具有储蓄与投资理财的双重功效

如果只是简单让受益人领取保险金，另一方面的问题便是资金的保值增值。投资理财是一项非常需要专业知识的工作，对于大多数人来说，他们的投资渠道主要是把钱存银行，或者是购买高风险的股票，这样的投资策略无疑是粗略的，而且极易造成资产贬值。而如果交给专业性非常强的信托机构，便可以实现储蓄与投资理财的双重功效。信托机构拥有比个人更加专业的渠道，投资能力强，相对于个人更加能实现资产的保值增值。

3. 在遗产规划中具有免税功能

在一些征收赠与税及遗产税的国家和地区，保险信托成为遗产规划的重要工具。通过保险金信托的形式将资产留给受益人，在我国的一般操作流程为：被保险人购买人身保险，同时与信托机构签订保险信托合同，并与保险公司另行约定：保险事故发生后保险金将直接支付到银行为子女开设的信托账户，保险合同受益人仍是子女，要保人仍保有保险合同所有权，这种保险信托叫作“自益信托”。通过这种方式既可以在合法的情况下减少遗产税，又可以合理安排保险金的支出，起到了一箭双雕的作用。

将保单和信托结合的模式，在前端和后端都能不同程度上增强效果。在前端能够隔离保全投保人（委托人）资产，在后端能够隔离保全受益人资产，如图9-9所示。

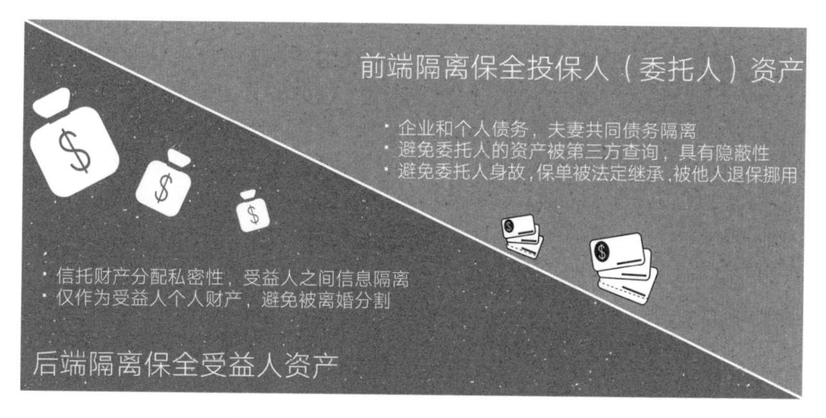

图 9-9　保险金信托 1.0 模式架构

制图：大唐财富。

9.3.3 化繁为简 家业长青——如何选择合适的保险金信托

想要家业长青，通过金融工具的组合来搭建合适自己的架构，避免未来可能出现的纠纷和风险，是很多家庭的实际需求。面对纷繁复杂的金融产品、鱼龙混杂的金融机构、口若悬河的营销人员，如何选择合作方、适合自己的保险产品负责的受托人、具有专业资产管理能力的财富公司等，都是摆在委托人面前的问题。那究竟如何来选择适合自己的保险金信托呢？我们依旧需要回到保险金信托的架构，以及自身需求上来。

第一步，我们需要明确的是，设立保险金信托的目的和需求。如图9-10所示。

家族信托的功能很多，从风险隔离的角度上来说，可以达到企业经营风险的隔离、婚姻风险的隔离、代持风险的隔离以及身份的资产隔离。从传承安排上来看，如何安排合适的受益人、受益人的比例如何分配，设立对后辈的正向激励或反向激励让后辈在工作和生活上更加努力上进，都是可以在家族信托中实现的功能。而资产安全、信息安全隔离以及资产受保护的程度也会影响到家族信托条款的设置。因此，明确设立家族信托的目的和需求，是设立信托的第一步。

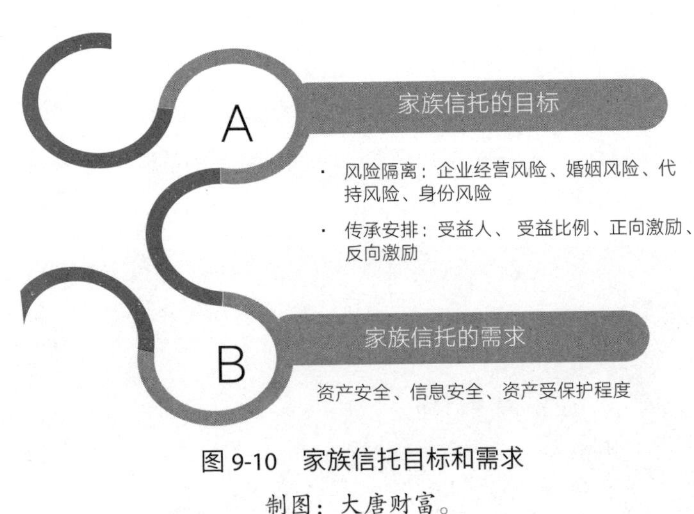

图 9-10 家族信托目标和需求

制图：大唐财富。

第二步，是明确选择什么样的金融机构来为自己搭建信托架构、负责投资运营以及选择什么保险产品委托给家族信托。

需要明确的是信托公司、投资顾问以及保险公司的职责。从信托公司的角度来说，主要负责家族信托的开户、成立以及执行委托人相关指令的事务性工作，因此信托公司是否勤勉尽责，反应时效是否及时准确是最为重要的维度。

而常作为投资顾问角色出现的公司，主要是家族办公室或各类金融机构。投资顾问的主要职责是帮助委托人打理信托财产。因此，投资顾问是否具有全面的资产管理能力、是否能够在一个较长的周期内为委托人提供长周期资产管理以及稳定的投资运营能力成为选择投资顾问的一个重要观察项。除此之外，身份规划、法税咨询、家业传承服务、家族治理、慈善服务都是投资顾问能够为委托人提供的。由此不难看出，一个家族信托是否能够长期稳定地为委托人进行服务，最重要的角色是投资顾问。在家族信托运营过程中，甚至在委托人家庭成员、家庭成员关系、身体状况、企业经营状况等多重因素不断变化的情况下，持续根据委托人的情况，提供适合的系统服务和投资策略，就显得尤为重要了，如图9-11所示。

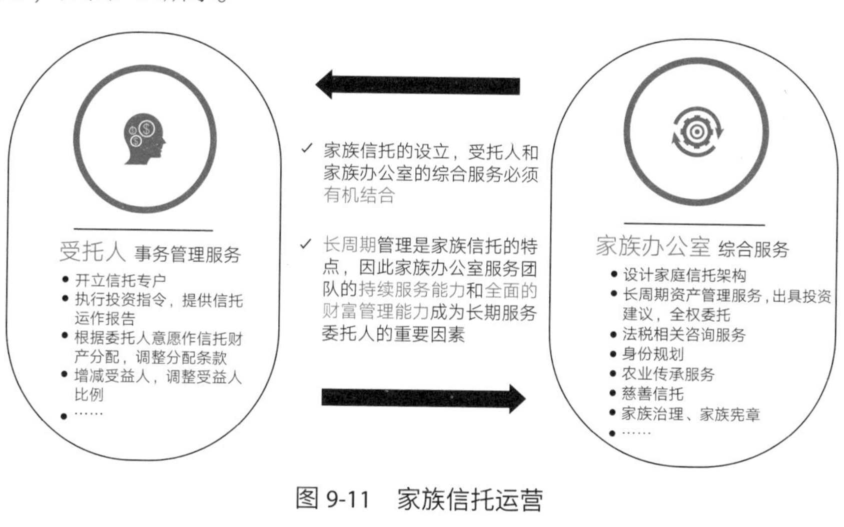

图 9-11 家族信托运营

制图：大唐财富。

任何一个家族信托，都是受托人的事务性服务和投资顾问的综合性服务相结合，才能够长期稳定运营一个家族信托。

第三步，就该选择合适的保险产品了。从传承和隔离的角度来看，有两种保险产品是适合家族信托的。第一种是以隔离和传承功能为主的终身寿险，第二种则是以复利投资为主的年金保险。

终身寿险，可以理解为身价保险，即保障被保险人的身价。此类产品有几个特点：

第一，具有杠杆效果。从境内的终身寿险来看，一般能够达成3~4倍的保额。简单举例，缴纳100万元的保费，能够获得的保额是300万~400万元。这一部分就可以纳入保险金信托中，作为信托财产。值得注意的是，在投保时，投保人的年龄越小，身体状况越好，那么能够获得的保额杠杆倍数就越高。且从一般经验来说，缴付同样的保费，女性获得的保额要高于男性。

第二，具有隔离效果。这一点比较容易理解，终身寿险是与家庭的其他财产隔离开来的，它的资金不会因为企业债务而受到牵连，保障了人们的资金安全。而需要注意的是，并非所有的保险产品都具有隔离效果，年金险则不具备隔离效果，同样地，重疾险、医疗险等保险产品也不具备隔离效果。

第三，一次性赔付。这一点是保险作为传承工具比较受限制的一点。当发生赔付情况时，保险赔偿金将一次性进入受益人的账户，并不考虑受益人的实际情况，也无法按照委托人对于受益人的分配要求来灵活分配资产，而将保单和信托相结合，则能够较好地解决这个问题。

年金险，可以理解为一个复利投资理财产品，是每年以固定利息进行投资，并将投资利息复利滚存的一类保险产品。此类产品可作为信托资产管理的补充，不具备隔离效果，在保险金信托中的应用相对较少。

在保险金信托2.0模式下，一般将终身寿险作为主要的保险产品选择。但在委托人情况特殊时，如身体状况不佳或年龄较大，则可以将年金险作为备选产品。确定了保险产品的种类，那么如何选择保险公司呢？一般有两种思路作为参考。

第一种：选择品牌。此类保险公司的优势便是历史悠久，甚至超过100年以上，有历史沉淀，品牌过硬。劣势在于价格，此类保险公司的产品定价一般较高，同样缴纳每年50万元保费的情况下，一般获得的保额为2倍左右。对于身价极高的委托人来说，投保大额保单，一般使用此类公司非常合适。

第二种：选择性价比。此类保险公司的优势在于保险产品的杠杆效果明显，境内一般可达到3~4倍的保额，对于追求资金放大效果的委托人而言，是更为合适的选择。劣势在于，公司的品牌价值较第一类公司弱，一般为国内的保险公司。

第四步，便是考虑分配、传承的设置了。这里最先提出的问题是谁作为受益人？受益比例是多少？如何分配？

首先明确受益人的范围。家族信托的受益人是委托人的直系亲属和配偶，比如先生作为委托人，那么太太、子女、父母都是可以作为受益人出现在家族信托中的。

其次是受益比例。从传承和隔离的效果上来说，一般会将大部分的受益权分配在配偶、子女身上，而委托人会保留一小部分的受益权以备不时之需。

最后是分配方式。一般的家族信托分配条款分为固定分配、条件分配以及临时分配。固定分配，顾名思义，就是固定期限、固定金额和固定的受益人。比如，每个月分配3万元给自己的女儿作为生活费用，或者每月分配2万元给委托人自己作为养老费用均可。条件分配，则意味着需要满足一定的条件才可进行分配。例如，当子女考入了重点大学，可分配10万元作为奖励，或当子女生育了第三代，可分配一定金额作为奖励，或当子女创业时，创业方案获得父母认可，则可分配200万元作为创业借款，每年需向父母支付一定金额作为利息，以此来激励子女创业。临时分配，是更为灵活的一种分配方式，当委托人发出指令时，信托公司可根据指令，分配相应的金额到受益人账户。通过不同分配条款的设立，达成隔离、激励的效果。

走完上述四步，保险金信托也就完成了相关设立，家庭资产便得到了保护，同时传承安排也有了一个初步方案。在此基础上，一般委托人每年可以根据实际情况，调整、修改相关的信托条款，比如增加了家庭成员，可以将新的家庭成员纳入受益人范围。在此有一种情况可以作为提示，比如未来的儿媳或女婿作为新的受益人，可在家族信托中约定，在婚姻存续期内，可以作为受益人并享有收益权，当婚姻状态结束，则将其剔除受益人范围。

除此之外，信托仍可引入“监察人”这一角色来监督管理信托的运作。监察人一般由委托人所信任的人担任，可以为配偶、子女或外部聘请的专业人士。监察人可以灵活、有效地监管受托人的行为，并根据信托协议对受托人的行为是否侵害了委托人和受益人的利益进行专业评判，既不会对受托人的正当行为作出过多干扰和限制，又能有效保障信托当事人的合法权益，监察人的作用就是为信托的正常运作保驾护航。因为信托财产不完全属于任何人，委托人、受托人、受益人都对信托财产享有一定的权利，但都不是完整的物权，属于一种财产悬空机制。正是这种制度设计才更需要专业的监察人，监督受托人的行为，以便能够更好地实现财产权利的享有和风险隔离的信托目的。

资产配置在大唐

H女士，48岁，华东某省民营企业主，与先生共同创业，家庭财富有一定的积累。家庭成员上有老下有小，双方父母健在，一女一儿，长女21岁，在当地念大学；小儿子16岁，在美国读中学。

H女士经由好友推荐，参加了财富公司年度客户活动。在众多财富分论坛中，H女士特别挑选了“家族办公室分论坛”。在认真聆听了论坛讲座后，H女士才向理财师透露了她3年前已经在某国有大行的私人银行设立了家族信托，但听了家族办公室分论坛的嘉宾分享，感觉有很多方面原有的家族信托考虑得不是非常周全。于是，理财师与客户耐心交流客户设立家族信托的初衷，并向H女士详细客观介绍了家族信托的检视方法，分析判断已有信托架构是否实现了自己的财富管理目的和需求。

H女士和先生创业20余年，一路走来，创富艰辛不易，因此她在投资理财方面一直非常谨慎。然而，感受到财富保值增值、风险隔离和传承安排的重要性，她花了不少时间考察财富管理机构和平台。在深入了解财富公司以后，H女士向理财师透露了自己家庭财富管理的主要诉求：

一是希望确保未来企业经营的负债和风险不会影响家庭财富安全。

二是避免未来子女婚姻破裂分流家族财富，希望通过合法的方式实现子女婚前财产的认定和保护。

三是已积累财富的长期保值增值。过去有了积蓄主要是买房和存银行，但是家里的“房票”用完了，而且认为一味重仓房产也需要调整。但是资金理财在银行的投资回报总是觉得抵不过通货膨胀的速度。

四是实现个性化的财富传承。H女士夫妇相当重视血缘亲情，希望财富传承不仅能保障子孙后代生活无忧；更希望后辈品行正直，有所成就。因此，在财富传承中，需要通过设计财富分配条款，在保证子女基本生活的同时，激励或规范继承人的行为。

在对客户做了深度分析后，理财师寻求家族办公室为客户做个性化的家族信托服务方案。大唐盛世家族办公室重点就客户关心的信托架构设计、传承方案和资产管理等方面进行了详尽的安排，并将此服务方案内容同理财师和客户进行深入沟通，就家族及家族企业治理、股权管理、受益权管理、信托利益分配等方面提供制度化的建议，并根据客户补充需求，在财富传承方式、家族成员教育及生活管理服务、家族子嗣绵延、家族资产管理等方面提供了更加合理有效的解决方案。

在对比了原有家族信托服务后，H 女士最终选择了重新设立一个新的家族信托，并指定此家族办公室作为其家族信托管理的财务顾问。截至 2020 年 5 月，H 女士设立的家族信托账户从最初的 1000 万元委托资金，已经陆续追加委托资产到了近 1 亿元，其间管理服务得到 H 女士较高的评价和认可。H 女士最终因不满意原机构的设计架构和服务，已对原家族信托架构进行撤销，并将原家族信托中的信托财产转交付至本家族信托中。

10 “漂洋过海”去投资

瑞士信贷《2019年全球财富报告》显示，截至2019年年中，中国有1亿人财富名列全球前10%，首次超过美国（9900万人）。预计到2020年，可投资资产大于600万元人民币的家庭将达到346万户。

在中国高净值人数激增、人民币面临贬值压力的大形势下，如何通过多样化配置资产以分散风险就显得尤为重要。2003年以来，中国进入了全球资产配置激增的阶段。随着中国人购买力的提高，他们从一开始让子女出国留学，同时开始考虑全球资产配置，降低资产的相关性。

招商银行的报告指出，高净值人群资产配置全球化的主要因素大多在风险分散和子女教育方面。截至2018年底，近60% 的超高净值人群和37%的高净值人群拥有全球资产，而且这一比例每年都在显著增加。

从全球资产配置的需求、海外业务发展的需求、子女教育与移民的需求来看，国内高净值人士都在逐步布局和规划。投资者需要学习如何在海外投资上“做出正确的选择”，根据长远的需求选择“最合适”的海外投资，而不是单纯追求经济利益。

本章我们从高净值人士关注排名靠前的“轻移民”、海外房产、子女留学这三个方面来厘清海外投资的逻辑，帮您避开海外投资可能遭遇的坑儿。

10.1　“轻移民”带来的更多可能

移民成为当下高净值人士谈论的高频词汇之一。据亚非银行（AfrAsia Bank）和New World Wealth共同发布的《2019年全球财富迁移报告》数据：2018年全球富人中有10.8万高净值人士（财富超过100万美元）移民海外，其中13.9%来自中国内地，达1.5万人，排名世界第一。

胡润《中国投资移民白皮书》称，中国近一半高净值人士（资产在100万美元至2亿元人民币）正考虑移民，而子女教育问题是最主要原因。

近些年的移民不再是传统意义上拖家带口的迁徙，而是不需要长期居住的“轻移民”。例如欧盟国家的“黄金签证”，可以通过购买海外房产、土地获取某国永久居民或国籍，没有移民监要求，不用去居住，更多的像是买了一个海外的“户口”。主要是为子女留学做准备，为可能的全家移居或陪读做一个落脚点，也是对家庭的一种“另类投资”。

海外配置金融资产和“轻移民”的身份安排成为高净值人群关注的重点。这种新型“移民”的方式，让高净值人群在不改变现状、稳定资产配置的同时，未来拥有更丰富的可能性。

10.1.1 什么是移民不移居

为了便于理解为什么说“轻移民”是移民不移居，我们先来厘清几个概念。

1. 绿卡 = 永居卡 = PR

绿卡是一种俗称，起源于美国，因为最早美国的永久居留许可证是一张绿色的卡片，其他国家沿用美国的说法，也会将本国的永久居留许可证称为绿卡。

永居卡：是一种给外国公民的永久居住许可证。持有永居卡意味着持卡人拥有在签发国的永久居留权，同时，持有永居卡可以在一定时间内免去入境签证。

PR：永久居留（永久居民、永久居留身份）的英文是Permanent Residence，所以通常也称为PR。

所以：绿卡=永居卡=PR

2. 护照 = 国籍

持有哪个国家签发的护照，就是哪国人。

护照其实就是一个国家政府发给本国公民的一种旅行证件。拥有这个证件，就可以出入本国及其他国家旅游，同时也可以请求外国当局给予持照人同行便利。护照在一个国家内部也可以被当成身份证件而使用。

拥有某个国家的国籍就属于该国公民，可以享受这个国家的福利政策、自由选择工作、是否在这里长期生活。

所以：护照=国籍

3. 优先级：居住卡（临时居留证件）＜永久居留权（绿卡、PR）＜护照（国籍）

居住卡（临时居留证件）：有时间限制，例如因为留学、工作、探亲等原因办理的居住卡，大多有条件和时间限制。只能按照严格的条件规定，在时间批准范围内在签发国居住。例如塞浦路斯的粉单，到期就需要续签。

永久居留权（绿卡、PR）：维持永久居民一般也附加一定的条件：例如有的需要移民监，有的需要间隔一定时间登陆一次，有的需要持有绑定房产等。

当然享有永久居留权（绿卡、PR）的人士，只要在当地居住够年限，一般可以申请归化为公民，但必须符合一定条件，例如有的国家需要语言、税单等支持文件以利于归化审批。

国籍（护照）：拥有某国的国籍（护照），你可以在各方面享受该国公民的待遇，如医疗保险、各类补助金、公民选举权和被选举权等。

所以，可以拥有永居/PR/绿卡的同时仍是中国公民。

永久居住权不等同于国籍，所以外国的永久居住权和中国国籍可以同时兼得。因为虽然你有了外国永久居住权，但你还是中国公民。拥有永居、PR、绿卡，只有通过居住或其他方式符合归化入籍条件，归化入籍后，才会成为他国公民，并且不再是中国公民（中国不承认双重国籍）。

拥有永居/PR/绿卡不能到其他国家任意工作生活。虽然因为拥有一些国家的永居/PR/绿卡，被视为拥有该国的永久签证，会带来入境其他国家的便利，但是拥有永居/PR/绿卡，仍然持中国护照的人士，并不可能凭此身份在其他国家工作和长期生活。

例如拥有美国绿卡，可以对中美洲一些国家免签入境，可以有条件过境免签，如日本（72小时）、韩国（30天）等。

持有任意申根国的国家永居，可以免签入境申根国家、旅游、短期探访等。

只有持有欧盟成员国护照，才能在欧盟境内其他国家居住生活。

10.1.2 为什么高净值人群选择移民

据《世界移民报告》称，全球移民数量达到了2.44亿人，2/3的国际移民生活在高收入国家，达1.57亿人。印度、俄罗斯、中国是最主要的移民输出国。

另据《2019年全球财富迁移报告》，全球富人中有10.8万高净值人群（财富超过100万美元）移民海外，其中13.9%来自中国内地，达1.5万人，排名世界第一。

高净值人群更关注自身财富的增值、保值和子女未来的发展。移民其实是他们对于子女教育、财富保障、事业拓展的全球化布局思维。他们选择自己或者家庭成员移民有很多方面的考虑（见图10-1）。

1. 移民子女教育、国际高校录取优势

早期数据显示，约80%的中国富豪选择把孩子送到国外接受高等教育。近几年，随着国内中产阶级家庭数量的增长，许多中产家庭的父母也尝试将子女送往国外“镀金”。欧美拥有世界一流的教育资源、闻名世界的高校，在一些专业上优势更为突出。

相比国内教育重应试、重输出的特点，欧美等教育强国有着先进的教育体制和因材施教的教学理念，更加注重孩子个性和人格的培养，可以让孩子不断提高创新意识、探索能力。在欧洲国家中，教学语言通常为英语与当地语言的双语教学，出国留学的孩子有机会接触学习至少3门语言。

移民后，孩子可以享受和当地学生一样的教育资源和社会福利。与留学生相比，无论是在竞争名校、选择专业还是未来就业上都更有优势。不仅如此，移民后，满足相应海外居住要求，孩子还可能申请以华侨生身份入读国内顶尖名校，如清华、北大等。

2. 环境优势

环境问题也是高净值人群所关注的，他们更渴望寻找环境优美的城市生活。举个例子：国内有些地区污染问题比较严重，这些城市的高净值人群渴望逃离这种居住环境，会更关注移民国家带给家庭生活质量的提高。因此拥有纯美海滩、明媚阳光和纯净空气的城市更被他们喜欢。

移民的原因

- “子女教育”是考虑移民的主要原因，占比76%，主要是因为：一方面子女海外教育低龄化，担心年纪较小的孩子长期在国外会对他们的成长不利，因此他们宁愿牺牲自己一部分的时间，移民的同时还可以陪伴、照顾孩子的成长；另一方面是资金原因，实际调查中发现，许多国家的学费对于国际留学生和本国学生的差价较高。
- 很多高净值人群对环境问题也比较关注，国内工业快速的发展造成严重的环境污染，他们希望能够移民到国外换一种生活状态。“医疗”和“居住环境”是高净值人群考虑的另外两个重要原因，占比均超过了50%。
- 另外，由于2015年国内经济环境的稳定性降低，两成左右的人群出于对“资产安全、规避风险”的考虑而移民海外，随着资产等级越高对“资产安全、规避风险”越是看重，资产1亿元以上的人群考虑占比为38.6%。

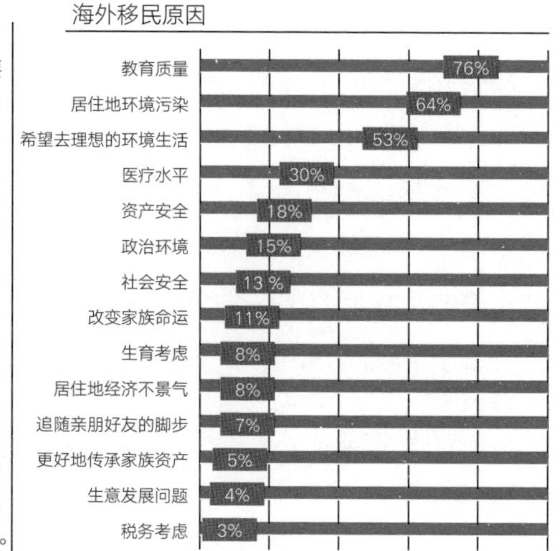

图 10-1 移民的原因

制图：唐仁国际。

3. 投资置业 稳定收益

财富的缩水程度，往往超出我们的预想。跌出自己所在阶层越来越容易，而往上踏一个台阶却无比艰辛。高净值人群对分散投资风险、财产保值增值的需求更强烈。

相比国内的限购令、高房价导致了投资房产更困难，欧洲由于长期的欧债危机引发了经济不景气，各种投资、置业移民政策比较宽松。因此对于海外买家来说，正是将资产进行全球化投资，进军欧洲房产市场的最佳时机。而且不同于国内的70年土地使用产权，购买欧洲房产意味着永久产权，可以世代传承。

另外，欧洲多数国家都是非全球征税国家，无财产税、除英国外无遗税与赠与税，可以进行合理的税收筹划。

4. 拓展海外事业

纵观国内，走出国门布局海外的高净值人群越来越多，他们除了看重国外的投资机遇，成熟稳健的市场、优惠的税收体系等也是重要原因。

如今，越来越多的高净值人士意识到，移民规划、税务居民身份规划对其事业拓展的重要性越来越凸显。

除了实现这三大类人生布局，移民之所以流行，与其本身的发展趋势也有关系。全球化浪潮下，移民变得越来越普遍与规范，通过专业的移民机构，高净值人士只需花费一定的投资金额，即可轻松获取永居身份。为子女接受国际顶尖教育、实现家族财富保障、事业开拓发展提供了一种选择。

10.1.3 移民规划应该这样做

不少人会认为，移民可能只要付出相关费用再加上必要的几个申请流程就可以办理成功了。

实际上，这样的想法是远远低估了移民这件事情流程的周期性。移民规划的很多工作需要提前准备，还要考虑很多因素之间的关联度。

1. 移民国家和项目的选择

首先要考虑去哪个国家，同时要考虑哪些移民项目适合自己的情况，这两个因素是密不可分的。

移民的目的当然是为了以后的子女教育、养老等安排获得更多的优势，那么这就要求对所选择的移民项目非常了解。包括对所选择国家、移民政策都要有一个详细客观的评估。

其次，经济及人文环境也需要进行认真的研究和了解，毕竟未来会涉及在当地的一系列投资或生活活动，因此，是否符合自身生活要求以及是否有发展前景就变得尤为重要。

居住、就业、投资空间、税务以及教育福利等方面都是需要考虑的内容。

最后，除了考虑当前现状，子女将来的长远发展更应该充分衡量。

子女是否享有免费优越的教育福利，未来是否容易入籍、获得永居以及就业资格等，这些都是在做出移民决定前需要思考的问题。

2. 选择何种方式移民

（1）技术移民

技术移民一般采取打分制，比如加拿大、澳大利亚、新西兰，每个国家都有一套严格的评分规则，申请时对照参考就可以了（见表10-1）。这里需要注意的是，年龄分是最好加分的一项，它是客观存在的，不需要付出努力，也没法付出努力。如果年龄一旦过去了，因为年龄而失去的分数，可能得额外花很多金钱和精力才能弥补。

加拿大打分：20~29周岁是最高分，之后逐级递减。30岁和40岁，能相差50分。

澳大利亚打分：25~32岁是最高分30分，之后逐级下降，33~39岁25分，40~44岁15分，之后为0分。

新西兰打分：20~39岁是最高分30分，之后以10分的差距逐级下降。

技术移民从递材料到筛选本身有一定的周期，一般是半年到一年。前期加上提前准备，比如雅思、学历认证、各种材料等花费的时间，周期会更久。全球的技术移民竞争都极其激烈，相差三五分，就相当于是条“生死线”了。

以澳大利亚技术移民打分表举例：申请人需满足65分才可申请澳大利亚永久居民。

表 10-1　澳大利亚技术移民打分表

分项	条件	分值
年龄	18~29 岁	+30 分
	30~34 岁	+25 分
	35~39 岁	+20 分
	40~44 岁	+15 分
英语能力	IELTS 四个单项均不低于 8 分	+20 分
	IELTS 四个单项均不低于 7 分	+10 分
与提名相关的澳大利亚工作经验	8~10 年相关工作经验（过去 10 年）	+20 分
	5~8 年相关工作经验（过去 10 年）	+15 分
	3~5 年相关工作经验（过去 10 年）	+10 分
	1~3 年相关工作经验（过去 10 年）	+5 分
与提名相关的非澳大利亚工作经验	8~10 年相关工作经验（过去 10 年）	+15 分
	5~8 年相关工作经验（过去 10 年）	+5 分
	3~5 年相关工作经验（过去 10 年）	+10 分
海外和澳大利亚学历	认可的海外学徒	+10 分
	澳大利亚三、四级证书	+10 分
	本科、硕士学位	+15 分
	博士	+20 分
特殊加分	仅限澳大利亚学历（研究型硕士或博士）	+10 分

续表

分项	条件	分值
偏远地区	在偏远地区学习和生活 2 年	+5 分
澳大利亚学习加分	完成在澳大利亚 2 年或以上全日制学习	+5 分
社区语言加分	通过 NAATI 二级或三级翻译认证	+5 分
职业年加分	已完成 Professional Year 培训	+5 分
配偶加分（通过职业评估，雅思 4 个 6 或同等语言水平）	单身，无配偶	+10 分
	有配偶，配偶是澳大利亚 PR 或澳大利亚公民	+10 分
	有配偶，配偶有职业评估且雅思达到 4 个 6	+10 分
	有配偶，配偶无职业评估且雅思达到 4 个 6	+5 分
州或领地担保加分	通过州或领地担保	+5 分
偏远地区担保加分	有偏远地区担保	+15 分

数据来源：澳大利亚移民局官网。

（2）雇主担保移民

雇主担保移民，在移民法案这块，没有明确的年龄限制。但年龄也是一个很重要的因素。如果年纪太大，即便匹配到了工作，移民局核查的概率也会更大。移民局可能会质疑，为什么企业要不辞辛苦去国外招一个快退休的人来工作？这个人的能力是否值得千里迢迢去国外专门招来工作？所以，一般是建议40岁以下操作比较好。

按时间节点算，加上花时间去匹配雇主，再加上备考雅思和准备材料的时间，差不多需要一两年。

（3）投资移民

投资移民对年龄基本没有太多要求，其最大的不确定性在于投资门槛和附加条件的变动。

一个国家吸收投资移民的目的，是想吸纳外国人的“财”。相比较“人才”这类持续性需求，它对“财”的需求，可能和国内的经济环境有关。

经济危机的时候，它需要的钱多，可能政策就放得比较宽，经济好的时候，它不需要这么多钱了，于是门槛提高。

所以，相比起技术移民分数线慢慢涨，政策一点一点在变严格，投资移民如果有变化，就是大的变化，很多国家在金额上都是翻倍地涨。

例如美国，2019年把门槛从50万美元一下子提升到了90万美元。爱尔兰，

2016年办理门槛是50万欧元，2017年毫无征兆地就翻了倍，涨到了100万欧元。英国，之前的门槛是100万英镑，2014年翻一倍涨到了200万英镑。

比如中国香港的投资移民，2010年从650万港元涨到了1000万港元，还限制不可以投资房地产。

这些年政策相对稳定的三个投资移民国家——希腊、葡萄牙、西班牙也开始有了变化。例如2018年葡萄牙50万欧元的房产投资，可能未来就不能选前两大城市里斯本和波尔图了。

这三个国家的买房移民政策，出台的背景都类似，因为2008年的经济危机“缺钱”。到今天，政策执行时间最长的是葡萄牙，10多年了。如今三个国家的经济都得到了不同程度的恢复，虽然总体的移民政策都还是稳定的，也差不多可能出现变化了。

3. 准备费用

投资移民、商业移民（创业移民）和技术移民（包括雇主担保）都需要相当的费用投入。投资移民和商业移民费用较高，技术移民相对便宜一些。

例如澳大利亚的技术移民，除了办理服务费，还需要雅思培训考试费，职业评估费用、移民申请费、签证办理费、公证书翻译费等。总体办理费用在6万~10万元人民币。

费用的准备，不仅仅是资金的准备，还包括资金来源的准备。有些国家的某些项目，对于资金合法来源的要求很高，这是某些移民项目的重要难点，而且往往还需要是“连续的收入”，就算是赠与，赠与人同样需要证明资金来源。例如加拿大投资移民，对于申请人资产的积累过程非常看重，移民局希望申请人提供足够的证据证明申请人是一位合格的投资者或企业主。他们会对申请人的公司经营状况、企业收入、投资收益、房产增值等进行合理解释。

总的来说，不是“有钱”就等于“符合资金要求”。

4. 申请人条件的准备

某些移民项目，特别是商业移民、雇主担保、杰出人才之类，对投资人的个人背景和条件等有较高的要求。

常见的个人背景要求有：

- 商业经营管理背景，往往需要是占一定股本比例的股东

- 相关行业、职位的工作经历和证明
- 专业方面的职称、证书
- 在相关企业的工作时间、是不是高级管理人员
- 个人的专业领域成就、获奖纪录、媒体报道等

以上只是常见的一些移民项目要求。各个国家不同的移民类别，上述要求各有不同，并非都要达到。

这些材料的准备，大部分需要一定时间的准备。提前多久，根据项目需要和准备难度不同。

5. 子女适合移居时间

现在越来越多的家长把子女的留学连同移民一起做规划。留学要提前至少一年以上准备，年龄越大的学生，越要尽量提前。

年龄比较小的孩子，如果留学，有些国家没有陪读签证，父母怎么陪伴呢？这时候有个身份就能解决不少问题。

年龄比较大的孩子，在发达国家留学以后，想要留下（获得长期居留身份），现在普遍难度非常大。

下面也给对海外移民有需求的家庭提供一些建议：

首先，确认家庭需求。是为了子女教育，还是更关注生活品质提升，或者是为家庭移民提前制订计划。

其次，根据需求明确移民国家。并且对移民条件、投资额、资产要求、投资方式、移民监等要求进行横向对比。最终挑选1~2个适合家庭的移民国家选择办理。

10.2 我在海外有套房

从2012年以来，海外置业人数呈现持续上升趋势，60%的国内超高净值人群在海外配置有房产。尤其是近几年，受到亚投行和"一带一路"倡议的影响，越来越多的中国人开始到海外进行房产投资，东南亚、英国、欧洲等地成为优先选择地区。

中国人最爱房产投资，国内房产投资大同小异，但海外购房的政策、流

程、贷款制度都和国内有很大区别。怎么选择专业的经纪公司、了解购房地的政策和房产投资逻辑，是出海买房投资者的必修课。

10.2.1 高净值人群为何青睐海外房产

1. 对冲国内经济风险

高净值人群有分散资产配置的需求，持有单一货币的风险在加大。人民币超发导致购买力下降和汇率风险上升，可能会导致资产缩水。对投资者来说，进行海外房产投资是对于中国经济放缓和人民币贬值的一种风险对冲。

2. 中国人“房产为王”的观念根深蒂固

房产为王的观念在出海的投资者这里依然是主要选项，购房再次成为内地海外投资者的首选。

近年来，在海外购置房产有自住需求的中国投资者也越来越多。多数人表示，在海外购买房产的最重要原因是给自己的家人或是孩子在海外求学找一个居所。众多地产经纪人也反映：在他们的内地客户中，约有70%是为他们在国外读书的孩子买房子，这些买家是有真正的需求。

3. 留学、度假等自住需求旺盛

有些家长认为留学期间租房就能够满足正常需求，但每一个选择租房的家长，在子女毕业之后都极为后悔。因为多年海外学习的生活成本中，房租花费的占比十分巨大，若在子女出国时进行房产投资，那么利用房屋升值或房屋出租获得的收益与留学费用相抵，你会发现留学成本会大大降低，甚至会赚取不菲的收益。

当然，无论在哪里买房，一个简单最基本的原则是：地段优先！能买大城市不买小城市，能买市中心不买郊区，优先选择学区房。只有市场需求度高，投资价值才有高保障。

4. 海外房产具有升值潜力

以泰国为例，近几年泰国房地产市场增长表现受到了全球投资者的关注。据《华尔街日报》统计，2018年美国投资者在泰国房产项目上的投资总额排名全球第一，中国大陆、中国香港的投资者则分别列第2名和第3名。

从东南亚国家出租回报率来看，泰国排名第4，力压马来西亚和日本，比香

港要高出1个点。此外，泰国房产未来的增值空间很大。据泰国房地产信息和研究评估数据，在2007—2018年，泰国房价与收入比上涨69%（每年上升4.9%）。对于投资者来说，泰国房产的升值潜力不容小觑（见图10-2）。

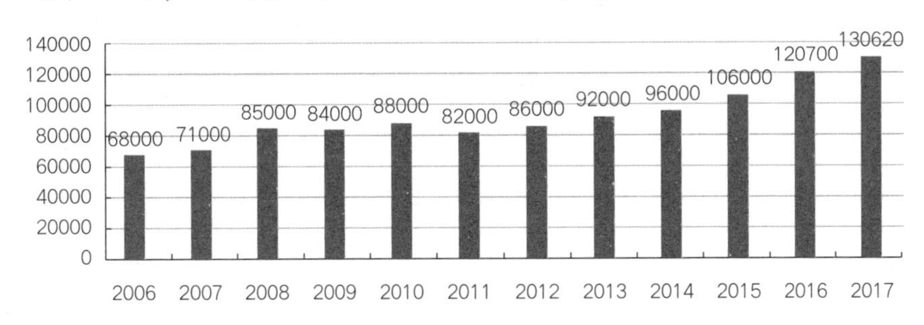

图 10-2　曼谷新房公寓每平方米均价走势

数据来源：《华尔街日报》。

根据数据，过去五年泰国曼谷新房公寓平均每年上涨9%。其中，Pathumwan（暹罗广场）和Ratchathewi（MBK至机场快线站）地区公寓价格涨幅最高，由于需求强劲，涨幅达16%至234000铢/m^2。

此外，在曼谷市中心区域，平均售价上升了12%，房价逼近每平方米21.07万铢。在Yannawa和Klong San等公寓销售状况良好的地区，平均售价也上升了10%。而在曼谷郊区，由于正是城市轨道交通建设期，这些离主城区略为偏远的地区，平均价格也能上涨5%左右。

据数据显示，泰国新房住宅供给从 2017年4月的5832套提升到7835套（见图10-3）。据房产市场行业不完全统计，2017年曼谷新公寓的需求量约为57300套，比过去五年的平均销量高出14%，且总销售率为90%，共管式公寓在市场上的销售总量也上升到49.61万个单位。

根据CBRE市场调查，2017年曼谷在128个项目中总共推出了62700套公寓，而且推出的新盘公寓数量达到了十年来的最高水平，供应量与过去五年的平均量相比（即每年约53600个单位）增加15%。

目前国内购房受种种限制，海外房产投资有更多选择。据美国CNBC网站援引中文海外房产平台“居外网”数据称，自2010年以来，中国买家累计购买了大约4300亿美元海外房地产。2017年，中国买家在海外购买的住宅和商业地产的金额同比增长18.1%，达到1197亿美元，是有这项纪录以来的最高值。

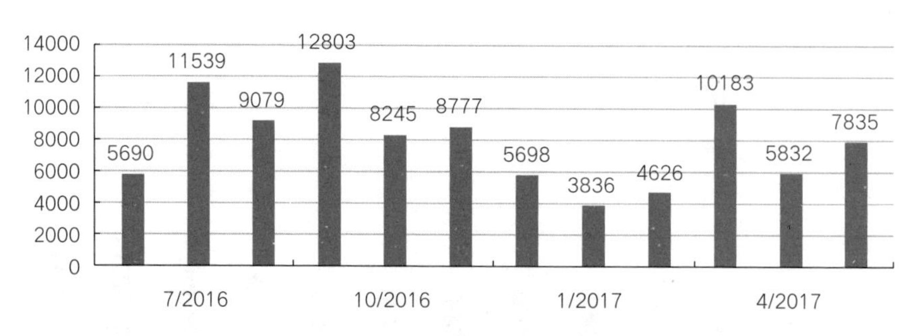

图 10-3　泰国新房住宅供给量

数据来源：《华尔街日报》。

10.2.2　避开海外房产投资的那些坑儿

海外置业存在机会，但风险同样也不容忽视，不少海外投资者也有上当受骗的经历。我们来看看从风险防范实操角度怎么避开海外房产投资的那些坑儿。

1. 法律政策方面

交易合法合规应该是进行海外房产投资时首要考虑的。在实际海外置业前，投资人应该对当地关于房屋买卖及后续运营的相关法规有所了解，具体关注点包括外国人购房是否符合规定、项目开发主体资质是否合法、项目手续是否齐全、房屋建造经营是否合法、项目运营方是否有相应运营资质等。在城市选择上，建议投资者尽量选择法律体系健全透明、政治经济稳定的国家和地区，以便后期出现纠纷时可通过法律手段保障自己的合法权益。

而当地政府监管政策同样值得关注，政策变化会对购房造成直接影响。比如新加坡、澳大利亚等国，因担心国外资本对本国楼市产生太大的冲击，专门对外资进行限制，取消了很多拥有房产后的福利和优惠通道。另外，也出台了限制性措施，如加拿大政府直接将外资购房利息上调，这些在实际投资前都需要充分了解。

2. 主体信用方面

由于个人投资者时间精力有限，很难对每家开发商及服务商背景进行核实，因此该部分工作主要由机构进行，投资人在海外置业时可选择业内口碑较好的服务机构。一般这类机构会针对海外经纪服务商和开发商从不同维度作一系列评估，比如公司资质、成立时间、过往业绩、公司负面信息、内控管理、国内合作经验等，以确保服务商提供的公司信息和实力真实可靠。对于经纪商，其经纪资质、交易中是否有欺诈行为、过往代理项目是否有烂尾违约事件、对于购房服务其内部是否有完整清晰的流程等都需要重点评估。而对于开发商，除以上部分外，其过往开发项目情况也同样重要。

3. 项目方面

（1）项目真实性核实

该部分关注点主要为项目是否存在，是否是虚假项目，投资人在购买前可从以下多个角度对项目真实性进行判断。

通过卫星地图，在该项目所在地块，按照1比200米的高清精度查询，来核实是否有一片已经清理出的、正在施工的工地。

一般单个项目会有多个运作主体，比如设计公司、承建商以及运营商等，投资人可通过查询合作方的官方网站及公开披露的信息来侧面判断项目是否真实。

对于多期建设、首期已经交付运营的项目，投资人可以通过booking、携程、猫头鹰等网站查询项目的订房记录和酒店评价来判断项目的真实性。

另外，也可以通过查询项目所在地的政府官网，看政府是否有向开发商授权开发该地块的官方文件，来交叉判断项目的真实性。

通过以上信息查询仍无法确认真实性的，投资人也可亲赴现场或委托亲友看盘，来保证购买房产的真实性。

（2）税务及费用方面

对于项目应缴税费这块，以美国为例，除了公开数据查询外，还可咨询专业海外会计师事务所关于在美国买卖房产的相关税务问题。目前房屋买卖阶段和房屋出售阶段客户应当缴纳税费主要有房产税、个人所得税等，实操中可通过将第三方咨询数据与经纪商提供的税务信息进行比对，以防范应缴税费被隐瞒的风险。而在房屋养护过程中，投资人实际需要缴纳费用主要为物业费、管理费及保险费等，该部分费用一般会在合同里详细约定，通过详细审阅合同内容，同时与私人渠道了解的税费类型及金额进行比对，也可以防范被隐瞒的风险。

（3）房价方面

对于房屋价格的判断，一种方式是通过第三方交易网站进行查询，比如美国项目可通过Zillow查询项目地块周边10公里范围内的房屋价格，通过周边价格均值来进行比对。另外，可以直接登录美国开发商官方网站，查询其项目联系方式，通过邮件询问该项目所有信息，根据开发商的邮件附件内容，比如地段、户型、宣传描述、房屋价格等与中文材料进行比对，以此来判断价格是否合理。

（4）资金支付方面

对于资金支付，目前海外房产多是多期付款，每次付款时间大约间隔两到三个月，完全按照项目进度来，资金支付分时段，风险相对可控。

对于资金保障，比如美国，目前投资人购房资金多通过银行或者律师专用账户进行托管，对于不熟悉的州，实际支付时也可在托管银行官网进行查询，核实其托管资质，确保自己的购房资金安全。

（5）项目交付方面

新房一般分为期房和现房两种，现房指即买即可装修入住的房子，期房则指在建的、尚未完成建设的、暂时不能交付使用的房子。目前优质现房较少，市面上可销售房子大多是期房，实际购买时会遇到逾期交房、房屋装修质量不如预期甚至最终烂尾等风险，因此之前的合作方背景及实力筛选核实就非常重要，在实操中，建议投资者尽量选择资金实力雄厚、开发经验丰富、过往开发项目无烂尾历史的开发商，尽可能去把握可控风险。

（6）租金收益及市场经济发展

对于项目所在地整体经济及就业情况，一般可以通过当地统计局查询具体数据，另外，投资者也可以通过第三方分析报告进行了解。而在项目实际收益测算时，可以通过booking、Agenda等查询周边同类型物业各个月份预订情况，将评估的实际入住价格和入住率纳入测算表中进行计算，最后将实际测算结果和预估数据进行比对，来综合判断项目提供的实际租赁回报率是否公允。

很多国内客户喜欢海外买房，尤其经海外亲朋好友一番渲染后动心办理。出于信任，也想着可以省去中介费用，选择由朋友代办。因为不懂法律程序，也没有过多了解购房交易流程，糊里糊涂打完款，从而带来许多麻烦。

例如，广州客户李女士2013年委托美国朋友黄某帮助购房。李女士分三次从国内汇款30万美元作为房款，收款人为她的好朋友黄某，在经过黄某的一番办理后，通知房产已经买到。但让李女士2014年登陆美国看房的时候，意外发现购买的房产业主居然是黄某。黄某称，因为李女士不在美居住，房主“暂时”是黄某名字。随后李女士开始了长达两年的诉讼，经过一番周折终于把房产要了回来。

一般而言，美国房地产的买卖是被法律严格规范的经纪人模式，很难产生

骗局。此骗局对海外房产投资者的启示有:

1. 没有让购买者直接和经纪人联系。其实这个操作只要和经纪人直接联系，经纪人在合同确认之后就会提供一个close律师的监管账户（这个账户受到本州房产委员会监管，账户资金不能挪用，因此是很安全的），购买者只要把款打入到监管账户就行了（根本不需要汇入朋友个人账户）。

2. 没有和close 律师联系。整个程序就变成了那位朋友就是买家（经纪人和律师都无法知道谁是真正的买家）。

3. 要避免此类事情很容易，就是直接和经纪人或律师沟通，并让经纪人提供监管账户（escrow account）用来汇款（而不是直接汇到朋友的个人账户）。

4. 让经纪人提供一份律师出具的POA（授权书），这样在过户的时候，律师还会把一道关，律师会确认授权人提供的过户信息，核对买者护照身份和签名授权人的身份（如果出错，律师将承担责任，所以他们会很仔细），这样购买者即使本人不到美国的情况下，照样可以安全地买到自己喜欢的房产。

投资者应从多维度考虑境外置业的利弊，并根据个人情况提早做好购房安排和规划，并找到专业的经纪机构搭配专门的房产律师办理。这样才能保障投资人的资金安全。

10.2.3 海外房产的投资逻辑

海外购房，有的可以让客户获得高额的收益，有的还可以让投资者同时获取购房国家居民身份，因而受到越来越多投资者的青睐与关注。海外购房投资之前需要对投资国家的政策、房地产市场、国家外汇管理政策有基本的了解，提前咨询海外购房的全部流程，对整个购房的节奏做到精准把握。

1. 海外房产投资的基本流程

由于地域原因，以及各国购房政策的差异，海外购房者对于海外购房的方方面面都不是十分清楚，许多投资者觉得，海外购房比较复杂烦琐。梳理一下一般需要掌握以下几个必须经历的流程步骤:

（1）选定一家靠谱的中介公司，签订合法合规的服务协议;

（2）做好目标城市以及目标型房产的选择，并着手办理商业考察签证，准备前往购房目的地进行实地考察;

（3）在当地选定心仪的房产，同时开立银行账户，签署购房合同，支付房产定金；

（4）相关购房资料进行备案，并在约定时间内付清所有购房款，完成房产注册，同时准备文件；

（5）递交文件，取得有效签证；

（6）办理其余手续，递交永久居住申请，并及时缴纳各种各样的税费。

上述这些就是海外购房的一般流程，前提条件是，你必须熟悉当地的购房法律和购房政策。除了这些基本的购房流程，还需要注意规避海外购房的最大风险——资金风险。

2. 海外房产投资，资金如何准备

在海外置业遇上的诸多麻烦中，购房款支付首当其冲。海外置业，凑齐房款只是第一步，准备合法的购房资金是中国人投资海外房产注意事项中最关键的问题。出境买房，最关键的问题就是如何付款。

（1）分拆结售汇

这是最简单的办法，利用家人的外币兑换许可配额凑齐首付或总房款。这种付款方式只能在直系亲属间操作，所以如果有购房需求，可能需要提前1~2年用全家人的额度换汇。

（2）携带现金出国

采取这种方式的人现在并不多，因为大额现金出境需要向海关申报，而且海外置业买家需要反复往返于国内和目的地国家之间。

（3）国内部分银行推出的海外抵押贷款

这是一种可以获得海外购房资金的合法渠道，购房人可以在国内存款和抵押房产从而在境外获得相应额度的抵押贷款。

（4）由国内开发商操作

现在出海的开发商越来越多，国内开发商在国外开发的项目也成为中国人出境购房的主要目标之一。购买这类项目，购房人一般不用担心房款如何交付的问题，基本都是在国内售楼处直接刷卡支付人民币，再由开发商财务流程解决。这是一种比较稳健的付款方式。

3. 海外房产投资，当地贷款政策必须门清

除了资金方面的风险要把控，海外购房时当地的贷款政策也是购房人必须

了解的。海外置业风险较多，投资者想在海外置业降低风险系数就必须找到专业人士帮忙。比如必须聘请专业的经纪人来帮助操作，聘请专业律师辅助，律师会为投资者做好房屋背景调查，同时指导投资者如何合法合规购房。

海外购房作为海外投资最受欢迎的项目，为高净值家庭带来了很多的便利条件。想要享受幸福的海外生活，就必须要多了解中国人投资海外房产注意事项，这样才能知己知彼，游刃有余。

10.3 子女海外留学规划

教育是一国之本，十年树木，百年树人。中国的高速发展，不仅带来了经济的腾飞，也让教育展开了翅膀，翱翔在更广阔的知识的海洋，现代教育不仅开阔了我们的视野，更让我们有更多的机会接受更高水平的教育。

据教育部统计，2018年度我国出国留学人员总数为66.21万人。其中，国家公派3.02万人，单位公派3.56万人，自费留学59.63万人。

美、澳、英、加四国依然是中国留学生首选的四个国家。排名首位的依然是美国，有将近37万中国学生在美国就读，分布在不同的初高中和本研院校，甚至硕博等高等学府。其次是澳大利亚，有19万人在澳大利亚就读，加拿大有14万人，英国也有近10万人（见图10-4）。

2018年大约有153.39万中国人在全世界留学，既有美、英、加、澳传统留学大国，也有德国、西班牙、俄罗斯、日本、韩国等新兴留学大国。而且每年出国留学人数的增量还在增加，目前排在中国留学生留学目的国家前9位的依次是：美国、澳大利亚、加拿大、英国、日本、韩国、新加坡、新西兰、法国。

留学越来越平民化，尤其在硕士阶段留学的人数越来越多，低龄留学人数在轻微下降，本科总体留学基本保持不变。总体来说，美国留学人数稍微增加，加拿大、澳大利亚、英国都在大幅增加，尤其是英国增幅最大。

我国为什么有这么多的学生选择出国留学？

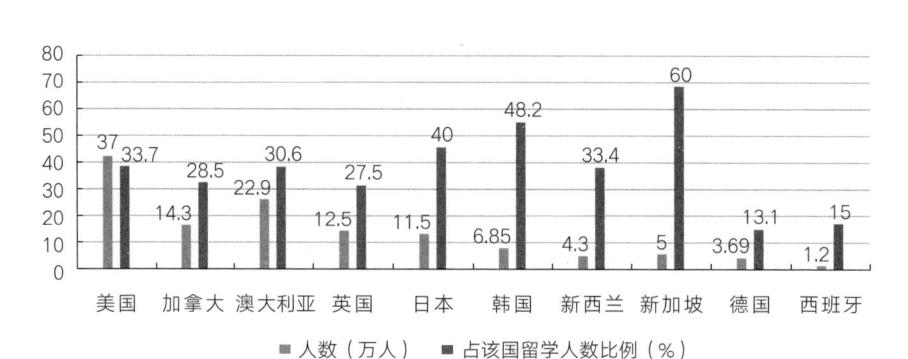

图 10-4　各国中国留学生人数及占比

制图：唐仁国际。

其中最主要的是提升自己的学历和眼界。比如，有的学生不适应国内教育，在国内上到高二的时候全班排名在后几名，前往加拿大读大学本科预科，学生经过一年半的努力，最后进入加拿大最好的多伦多大学修读工程系。也可能国内一个三本毕业的学生通过赴美国留学，经过2年的学习，最后获得美国排名前40的学校硕士毕业证，金融专业，回到国内直接进入某五大银行北京市分行。很多学生通过留学加上自己的努力改变了现状，获得了更好的发展机会。

10.3.1　海外留学能带来什么

留学生涯对于学生的性格塑造、生存能力的提升、人生发展轨迹的改变都有很大的影响。

1. 自我管理能力提高，把握人生发展

中国学生从出生到大学大多都在家长、老师严格的监督和管理下，按部就班地生活，总有一些不适应的学生缺乏主动性，发展目标不明确等。西方教育的主流思想是释放学生天性、让学生发现自我，培养学生兴趣和开拓性思维。留学对于一些比较有创造性不适合国内教育的孩子而言，可以提升自我管理能力，更加独立自主。

2. 性格的改变，适合人生发展的需要

在国内的教育思想和方式下，一些中国学生不自信，不乐观，过于内向。国外的教育重视培养学生的自信、乐观，学校更多采取鼓励教育方式，帮助学

生建立自信心和乐观的态度。很多学生在出国一年之后家长就发现，孩子变得乐观、外向、喜欢表达沟通，性格上发生了很大的改变。

3. 解决问题的能力养成，增强职场技能

在国内的考试升学机制下，学生基本上是被动学习，很少发表自己想法，注重学习理论结果，而不是解决问题能力。在西方教育体系下，留学生不仅仅在课堂上去学习，更多时间是在校外和现实社会中去通过实验、实践得到结论。学生自己找办法，设计方案，最终完成老师布置的任务，提高了发现并解决问题的能力，这也增强了学生在以后工作中的工作能力，提高了生存能力。

4. 自我销售能力的提高，提升发展的阶梯

在中国课堂上发言是被严格管理的，但是国外教育提倡学生大胆发表自己的意见，在课堂上从幼儿时期就鼓励学生不受约束地发表自己的观点，提高学生沟通表达能力，锻炼学生讲演能力、说服能力，加强个人和团队合作。从小就开始培养学生的自我销售能力，获得更高的认可度，成为发展的阶梯。

5. 培养敢于冒险的探索精神

国外从幼儿到博士教育都注重培养学生独立思考，鼓励学生创新，鼓励学生有自己更多的想法，鼓励学生尝试不同的方法、途径，鼓励学生去探索未知的事情，从而让学生挖掘自己的天性和才能，培养学生不怕失败的探索精神，在不断的探索中增强自己，突破自己，助力自己人生起飞。

6. 入读名校，为未来发展创造更多机会

入读高质量的名校为个人发展打下良好的基础。世界名校的教育资源、学术氛围更有利于学生个人能力的提高，获得先进的思想和思考问题方法、接触最先进的技术。名校的毕业生很多在各自领域都是出类拔萃的，名校毕业生在就业方向和发展上有更好的资源。

10.3.2 影响留学选择的因素和步骤

家长对子女要去一个完全陌生的环境留学会有很多担忧，主要关注的因素除了学校、国家、费用，其实还有很多环境和社会因素（见图10-5）。

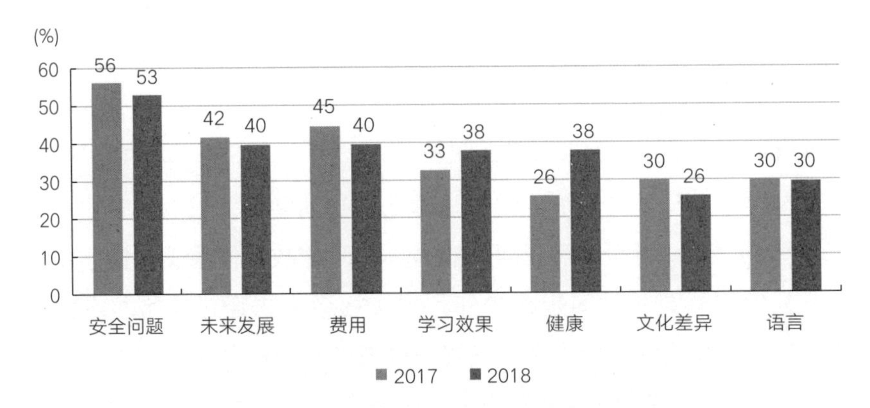

图 10-5 影响留学选择的因素和步骤

制图：唐仁国际。

第一个关注点是安全问题。在这一点上，家长比子女更为关注，一般来说女孩选择去英国、加拿大、澳大利亚这些社会安全更有保障的国家会更多一些，男孩则没有太多这方面的考量。

第二个关注点是未来发展。也就是入读的学校的各种排名、毕业率、专业的就业率、工作签证获得容易与否、留学生能否移民等内容。从对比来说，由于学生的能力不同、留学目标的不同，学生对留学国家的选择也不同。

第三个关注的就是费用。每年学生的基础的学费、生活费、就读学历年限的总费用、各个国家的费用对比等。通过费用的对比，根据自己家庭的经济实力，学生选择留学国家、就读学历、留学规划等。

第四个关注的是学习效果，通过留学所能够在专业领域获得的提升水平、升学入读学校情况等。尤其考虑到专业领域能力的提高，很大部分客户选择去美国留学。

剩下关注点如健康、文化差异、语言能力这些在整个留学决策过程中所占的比重并不高，虽然关注的比例不低，但最终在决定留学的时候不同程度地被忽略了。

考虑了以上因素，在具体选择时家长给子女做留学规划可以按照以下步骤来进行：

第一，家庭能承担留学的费用是选择国家的决定因素

家庭的收入水平，家庭总的留学总费用承受能力，是选择留学目的国家的决定性因素。我们说留学费用承受力要在学费、生活费总数基础上多计算20%

以上，才能满足学生的实际费用需求。不要过多考虑打工补充留学费用的因素。现在的留学生活只有在充足的财力支持下才能够更好地完成留学。

以出国读本科为例，美国、英国更适合家庭年收入在100万元以上的家庭，澳大利亚、加拿大适合家庭年收入在60万元以上的家庭，欧洲、亚洲国家适合家庭年收入30万元以上的家庭。读硕士及以上学历的留学生则更多的是考虑自己家庭已有的总财富，不用太考虑年收入，因为硕士学历修读时间比较短，费用预算有限，博士一般会有奖学金，对家庭经济要求并不是太高。

第二，确定留学的主要目的，选择国家

每个人出国留学的目的是不一样的，有的就是为了提升学历，快去快回；有的为了通过留学而后在留学国家工作，最后获得移民；有的就是为了增加见识；有的是为了真的提升自己的专业能力，获得最先进的知识、能力。

留学生要选择最能帮助自己达到留学目的的国家。比如英国就最适合提升学历要求的学生，申请相对简单、学制短；加拿大适合想移民的留学生；美国适合真的能吃苦，提升自己专业能力的学生；但对于特别看重学校排名但是准备并不是很充分的学生可以选择澳大利亚。学生或者家长一定要梳理清楚留学的目的，而不是盲目地从众。这是在确定留学国家时关键的因素，如果不清楚自己的目的不能选择匹配的国家，留学生涯就会绕很大的弯子。

第三，选择就读专业和学校

在全世界范围内，除了像美国这样的个别国家在各个领域都领先，大多数国家都是在某个或者某几个领域比较领先。有的国家专业设置并不是很精细，有的在国内有开设的专业在国外一些国家中可能就没有。所以学生在选择国家的时候一定要结合自己选择的专业方向，尤其是要去读硕士及以上学历的学生一定要仔细考虑，想学音乐的可以考虑美国、德国、俄罗斯，学科学技术首先考虑美国，学金融可以考虑英国、美国等。尤其是留学目的和专业不能匹配一个国家的时候，要考虑是专业优先还是实现自己的留学目的优先，确定好优先顺序后来确定国家。

家长总是希望孩子进入世界名校，将来有个好的发展，但是名校对学生要求严格，需要有极为优秀的知识结构和学习能力才能进入世界顶尖名校，比如美国排名前20的大学、英国的牛津、剑桥等大学，对于一般学生还是要慎重的。

学生选择一个适合自己风格、状态的学校才是最好的选择，家长要从学校的招生政策、毕业率、学校风格、优势等为子女选择一个适合的学校，子女才会感受到学习和留学的乐趣。

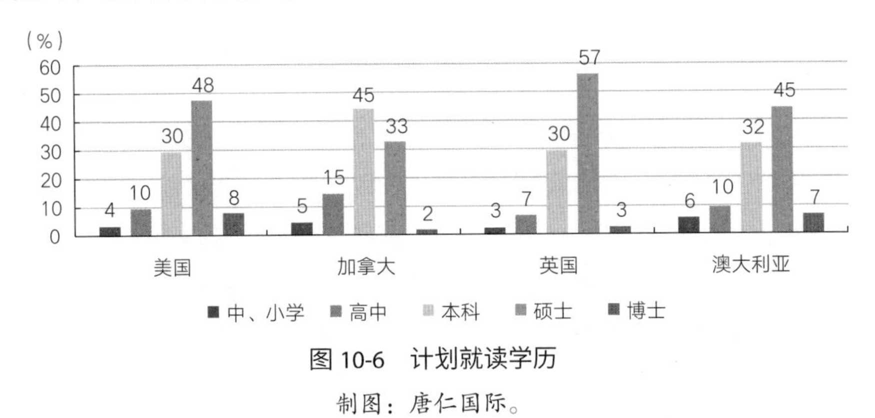

图 10-6　计划就读学历

制图：唐仁国际。

第四，选择何时去留学

从上面的数据可以看出，各国留学人数最多的还是硕士阶段，除了加拿大以外，美国、澳大利亚接近50%，英国则超过了50%。其次是就读本科，计划去读本科的加拿大的比例是最高的达到45%，其他三个国家都在30%。去读高中的各国基本在10%左右，加拿大最高也只有15%。博士和中小学的占比最低（见图10-6）。

大学以理论学习作为主要的内容，并不是主要培训某一方面的实践操作能力，为学生进一步提高做好学术基础方面的准备。硕士则是在本科基础理论知识上，学生选择更专业的某一个领域进行进一步学习、研究。博士则是在硕士研究基础上更专业的研究，成为专业领域的核心人才。每个国家对于不同学历留学有着不同的就业、移民政策待遇，包括薪资水平、移民难易度、发展空间等。

10.3.3　主要留学国家数据及政策分析

近两年，多个国家都推出了新的留学、移民政策，比较友好的居多。比如英国给2021年毕业的学生提供毕业后工签（PSW），但是也有不太友好的尤其是针对中国学生的，例如美国加强中国留学生的行政审核等。我们来梳理一下美国、英国、加拿大、澳大利亚这四个主流国家情况。

1. 美国

美国在2019年依然是中国留学生人数最多的国家，但是相较于2018年仅仅增加了1.7%，远低于英国、加拿大、澳大利亚这三个主流英语留学国家。出现这种情况主要问题在于美国的签证政策、出入境管理、H1B工签政策、移民政策等对于中国留学生越来越苛刻。对于留学生来说，留学签证审核越发严苛，行政审查增加，尤其是读理工技术专业的硕士、博士学生，也有个别读本科的学生被行政审查，这增加了拒签的情况。H1B工签对于中国学生的影响最大，切断了很多留学生在美国的发展道路。在美国好就业且中国学生有优势的理工类专业签证收紧，H1B收紧，人文、艺术、管理类这些中国学生并没有优势的专业虽然还对中国学生开放，但是这类专业毕业的学生很难在美国找到工作，上述综合因素，导致很多学生重新审视自己的选择。

2. 英国

英国目前是中国留学生第四大目的地国，作为最老牌的西方教育强国、科技强国，老牌的资本主义国家，英国在吸引留学生方面其实不如美国、加拿大、澳大利亚。主要是由于之前英国没有针对毕业留学生的就业和相对简单的移民政策。但是2019年下半年，英国移民局突然发布了一个对留学生利好的重磅消息，自2021年开始留学生可以在毕业之后获得PSW签证，即本科、硕士、博士留学生毕业后可以获得2年的在英停留，学生可以工作也可以经商，这样学生就可以获得宝贵的工作经验和移民机会。正是由于这个原因，2020秋季开学的本科、硕士申请人数大幅增加，相信2020年入读的人数比2019年入读英国大学的人数也会大幅增加。

3. 加拿大

加拿大留学生人数最近10多年一直是稳步增长，但是没有像美国那样发生爆炸式增长，基本上是走得稳稳当当，不急不慢，完全符合加拿大这个国家的社会、文化特点。虽然受澳大利亚和美国的夹击，但是加拿大大学一直在稳步推进国际学生招生计划，留学生签证政策也是稳健调整，慢慢放宽，签证通过率也在慢慢提升。留学生毕业后的工作签证越来越容易获得，留学生移民签证审核速度在不断加快，留学生移民门槛也在不断下降。在加拿大无论是哪个政党执政，都把吸引留学生并留下继续在这个国家工作、生活，弥补人口缺口作为一个国策。所以在未来很长一段时间，加拿大慢慢放开的步伐不会中断，但不会当作一个产业来发展。

4. 澳大利亚

澳大利亚把教育作为一个产业来发展。为了吸引更多的留学生到澳大利亚学习、生活、消费，澳大利亚成为全世界第二大留学目的地国家，仅次于美国。澳大利亚在尝到了教育产业化的甜头之后，受当地社会的一些反弹影响，做出了相应调整，但是总体来说保持吸引留学生的政策不会发生大转折，但是当地的就业情况、移民专业、移民政策不稳定，会影响一些人决定是否去澳大利亚留学。

5. 各国留学情况对比分析

（1）主要各国留学情况和政策对比（见表10-2）

表 10-2　各国留学政策比较

国家	学习打工	工作签证	移民政策	认可度	留学费用（人民币元）
美国	校内 /CPT（难）	OPT（12~36 个月）/ H1B 难	投资移民、专业移民等	最高	15 万 ~80 万
加拿大	校外打工，开学期间不超过 20 个小时 / 周，放假期间无具体限制（一般情况，一些地方略有不同）	无须工作即可获得 1~3 年工签，可延期	针对留学生的省提名 / 联邦快速通道	较高	15 万 ~30 万
澳大利亚		2~4 年容易 / TSS 2 年 /4 年	技术移民（独立 / 偏远地区）	较高	16 万 ~35 万
英国		PSW 签证	创业投资移民	前十高	20 万 ~50 万

（2）在读实习政策分析

留学生完全进入社会职场之前，要不断完善简历，积累面试经验，提高职场技能，适应工作的需求。留学读书期间的实习是积累经验的最好方式。目前来说，美国允许学生在校内打工，而且工作职位也比较多，不需要额外申请工作签证，但是学生获得的职业方面的提升就比较少。美国留学生去社会上打工比较困难，需要学校协助申请工作签证，难度比较大。美国不太鼓励学生在校外实习或者工作。

英国、澳大利亚、加拿大都允许学生在校外打工，而且手续很简单，甚至留学签证可以直接打工，不需要额外再办理其他的工作签证，只需要按流程申请一个社保号或者纳税号就可以了。学生可以凭个人能力得到足够的锻炼。

（3）毕业后工签政策分析

留学生毕业后的工签政策，加拿大最宽松，这个和加拿大希望留学生能够留下有关。一般来说只要在加拿大读满一学年以上，获得高中以上毕业证书，就可以申请获得至少一年的工作签证最多可以申请获得3年工作签证，该政策非常平稳成熟。

澳大利亚读满2年以上的大专及以上课程毕业，可以申请到2~4年的工签，但是要想移民需获得移民局审核通过的短缺职业的TSS4年工签。澳大利亚对于留学生的工签政策，本身变化并不是太大，但是和移民有关的留学生工签则在不停地变化中。

英国2021年毕业的学生，能够获得2年的工作签证。这也说明了英国希望吸引更多的留学生，同时缓解因为英国脱欧而带来的风险。

美国工作签证有两种，一种是毕业实习签证OPT12~36个月。一种是普通工作签证H1B签证，但是必须要找到工作之后才可以申请，而且H1B的工签对申请人和雇主都有严格要求，中国学生得到H1B的概率非常低。未来美国对于中国留学生的政策很可能越来越严苛。

（4）留学生移民政策分析

上述各国中，最想让留学生留下来继续为留学国家服务的就是加拿大。加拿大未来几十年的人口缺口每年有30多万，为了保持社会稳定通过对比投资移民、直接技术移民，留学生移民成本最低，产生的社会问题最少。吸收留学生移民将会是加拿大一个长期国策。澳大利亚也是移民国家，澳大利亚更鼓励留学生去开发边远地区，比如塔斯马尼亚、西澳等这类人口稀少、发展较为落后的地方，这些地区的留学生政策不会有较大变化。但是比较发达的维多利亚、新南威尔士这些地区，政策往往变化比较大，澳大利亚政府最好使的绝招就是调整移民职业，来调节留学生移民人数。未来这个情况不会有太大变化，想通过留学而后移民澳大利亚的还是要仔细考虑。

英国在2021年会开放留学生毕业工签，但是移民政策会对留学生有什么倾斜，目前还不确定，短期内应该不会开放，想考虑移民的留学生慎重考虑。

美国留学生获得美国移民身份难度非常之大。

10.4 除了成绩，留学还需要什么

根据2019年USnews统计，在世界大学综合排名前100当中，美国占据了45所学校，澳大利亚占据了8所，英国有12所，加拿大有3所。中国大学在世界排名前100的大学当中仅有清华和北大位列其中，分别排名第36和59名，世界前200的也只有7所，包括排名128的中国科学技术大学，136的上海交通大学，157的浙江大学，168的南京大学，171的复旦大学。

世界上这些知名大学，对于学生的要求，比普通高校在教育理念、教育方式、教育资源方面有非常明显的优势。他们更希望学生真正德智体美劳全面发展，希望学生未来仍可以有规划有计划地学习，而且是新的知识。

我们国家的传统教育有非常鲜明的特点，优秀的基础教育让我们几代人都受益匪浅，但和国际化的教育领域相比创新性和前瞻性不足。孩子天生就对一切事物好奇，需要鼓励他们自主思考、主动探讨，再讲出结果，通过不断的鼓励，培养思维创新。

西方发达国家的教育体系并不鼓励提前教学，更多的是启发学生的兴趣，教给学生学习的方法。国外教育极其看重学生创造力和自学精神的培养。他们觉得要趁孩子年龄小时抓紧培养创造性思维，尤其是要培养孩子们的自学精神与能力或学力，至于一些简单的算数完全可以交给计算器去解决。而中国教育特别重视所谓的“双基”，重在练基本功，对学生创造力和思维能力的培养有些欠缺。

以美国教育举例，美国基础教育质量在世界上被公认为竞争力不强，就连美国人自己也承认这一点。和其他国家——特别是和中国、印度相比，美国学生在阅读、数学和基础科学领域的能力和水平较差，在各种测试中的成绩常常低于平均值。

美国的高等教育质量独步全球，美国科学家的创新成果层出不穷，始终引领世界科学技术发展的前沿。一个水平很低的基础教育，却支撑了一个当今水平最高的高等教育体系，这也许是世界教育史上最奇幻的现象之一。

中国的学生想要申请名校，成绩是必要条件，但不是充分条件，除了成绩，还需要准备什么呢？

据不完全统计，2019年8所藤校共给中国大陆中学生发放81份录取通知书（见图10-7）：其中哈佛大学4份、普林斯顿大学4份、耶鲁大学8份、哥伦比亚大学4份、宾夕法尼亚大学4份、达特茅斯学院11份、布朗大学13份、康奈尔33份。

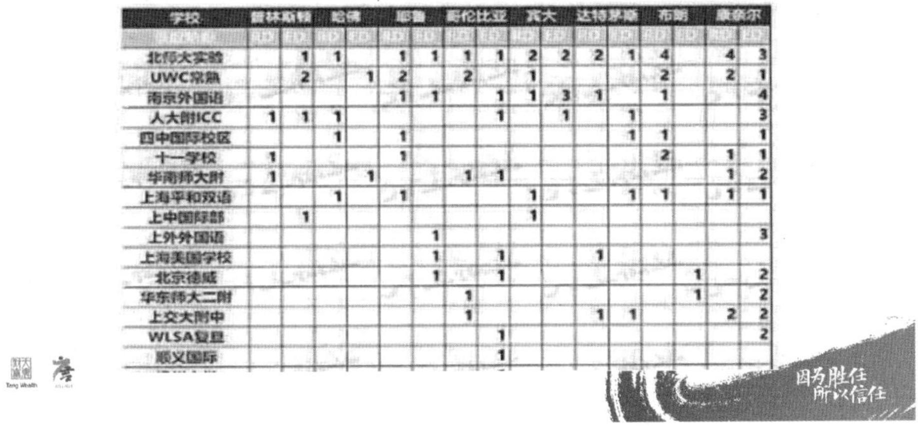

学校	普林斯顿		哈佛		耶鲁		哥伦比亚		宾大		达特茅斯		布朗		康奈尔	
[illegible]	[illegible]	[illegible]	[illegible]	[illegible]	[illegible]	[illegible]	[illegible]	[illegible]	[illegible]	[illegible]	[illegible]	[illegible]	[illegible]	[illegible]	[illegible]	[illegible]
北师大实验		1	1		1	1	1	1	2	2	2	1	4		4	3
UWC常熟		2		1	2		2		1				2		2	1
南京外国语					1	1		1	1	3	1		1			4
人大附ICC	1	1	1					1		1		1				3
四中国际校区			1		1							1	1			1
十一学校	1				1								2		1	1
华南师大附	1			1			1	1							1	2
上海平和双语			1		1				1			1	1		1	1
上中国际部		1							1							
上外外国语						1										3
上海美国学校						1		1			1					
北京德威						1		1						1		2
华东师大二附							1							1		2
上交大附中							1				1	1			2	2
WLSA复旦								1								2
顺义国际								1								

图 10-7 2019 年美国藤校在华录取情况

制图：唐仁国际。

通过这份录取的院校分布来看，能考上顶级名校的学生其实比较集中，这也就意味着，就读院校对于学生有非常重要的影响，院校背景是非常重要的一环。

在向真正综合素质要求更高的顶级学府迈进的过程中，普通学生和被名校录取的“幸运儿”究竟有什么差距？差在什么地方、哪些方面需要提高、该怎样努力和规划？可以从在校成绩、标准化考试、文书撰写、背景提升、社会活动这5个方面来梳理。

10.4.1 在校成绩

在大学招生官眼中，证明学习能力最基本的成绩有三个：GPA、SAT、AP，其中按照重要性进行排名的话，排在首位的就是GPA。GPA是顶级大学录取过程中重要的考量标准之一，一个分数高的GPA对申请学校有一定优势，但也要取决于具体情况。GPA高于3.0，正常情况下被一些大学录取的概率是很大的。反之就会很难被大部分学校录取。

GPA是体现学生日常学业成绩的一个分数，又称“平均绩点”。在高中时期获得的所有分数加起来，取得平均数后再转化为GPA。正常情况下GPA的评分范围在0.0~4.0（见表10-3）。

表 10-3　在校成绩 GPA

Letter Grade	Percentile	GPA
A+	97~100	4.0
A	93~96	4.0
A–	90~92	3.7
B+	87~89	3.3
B	83~86	3.0
B–	80~82	2.7
C+	77~79	2.3
C	73~76	2.0
C–	70~72	1.7
D+	67~69	1.3
D	65~66	1.0
F	Below 65	0.0

制表：唐仁国际。

如何提高GPA的竞争力？

1. 确定申请的目标学校

2. 确定目标学校的平均GPA

平均GPA通常是50%的水平，但不可否认的是，有一些特殊才艺的学生会拉低所公布的GPA。如果同学们的GPA达不到梦校的要求，就要把精力集中在标化成绩上了。

3. 大学录取率

如果两所大学要求的GPA相同，但是录取率不同，这就说明录取率低的学校对GPA课程难度的挑战性有一定要求。

GPA的看法存在一定的误区：

1. 成绩不好，在学校可以找老师修改成绩单

其实这种行为不太明智，美国大学也一向比较痛恨这种行为。一旦被查出作假，学生就有可能被永久禁止进入申请留学的国家。

2. 与申请专业无关的课程，成绩没什么用

首先这种想法是错误的，无论申请什么专业，GPA都是学习态度和能力的

体现。如果其他科目的GPA较低，学校就会认为你的学习态度和能力有问题。

3. 高中背景一般，GPA 再高也申请不到好学校

其实不然，美国大学对国内的高中区分其实并不明显，也没有很严重的名校情结。而是会综合考量同学们各方面的素质，高中比较有名望也只能作为一个加分项。

虽然说GPA不是考量学生整体素质的唯一标准，但重要程度也是不容小觑的。同学们在校期间，除了努力提升自己，日常学习生活也不能懈怠。

10.4.2 标化考试

首先需要说明的是，大部分世界顶级名校都不承认高考成绩，其中英美顶级名校均不承认高考成绩，都需要参加额外的考试。

托福。The Test of English as a Foreign Language（检定非英语为母语者的英语能力考试）的简称，中文英译为“托福”，是由ETS（美国教育考试服务中心）举办的英语能力测试。主要适用于北美地区。一般我们参加的都是IBT（Internet Based Test）网考，就是现在的新托福。新托福满分为120分，考试成绩的有效期为两年，从考试日期开始计算的。

雅思。International English Language Testing System（IELTS，国际英语语言测试系统）的简称，中文译为“雅思”，是由剑桥大学考试委员会外语考试部、英国文化协会及IDP教育集团共同管理，是一种考查英语能力，为打算到使用英语的国家学习、工作或定居的人们设置的英语水平考试。雅思主要适用于英联邦国家、欧洲和中国香港，现在北美的一些高校也接受雅思成绩。英国政府于2015年2月20日宣布改革雅思考试后，雅思考试从原来的A类、G类变为雅思考试、用于英国签证及移民的雅思考试和雅思考试生活技能类这三类考试。

SAT。SAT成绩是美国众多大学衡量学生是否达到本校入学要求的成绩之一，申请众多美国大学名校必须提交SAT考试成绩。SAT考试由美国教育考试服务中心（Educational Testing Service, ETS）出题及评分，该成绩对录取与否及奖学金多少的影响非常大，我国高中生若仅有托福成绩几乎不可能被美国前30名顶尖大学所录取，大部分美国名校要求留学申请者同时还要提供SAT考试的成绩。SAT考试又分为SAT1（Reasoning Test）和SAT2（Subject Tests）两类，SAT1考试是通用测试，而SAT2是学科测试。

GRE。全称Graduate Record Examination，中文名称为美国研究生入学考试，适用于除法律（需参加LSAT考试）与部分商科（需参加GMAT考试）外的各专业，由美国教育考试服务处（Educational Testing Service，ETS）主办（和托福同一个主办方）。GRE是世界各地的大学各类研究生（除管理类学院、法学院）要求申请者所必须具备的一个考试成绩，也是对申请者是否授予奖学金所依据的最重要的标准。

GMAT。全称Graduate Management Admission Test，中文名称为经企管理研究生入学考试。商科、经济和管理专业的研究生需要考的，美国、英国、澳大利亚等英语国家都认可此项考试成绩（见表10-4）。

表 10-4 标化考试 GMAT 和 GRE

	GMAT	GRE
定义	经企管理研究生入学	美国研究生入学考试
适用性	商科专业申请 会计只能考 GMAT	除法律外各专业申请
考试科目	分析性写作综合推理 定量推理 文本逻辑推理	分析性写作 语文 数学
考试限制	每 2 次考试不能少于 16 天，12 个月内不能超过 5 次，终身不能超过 8 次	连续 12 个自然月最多考 5 次，每 2 次考试需间隔 21 天
有效期	5 年	5 年

资料来源：唐仁国际。

制表：唐仁国际。

10.4.3 文书

申请文书主要以个人陈述、推荐信、个人简历及Essay短文材料构成。申请文书是出国留学申请中的重要材料，海外院校招生官通过留学文书了解申请者是否符合申请条件。

在标准化考试成绩相差无几的情况下，想从众多申请者中脱颖而出，文书是否精彩，一定程度上会影响最终的申请结果。并且排名越靠前的大学，文书起的作用越大。那么，如何让自己的文书令人感到耳目一新？

部分学生认为在文书中展现出较多的活动经历才能打动招生官。恰恰相反，在文书突出一两项高质量的活动描述会更令人印象深刻，文书可以不高大上，但至少要有能够打动人心的细节。部分学生的文书就是活动经历的堆砌，像是一份加长版的简历，虽然活动经历很高大上，但是招生官无法从这些活动中了解你究竟是怎么样一个人，你从中最终收获了什么。

每一个学生都是单独的个体，学校的招生官在审理文书的时候也是有一定的逻辑顺序的，首先，他们会通过你的简历了解你的经历、硬件条件，从而第一次筛选。如果你的成绩达到了录取要求，并且学习能力和实习经历符合学校的要求，他们就算是第一步认可你了。

其次，当你的简历被学校认为是合适以后，他们想进一步了解你，就要看你的推荐信了。通过推荐信他们能知道你周围的人都是怎么看你的，从而了解你身上的特质。你的特质不是说你的成绩好，你的成就多。特质是你身上的一些闪光点。如果你的推荐信能揭示出你身上的闪光点，那你的推荐信就是一次有用的推荐，反之如果和你的简历一样都是对你进行描述概括，那别人还不如看你的简历呢，那样的推荐信不是一次成功的推荐。

最后，看完你的推荐信后如果学校依然对你感兴趣，他们就会看你的PS了。PS就是个人闪光点的放大，优秀的PS能把学校之前肯定你的东西放大，通过PS他们觉得你就是适合他们学校的竞争者，于是很可能就会定下要你了。

很多院校尤其是申请美国TOP30院校的时候，除了主文书之外，每个院校还需要申请者递交1~4篇不等的附加文书，很多院校的附加文书都是和专业有一定的关联性！附加文书中也可以展现学生的个人特长，这就是Essay了，Essay是美国院校要求的命题式话题作文，Essay的好坏很大程度上决定了一个人的申请成功与否，约占整个申请70%的分量。Essay写得好坏除了跟学生自己的经历有关，还要看你如何选材、如何使材料看起来丰富又没有重复感、哪些事例是美国人所接受和欣赏的、如何用3~4篇的Essay来展示你的独特。这些都需要你在下笔前好好斟酌。

我们挑选了几篇有代表性的Essay，可以参考一下。

1. 约翰霍普金斯大学 Johns Hopkins University

Johns Hopkins University was founded in 1876 on a spirit of exploration and discovery. As a result, students can pursue a multi-dimensional undergraduate experience both in and outside of the classroom. Given the opportunities at Hopkins, please discuss your current interests—academic or extracurricular pursuits, personal passions, summer experiences, etc.—and how you will build upon them here. (300-500 Word limit)

谈谈你目前的学术、课外活动等，以及你将如何更上一层楼。

2. 达特茅斯学院 DARTMOUTH COLLEGE

(Choose one of the following questions.)

（1）Every name tells a story: Tell us about yourname—any name: first, middle, last, nickname—and its origin.

说说你的名字和它的故事。

（2）Tell us about an intellectual experience, either directly related to your schoolwork or not, that you found particularly meaningful.

描述对你特别有意义的一段智力体验。

（3）When you meet someone for the first time, what do you want them to know about you, but generally don't tell them?

你最想让陌生人了解你什么？

（4）Describe the influence your hero has had on your life.

谈谈你心目中的英雄对你的影响。

3. 加州理工学院 CALIFORNIA INSTITUTE OF TECHNOLOGY

（1）Members of the Caltech community live, learn, and work within an Honor System with one simple guideline; "No member shall take unfair advantage of any other member of the Caltech community." While seemingly simple, questions of ethics, honesty and integrity are sometimes puzzling. Share a difficult situation that has challenged you. What was your response, and how did you arrive at a solution?

加州理工学院非常看重学生的诚信素质，请分享一个你曾遇到过的诚信方面的挑战，以及你是如何解决这个问题的。

（2）Caltech students have long been known for their quirky sense of humor, whether it be through planning creative pranks, building elaborate party sets, or even the year—long preparation that goes in to our annual Ditch Day. Please describe an unusual way in which you have fun.

加州理工的学生都具有很强幽默感，请谈一谈你独特的娱乐方式。

（3）In an increasingly global and interdependent society, there is a need for diversity in thought, background, and experience in science, technology, engineering and mathematics. How do you see yourself contributing to the diversity of Caltech’s community?

当今社会需要我们具有多元化的视角，你能够为学校所在社区的多元化贡献什么?

（4）Scientific exploration clearly excites you. Beyond our 3:1 student-to-faculty ratio and our intense focus on research opportunities, how do you believe Caltech will best fuel your intellectual curiosity and help you meet your goals?

加州理工一向重视学生科学素质的培养，为什么你相信加州理工能更好地帮助你达成目标?

10.4.4 综合背景

众所周知，中国学子是出了名的吃苦耐劳，学霸众多，高分SAT和高分托福已经屡见不鲜。托福上90分已经成为普通成绩，110分左右也只是一般优秀。甚至有时候还出现了1500分以上SAT落榜，而1400分的同学进入名校的情况。

为何名校会选择录取分数较低的同学？这里差在哪里呢？要想知道原因，首先我们来了解一下国外大学的录取规则。

在申请国外大学的时候，GPA和标准化考试成绩是学校录取时看重的因素。除此之外现在的招生官越来越重视学生成绩以外的表现，因为拥有亮眼成绩单的候选者实在太多。

“考试机器”并不是招生官的录取目标，一个拥有自主学习能力和良好综合素质的申请者才是他们的“心头好”。因此，现在留学申请拼的不仅是成绩，更重要的是个人综合背景。

综合背景就是：除了硬性学校和分数之外你的经历，包括不限于实习经历、海外经历、科研经历、竞赛经历、志愿者经历等。

那么该如何选择合适的项目？

1. 项目认可度——含金量怎么样

项目本身的影响力是给学校最直观的冲击，也能更简洁地说明这个项目的含金量。科研项目是非常能帮助申请者展现差异化背景的一种方式。设想一下，如果你来自国内某普通211大学，你和背景差不多的学生比较起来，可能你们的三维分数也都差不多，但你有一段科研经历以及一封科研推荐信，就会成为非常突出的背景。

而为什么实习等其他项目没有达到科研的效果呢？很简单，因为实习的造假门槛非常低。极端点说，即使你没做过某个实习，你就直接把它写在简历中，其实也很难有人来对它的真伪做验证，而且申请时也从来都不需要提交实习证明，所以除非是非常知名企业的实习，否则价值很低。但科研不一样，有海外教授的背书，特别是知名教授，这样就使得造假成本很高，可信度也随之提高。

2. 活动后的收获——最好有论文产出

证书证明、推荐信、论文发表等是我们参加一个项目最有力、最真实的证明，而收获怎样的能力更是我们提升软实力的重要内容。

在这个过程中，让自己能了解到做学术研究的规范的流程、怎么查文献、怎么写文章、如何配合导师做一些力所能及的事情等。同时这个过程是将你之前所学加以运用的过程，也是再次验证你对于做学术的兴趣的过程，有可能进一步培养自己在学术研究方面的热情，更有可能让你发现自己感兴趣的方向，这个过程非常重要。

而你所需要做的，就是在这个过程中，提升自己的独立思考能力、分析能力、写作能力，这都是国外大学特别看重的方面。

最后，如果能从中产出一篇论文就更好了，或者可以准备一篇writing sample。也不一定非要去发表论文，只要你认为通过这个过程，能为自己当前最高学术成果背书，自己有所收获就可以了。

10.4.5 海外背景

为申请海外名校，在申请前参加一些海外项目，能更好地说明我们对不同文化背景的尊重和理解，在不同社会条件里生存和学习的能力，而且，还能从侧面说明语言能力很不错。

10.4.6 社会活动

美国是中国学生最向往的留学目的地之一，但同时，美国高校的录取要求也相对严格。如果想申请到好的美国大学，一定要在材料上下功夫。一方面要注明自己优异的成绩，另一方面申请材料还要有亮点。美国大学非常重视学生的社会实践能力，如果在这方面有所积累，会为自己的申请加分不少。

美国高校重视社会实践，美国大学看重学生的综合素质，而综合素质的体现是多方面的，高中成绩代表学生目前的学习能力，托福或雅思考试反映学生目前的语言能力，SAT考试在一定程度上能代表学生的智力水平，其他实践经历、课外活动、获得的奖项等也能很好反映一个学生的综合素质。

在美国综合排名第26位的南加州大学任教的黄教授介绍，南加州大学的SAT录取线平均为1500多分，但学校曾经录取了一个SAT成绩仅有1400分的学生，原因是这名学生在申请材料上提到，他曾经帮助照顾一个残障人士，以每周一次的频率，坚持了数年。黄教授说，这一经历很容易就打动了招生老师。因为，美国的高校非常重视学生的社会实践能力，尤其青睐这种能够常年坚持做有益社会、有益他人的行为。

假期是社会实践的好时机，美国一流大学的申请竞争很激烈。中国很多学生学习成绩非常优异，即使在激烈的竞争中也可以脱颖而出。但在综合素质方面，尤其是社会实践经历却普遍缺乏。这种情况一方面是由于中国学生学业压力大，与社会接触少造成的，另一方面也由于我们的基础教育方式重理论轻实践。美国大学在录取学生时，特别关心学生参加过哪些有意义的社会实践活动，例如做义工、到企业实习等。如果学生希望申请名牌大学，那么最好提早做好这方面的计划和准备。假期相对平时来说，课业负担较轻，时间也更充裕，学生可以利用这样的时机多参加社会实践，为自己的申请材料积累素材。

社会实践的根本目的在于提高能力、服务社会，如果学生单纯是为了申请高校而去参加活动，则失去了本来的意义。另外，与频繁地参与各种短期活动相比，长时间坚持一项有意义的实践经历，更容易打动顶级名校。

以上这些部分没有独立存在的意义，是相互支持、相互累积的关系，除了一个好的学习成绩以外，我们需要努力的东西还非常多。当然，并不是说上面的你都做到了，就一定会被顶级名校录取，录取更多的是优中选优的结果。另外，国籍、是否有海外移民身份、性别、家庭构成等因素也是名校录取的参考因素。留学是一项非常复杂的过程，合理并科学规划对于高等学府的申请来说是非常重要的事情。

资产配置 在大唐

学生伊凡，国内全日制普通高中，高二学生，成绩优秀，高考预估水平一本线左右，预计高考发挥得好能够高出一本线10~20分，发挥不好比一本线略低些，进入国内211/985名校有点困难。没有提前做留学的准备，未准备过托福、雅思考试，更没有准备SAT/A-Level这些考试，但是平时英语不错。

家长赵女士打算是孩子先准备国内高考，并同时申请国外名牌大学，高考不理想，进不了国内名校，就直接出去读大学，没有确定明确的留学国家，主要考虑大学水平、专业和时间上的衔接问题，对安全问题也比较关注，对于以后孩子移民有一定的考虑。

理财师小蔡和赵女士家是多年的邻居，对伊凡的情况比较了解，在一次聊天中赵女士提到了对伊凡未来读大学的担忧，小蔡先安慰了赵女士要相信伊凡的能力，从小到大伊凡虽然不是学霸，但学习非常自觉，而且有良好的学习习惯和心态，也提到了公司旗下的海外业务咨询业务可以约留学顾问，咨询出国读本科的具体政策和条件。

2018年11月，小蔡邀请赵女士来公司和留学顾问谢老师进行一对一的咨询。咨询前，小蔡把伊凡的基本情况做了介绍，留学顾问谢老师根据伊凡的资料提前准备了几个重点国家的留学资料和对比分析图。

见面后，谢老师先从家长最关心的大学排名进行了对比，2018年公布的世界排名中中国大陆有7所学校入围全球前200，分别是清华大学、北京大学、中国科技大学、浙江大学、复旦大学、南京大学和上海交通大学，赵女士明确表示孩子进入这些学校的可能性几乎为零。谢老师表示，通过留学申请，伊凡可能顺利入读世界排名前50名的学校，相当于我国北京大学、复旦大学的水平。然后，进一步对比国内大学和世界名校的具体差别，首先是名校的师资力量雄厚、身边也多数都是出类拔萃的学生，整体的学习环境和氛围好。在这样的环境下，学生的知识、眼界、能力的提高会非常迅速。其次从学历认可度来分析，一个排名前50的世界名校大学毕业证书和一个国内普通一本大学的毕业证书放在招聘官面前，招聘官都会优先选择国外名牌大学的学生，学历和能力是招聘的基本条件，名校更代表了学生的眼界、综合素质和能力。通过谢老师的分析和对比，赵女士更认可了送孩子进入世界名校的尝试，认为这个投资对于家庭、对于孩子是一个更有远见的决定。

第一轮筛选是对各国的安全情况、学校水平、学历价值、就业及移民政策、社会对留学生态度以及在衔接时间上的对比，第二轮筛选是对可申请的学校、安全性、社会友好程度、留学生就业移民政策的对比。在谢老师的指导下，赵女士率先排除了美国和英国。美国的问题是学生在没有语言和 SAT 成绩情况下，申请排名前 50 的学校不太可能，另外还有安全问题和美国政府对于中国留学生的不友好。家长选择了放弃美国留学。英国的最大问题是教育体系完全不兼容，中国高中毕业生需要先读预科，读完预科再申请学校，著名大学预科都需要雅思 5.5 以上的成绩，显然伊凡根本没有时间去准备雅思考试。

赵女士最初想选择澳大利亚或加拿大，澳大利亚的优势是气候比较好，加拿大的优势是针对留学生的就业和移民政策会更好，留学生毕业很容易获得工作签证和拿到移民身份。学校上来说水平相差无几，两国名校大多也都承认中国高考成绩，但不一样的是，澳大利亚需要高考成绩出来后再接受中国学生申请，如果高考成绩达不到要求就要先读预科，但是预科对雅思成绩也有 5.0 以上的要求，学生势必会至少晚出国学习半年。赵女士觉得半年对于学生很宝贵，不太认可。

然后就考虑谢老师推荐的加拿大王牌项目——加拿大名校升学计划，通过该计划，学生可以在来年 9 月直接进入加拿大名牌大学，诸如：多伦多大学、UBC 大学、麦吉尔大学、滑铁卢大学等，既满足了赵女士对时间的要求，也满足了对名校的要求。

赵女士再通过对比，最终确定了安全性、社会友好程度、学历价值、就业及移民政策都非常好的加拿大。加拿大有安全的社会环境、非常友好的社会氛围、名校世界排名较高、学历价值较高、对留学最有利和宽松的留学移民政策。

确定了国家之后，我们又来帮助客户选择学校。赵女士比较重视学校的排名、环境和氛围，在加拿大排名前三名的学校：多伦多大学、麦吉尔大学、UBC 大学，就相当于我们的清华大学、北京大学、复旦大学，家长第一目标就锁定了这三所学校。

但是要选择哪一所呢？谢老师和小蔡又根据赵女士的考虑对学校所处的环境做了对比。首先排除了坐落于魁北克蒙特利尔的麦吉尔大学，因为是在法语区、气候寒冷，家长不太愿意选择。而后就是在多伦多大学和 UBC 大学作对比，多伦多大学地处加拿大经济中心、技术中心，但是气候比 UBC 大学所处的温哥华要寒冷，多伦多主校区学校位于市中心，校园环境相对 UBC 大学有一定差距，另外家长在温哥华有一个比较好的同学，觉得能够对孩子有些照顾，最终赵女士选择了 UBC 大学。在专业方面，结合伊凡的个人兴趣方面，比较外向也对宏观经济比较感兴趣，那么就帮助孩子确定了经济学这个专业。谢老师帮助伊凡准备了申请的资料，2019 年 5 月伊凡顺利获得了 UBC 的录取通知书。

2019 年高考成绩出来后，伊凡的成绩刚刚达到一本线，赵女士一家商量后决定送孩子出国读本科。2019 年 9 月，伊凡通过升学计划，顺利进入 UBC 大学的温哥华主校区的经济学专业。开学前，谢老师根据多年的经验，提醒伊凡出国读书的四大要点：

第一，不能缺勤。国外大学非常重视学生出勤率，如果学生缺勤超过一定比例，就直接取消期末考试资格，即使没有超过缺勤比例要求，也会影响老师给学生的评分。

第二，及时优质地完成平时作业。作业有时候需要做社会调查，有的时候需要去图书馆查阅大量资料，无论如何学生都要在老师规定的时间前递交作业，延迟递交即使论文质量再高分数也会大打折扣，影响最后的综合成绩。

第三，积极参加团队作业，并积极发言。多用邮件、面对面、电话等方式联系自己的老师，这样更容易获得老师的青睐和关注，积累平时的印象分。另外，国外没有标准教材，每位老师都会给出不同的参考书籍，出的题目大多也都比较开放，所以学生要是想获得高分单纯靠自学是不太可能的，还需要多了解老师的思路和要求。

第四，做好复习。国外大学的日常测试还是比较频繁的，叮嘱学生千万不可大意，这些构成最后综合成绩的关键，对日常测试要和对期中、期末考试一样重视。

转眼一年过去了，伊凡按照四大要点积极学习和思考，顺利通过一年级的学习，马上要进入大学二年级了。他最大的感受就是在国外需要学生自己积极主动学习，鼓励学生多动手，多做调查，多阅读，自己去争取。通过一年的适应，伊凡对自己未来三年的大学生活更加期待而且有信心，也非常喜欢自己的学校，打算未来继续读研深造。

11 开发孩子的财商

现在的家长都非常注重孩子的教育，从兴趣培养、性格塑造到行为习惯等。对于智力的开发、情商的培养很多家长都有一套自己的理论和心得，但对财商如何培养仍缺乏足够的重视。有不少家长从意识上重视孩子财经方面的启蒙，但在实际操作时发现很难入手，多数家长会觉得缺少专业金融知识体系和工具。现代社会，财商和智商、情商对孩子的成长来讲同样重要，培养现代的“经济公民”家长任重而道远。

家庭财商教育非常重要，父母是孩子的第一任财商导师，父母的消费习惯、对待财富的态度很大程度上会影响孩子的金钱观和消费观。本章我们从如何跟孩子开口谈钱开始，介绍家庭财商教育的基本方法，以及具体如何做好零花钱管理、消费习惯培养、利用压岁钱启蒙孩子理财观念。

青少年财商教育的目标并不是教孩子们成为理财高手，学会理财只是方法而不是目的。青少年财商教育的终极目标是要让孩子们能够独立、理性地做出判断和选择，在未来的经济社会中成为独立自主、善于协调、有判断力和经济责任感的人。

11.1 如何跟孩子开口谈钱

生活中我们可能会遇到下面这几种情况：

①商场里，孩子哭闹着要买自己心爱的玩具，家长可能出于各种考虑没打算买这个玩具，沟通无果后多数情况是家长抱起一路哭闹的孩子引来围观。

②一位小学生的妈妈，为了让孩子积极地做家务，她采取了“奖励制”，洗衣服1元，扫地2元，刷碗3元。可是后来发现孩子不给钱就不做事，爸爸让他帮忙拿一下快递，他也开口就要钱。

③一位初中生的妈妈很苦恼，这个月孩子又额外要了300元钱，因为班里又

有同学过生日，她们相约去游乐场玩，不去就会没面子。

④一位高二的学生，跟家长要4000元买新款的手机，说有视频防抖、10倍变焦功能，身边的同学都买了。可是他的父母还用着不到2000元的手机。

遇到以上类似的问题可能家长会觉得困惑，谈钱和不谈钱都很难避免。这些和金钱有关的事情经常发生在我们生活中，有调查数据显示在日常生活的矛盾中，有50%~70%的问题都与金钱相关，孩子年龄小的时候，问题还小，但有些事情随着孩子年龄的增长会逐步演化成其他的问题，会让家长更为困惑和苦恼。多数家长不知道该怎么跟孩子开口谈钱，或者如何让孩子懂得如何花钱、存钱，正确地认识和对待金钱。

我们搜索一下社会新闻，孩子和父母关于金钱的矛盾有以下几种比较极端的情况：

- 8岁小学生沉迷游戏，一个月偷偷花了两万元
- 9岁小学生因不满压岁钱被收离家出走
- 14岁女孩索要零花钱遭拒，离家出走10天

近些年校园里各种校园贷引起社会广泛的关注和不解，这和财商教育的缺失不无关系。《穷爸爸　富爸爸》的作者罗伯特·清崎曾说过："如果你不能及时教孩子金钱的知识，那么将来就有其他人来取代你。比如债主、警方甚至是骗子，让这些人来替你对孩子进行财商教育，恐怕你和你的孩子就会付出更大的代价。"

11.1.1　什么是财商和财商教育

财商FQ，英文Financial Quotient译为"财商"，与智商、情商并列，被称为现代人的基本素质。

财商，指一个人认识、创造和管理财富的能力。财商教育的目标是为了提升青少年的幸福感，培养青少年理性选择、有效克制、有序规划和感受幸福的能力（见图11-1）。

如果说智商反映的是人作为自然人在自然环境中的生存能力，情商反映的是人作为社会人在人群社会的生存能力，而财商反映的正是人作为经济人在经济社会中的生存能力。财商越高，掌握金钱的能力就越强，生活的幸福感也就越高。

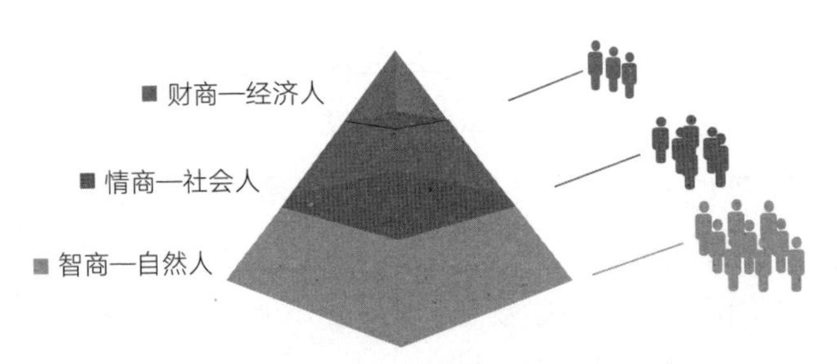

图 11-1　财商：一个人认识创造和管理财富的能力

制图：大唐财富。

相信很多“70后”、“80后”家长还记得儿时过春节和儿童节时的快乐与期盼，穿新衣服、买新玩具、还有一笔不菲的压岁钱可以收，这种期待和雀跃的心情怕是在“00后”、“10后”中再难见到。在所有给出的解释中，一个共同认可的原因是经济学的解释：“不稀罕”了，也就是这个资源“不稀缺”了。当我们看着“00后”、“10后”的孩子们穿着上千元的衣服不珍惜时，同样地，我们理解孩子们对于新衣服带来的快乐“效用递减”了；当孩子被迫学习各种不感兴趣的琴棋书画时，很多家长都在说：已经交了学费了，但是却没有意识到这些其实都是“沉没成本”继续追加，只会让运营成本更高；当我们强迫3岁的孩子“分享”他的玩具、谦让小弟弟小妹妹时，我们可能一不小心在打破孩子的“物权观念”。

由此可以看出，财商包含了经济学、统计学、金融学及心理学的范畴，我们通过日常与孩子谈论与金钱有关的事情，也应该在实践中通过金钱作为工具和手段，让孩子树立起为金钱负责的态度，合理地使用金钱从而杜绝挥霍和浪费，管理日常风险、了解经济规律，建立未来经济公民思维。

从经验数据来看，不同年龄段，孩子对财商的敏感度不一样。第一个敏感期出现在3岁，对钱和交换感兴趣。第二个敏感期在6岁，开始建立物权的概念。第三个阶段是9岁，有自己使用零用钱的需求和意愿（见图11-2）。

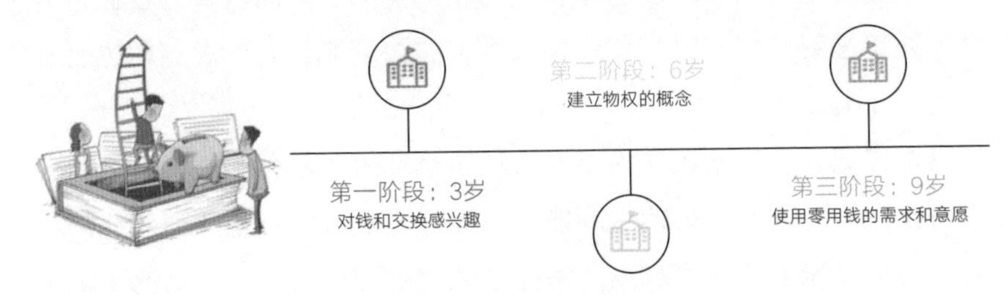

图 11-2　孩子的财商敏感期

制图：大唐财富。

对于财商教育，多数人存在误区。一些家长认为，教会孩子存钱和用压岁钱理财就能让孩子养成正确的金钱观，或者将“财商”简单地等同于理财或赚钱的能力，这些认识都是对财商片面的理解。

11.1.2 财商教育培养启蒙

1. 财商教育要从小开始培养

青少年脑科学发展研究发现，人类大脑中的“边缘系统”（原始脑）参与动物的本能行为，例如情绪反应、即刻满足、短期的“不耐心”行为等；而大脑中的“前额叶皮层”（智慧脑）通常被称为脑部的命令和控制中心，参与决策、自控、规划、长期的“耐心”行为等。胎儿出生后所有的生理活动及喜怒哀乐都由“原始脑”主宰，“智慧脑”到了2~3岁时才正式开始发育，6岁时达到高峰，随后就趋于缓慢，而到25岁才真正发育成熟（见图11-3）。

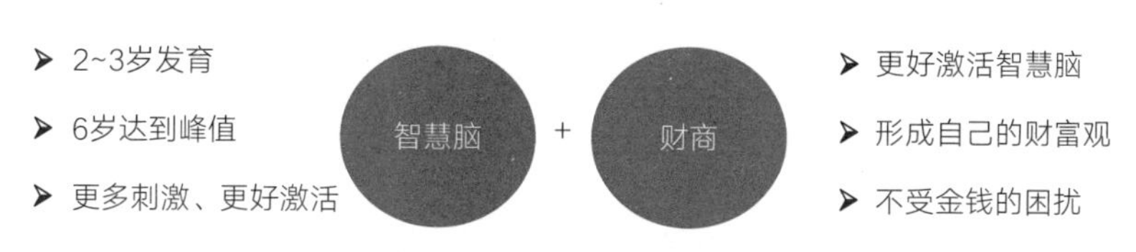

图 11-3 为什么财商教育要从小开始培养

制图：大唐财富。

因此，我们成人时期的很多行为，例如，冲动消费、过分吝啬、羞耻于谈钱等都和青少年时期的“金钱”实践相关。普林斯顿大学心理学研究者通过记录大脑成像发现，如果孩子在小时候，“智慧脑”能够获得更多的刺激，就会被更好地激活。孩子长大后规划、自控、决策等能力就会增强。财商教育正是激活“智慧脑”的一种很好的方式。

无论我们职业如何、学历如何，在大人的生活中每天都不可避免地要和“金钱”打交道。而孩子在成长的过程中，也会遇到大大小小关于金钱的问题，越早建立财商意识、进行财商教育，孩子会更容易形成对金钱与人生、金钱与社会的关系和规则的看法，从而形成自己的财富观。

2. 财商教育存在的误区

家长平时和孩子在生活中关于财商话题也存在一些误区。生活中家长和孩子经常这样说：

- 你是大孩子了，应该让着弟弟妹妹！
- 你的玩具应该和小朋友们一起分享啊！
- 如果这次考试考好了，你想要什么，爸爸给你买！
- 帮妈妈把碗刷了，你可以获得2元钱！

像这样强制分享与强制谦让，会让孩子的“物权”概念与“规则感”不清晰或者产生混乱。尽量不要用物质刺激孩子的进步，要让梦想和兴趣成为孩子的原动力，也不要用物质去刺激孩子参与家庭劳动，要建立孩子的家庭责任感。

根据我们开展的200多场活动和调研的经验来看，家庭财商教育之所以有缺失或者偏颇，主要有以下原因：

- 父母对唯一的孩子过度宠爱、过度保护；
- 父母本身对于青少年的财经素养教育没有行之有效、成体系的方法；
- 对于复杂多变的金融世界，父母金融理财知识缺失严重；
- 针对中国青少年财经素养教育的书籍、工具、方案的缺失。

3. 如何跟孩子开口谈钱

“钱”这个主题，在中国的教育中，是一个比较尴尬的话题。说到金钱、财富，我们有很多名言名句都是互相矛盾的。一方面推崇金钱至上的说：“有钱能使鬼推磨”“天下熙熙皆为利来”，也有鄙视金钱的说：“视钱财如粪土”“朱门酒肉臭”“君子言义、小人言利”。所以，虽然家长有时想和孩子谈谈钱的话题，但是往往不知道如何开口和行动。

曾经有一个调研，问5~8岁的孩子：家里的钱是从哪里来的？答案五花八门，非常丰富：

- 从爸爸妈妈钱包里来
- 从银行里来
- 从取款机里取出来的
- 从手机付款码里来的
- 钱是干活换来的
- 钱是经商赚来的
- 钱是从印刷厂里印出来的

父母跟孩子谈钱的第一个问题就是要让孩子知道钱从哪里来的，钱能做什么不能做什么。金钱是很重要，虽然我们都不像葛朗台一样，对金钱有特殊的感情，但是我们日常生活中的吃穿住用行确实都离不开钱。家长可以结合一些绘本跟孩子讲讲钱的起源和历史。

（1）钱是从哪里来的？

钱的产生最早源于远古时代的物品交换，可是这种交换并方便，随着交换物品的增多和频繁，物品交换越来越不方便。这个时候就需要一个能代表物品价值的东西出现，这就是最早的货币。最早的货币用贝壳、金属来充当交换的中介，然后才发展到现在的纸币、电子货币。

（2）大人怎么样才能挣到钱？

首先要说明什么是劳动收入。劳动创造价值，劳动价值换取收入，所以说钱是从劳动中产生的，对于大多数人来说呢，劳动是获得收入的主要方式，因为无论是脑力劳动还是体力劳动，都需要付出时间和精力。例如上班族拿到的薪水、个体户的营业收入、作家收到的稿酬都是劳动收入。

另外，可以简单地跟孩子聊一下非劳动收入。非劳动收入是指除劳动收入以外，通过其他途径获得的各种收入，其中包括财产性的收入、经营性的收入、转移性的收入和其他收入。例如出租房屋的收入、投资股票基金的盈利、买彩票中奖的偶然收入都属于非劳动收入。

需要提醒的是，家长在跟孩子讨论劳动收入和非劳动收入的时候，应该多引导孩子思考如何通过劳动创造价值，因为非劳动收入多数需要有劳动收入作为基础，要获得出租房屋收入的前提是有投资性房产，想要获得投资收入也需要有本金，要有积累才能获得非劳动收入。

从实践上，家长可以通过让孩子了解父母的工作和特点来熟悉常见的职业，聊一聊教师、医生、律师、程序员、工程师、航天员、警察这些职业的工作内容和特点。

4. 金钱和梦想的关系

孩子知道了钱从哪里来的，知道了父母从事工作的特点，家长可以从两个方面引导孩子把金钱和他的梦想联系在一起。

第一，从孩子爱好的兴趣或者职业出发。例如孩子以后想成为一个画家，那么从小就要开始学习绘画技巧、上美术课外班、购买绘画工具。这是孩子的兴趣，家长可以试着让孩子从压岁钱里拿出一部分来支付自己的学费，要让孩子明白实现任何梦想都要有金钱的付出，另外这样孩子会更有参与感和仪式感，在学习的时候潜意识更有自主性。

需要注意的是，给孩子选择课外班的时候要观察孩子的兴趣和爱好，多去试听几个机构，不要只是为了家长的兴趣报班。让孩子参与到决策的过程中，做到不轻易选择，选择之后不轻易放弃。有的家长会有疑惑，孩子那么小问他的意见有用吗？其实孩子从4~5岁开始，已经可以逐渐参与例如穿衣服、买玩具、兴趣班的讨论当中，家长要学会逐渐地制定一些规则。

第二，从孩子的消费需求出发。七八岁或者更大一点的孩子可能会偶尔想要买一些价格较高的玩具或者游玩的需求，家长可以引导孩子如何通过自己的努力达成目标。如果需要的费用平时的零花钱不够，家长可以设置一些额外的家务或者奖励，让孩子通过2~3个月的积累和努力可以完成，培养孩子“延迟满足”的成就感。

5. 不同年龄段家庭财商教育实践

那么，家长怎么在家庭里实践不同年龄段青少年家庭财商教育呢？我们给大家两方面的建议：

首先是原则。首先家庭的各成员要做到目标和方法的统一，现在的孩子是非常聪明的，很容易找到突破口，达到自己的目的。例如，如果爸爸妈妈说零花钱每个月就只有50元，今天奶奶给了100元，明天姥爷给了50元，爸爸妈妈也不知道这些额外的零花钱，其实是不太容易做到让孩子珍惜零花钱并做好规划的。其次是具体在实践过程中家长要多观察、多引导。如果孩子在很小的时候，家长就利用生活中发生的事，让他们去观察，去体会金钱的来源和作用，及时为他们解开心中的疑惑，那么孩子长大之后呢，就不会那么畏惧，不会那么羞涩地谈钱了。中国孩子也可以和美国、英国、以色列的孩子一样，了解钱从哪里来到哪里去、如何积累、如何避免风险，了解金钱运转的规律。了解经济社会运行的规则，拥有驾驭金钱的能力，做金钱的主人。

具体家长可以参考表11-1中各年龄段青少年财商教育方法，但是记得不要机械地生搬硬套，要根据自己家孩子的情况灵活运用，早或晚1~2年都是正常的。

表 11-1　家庭财商教育方法

年龄阶段	需要掌握的技能	家庭财商教育方法
3~4 岁	知道钱的存在 学会用钱去交换	家长拿出钱来，让孩子认识钱， 带孩子去超市，尝试让孩子拿钱去结账。 看一些财商绘本
5~8	能够数清楚硬币和纸币 了解金钱的价值和用途 学会区分想要和需要 了解父母工作的意义	跳蚤市场 适当地给孩子一些零用钱并告知零用钱使用的方法
9~12	能够清楚地找零 更能了解赚钱的意义 学会记账 对零花钱开始有规划	给出预算，让孩子帮忙买东西 与孩子讨论梦想以及途径和所需花费 教导孩子劳动的美好
13~15	购物货比三家 知道复利，初步了解投资 开始考虑自己今后想做的事情 识别风险、了解风险防范	制定目标，进行储蓄 贵重物品，让他们自己思考办法 做公益活动
16~18	独立去计划、执行自己的活动 建立良好的信用记录 对未来有一定的规划	独立地进行收支管理 进行适当的投资行为 为近五年或近十年的学习和生活做财务规划

制表：大唐财富。

家长也可以选择一些财商教育课程，配合家庭的引导，从财富意识、财富能力以及财富态度三个方面，让孩子了解财富的创造来源，感知劳动的意义。让孩子分清想要和需要，学会理性消费。让孩子了解储蓄的意义，感受延迟满足，学会为未来规划。让孩子了解日常的风险，学会风险判断和处理方式。让孩子了解一些理财工具，感知投入与收益。让孩子了解经济规律，建立未来经济公民思维。也要注意到，孩子财商教育与家庭财富观念并不是孤立割裂的两个模块，在教育过程中螺旋双反馈模式，不仅孩子接受综合能力锻炼，同时家长也通过学习和沟通，实现孩子与家长的亲子财商共成长。

在这里，可以为大家推荐几本财商书籍：《小狗钱钱》系列，《财富号历险记》财商童话，《跟着妮妮学财商》系列绘本，《我的压岁钱》绘本。

11.2　零花钱怎么给才对

目前中国多数孩子都在家庭环境比较富足的环境下长大，不存在“穷养”还是“富养”的问题，子女教育更是家庭关注和消费的重点。朋友圈热帖“月薪三万，撑不起孩子的一个暑假”引起热议，更有人戏谑地把孩子称为“四角吞金兽”。家长舍得为孩子花钱，但有多少家长愿意花时间去学习教会孩子花钱呢？

我国有报刊做了一次关于青少年消费观念的调查。调查中发现，有六成受访中学生，在买东西时，并不怎样考虑价格，喜欢就会买。这就是典型的“花别人的钱，办自己的事，只讲效果，不讲节约”。怎么能让孩子觉得“花自己的钱，办自己的事”呢？最简单可行的方式是让孩子从管理自己的零花钱开始。

在美国，无论是老师、家长，还是社会学家、经济学家都认为孩子手中有一定的零用钱本身并不是坏事，关键是要教育、引导孩子们能够正确地支配和使用手中的钱，从小就树立一个正确的消费观。

法国家长们认为，让孩子早早拥有属于自己的“私房钱”有利于培养孩子经济上一定的独立性。

以零花钱为切入点，逐步培养孩子对于金钱的驾驭能力，很有必要而且容易操作。中国父母对待零花钱的态度比较随意，觉得给孩子零花钱是小事儿，可能不给也可能给得比较随意。那么，零花钱家长要怎么给，孩子怎么管理零花钱才更合理呢？

11.2.1　让孩子拥有“自己的钱”

要让孩子“花自己的钱”，首先得让孩子拥有归属于他的钱，6~9岁是孩子处于小学的1~3年级阶段，慢慢有了自己使用零用钱的需求和意愿，也是孩子逐渐形成消费观念的时候。小到文具用品、大到喜欢的玩具，或者是目前比较流行的智能学习工具，孩子们都有自己的喜好和需求。

在实际生活中，有两种比较极端的做法：有些家庭对孩子管教很严，甚至一分钱都不给孩子，这类孩子在生活中完全没有自己支配金钱的机会。也有一些家庭对孩子出手阔绰，甚至把爱转化成钱。这两种做法都不明智，但实际上，零花钱的管理既是孩子自我管理能力锻炼的过程，也是合理的消费观念形成的过程，对于孩子的成长至关重要，所以家长应该有原则有条件地给孩子一些零花钱，让孩子在家长的监督下试错、成长。

零花钱就是家长给孩子自己的可以支配的钱。虽然金额一般不会很多，但是相信孩子们都很喜欢拿到零花钱，因为这样他们可以买自己想买的东西，比如漫画、糖果、小玩具等。

在日本，孩子从幼儿园开始，大多是从家里带便当或是由学校提供伙食，上学或是乘坐地铁和电车等有交通卡，所以餐饮费和交通费都不用交孩子经手，零花钱更多的是用于个人的兴趣爱好上。

在日本，父母对孩子零花钱的控制有两种方式。第一种是定期给孩子一定数量的零花钱，让孩子自己安排开销。第二种是根据孩子的要求或愿望来给孩子零花钱，同时会控制孩子的要求。但这笔零花钱同样不包括孩子的餐费和车费，仅仅是孩子用于自由支配的个人资产。

如果孩子急需用钱，也可以向父母申请预支下个月的“零花钱”，而这样做的结果就是下个月的零花钱没有了。需要特殊说明的是，学习上的开销是可以额外向父母申请报销的。零花钱更多的是用于个人的兴趣爱好上。

11.2.2 零花钱怎么给才对

1. 什么时候给，给多少，谁来给

零花钱的发放应该是家庭共同决策的结果，可以约定好零花钱由谁来给，多久给一次。一旦约定，其他家庭成员就不应该再额外答应孩子的零花钱需求，一般来说，小学的孩子，建议1~2周给一次，一方面这个频率适合刚开始学习消费的孩子，另一方面，也避免金额过大可能引起孩子的冲动大额消费。

确定了零花钱发放的责任人和发放时间之后，到底零花钱给多少合适呢?我们建议，可以结合当地的物价水平和孩子的消费种类特点来确定。对于小学1~3年级的孩子来讲，日常零花钱主要以购买日常用的文具和零食为主。对于小学4~6年级的孩子来讲，可能会增加图书、玩具以及同学之间交往的物品等。家长可以和孩子一起对自己所需要的物品列出清单，并对清单上的物品进行价格的估算。家长可以和孩子一起商量清单上哪些物品由孩子自主购买，并以孩子自

主购买的商品的总价格作为零花钱发给孩子。

需要注意的是，发放给孩子的零花钱的数额要适当，金额过多容易使孩子冲动消费，金额过少又不能充分满足孩子的自主购买需求。随着孩子独立管理金钱的能力不断提升，零花钱数额可以随着增加。建议1~3年级每周10~20元，3~6年级每周20~30元。除了这些零花钱，家长可以和孩子约定在一些特殊的节日，再额外给固定金额的零花钱，例如生日、六一、春节，可以额外增加100元的零花钱。这样既可以让孩子有过节的欢乐，又表达了家长的爱心。

2. 零花钱怎么花？

父母既然把零用钱给孩子，是希望孩子从小就锻炼精明消费和资源分配的能力，零花钱怎么花一方面应当充分尊重孩子，另一方面也可以约定零花钱使用的原则。小孩子还缺乏分辨能力，家长可以先和孩子约定哪些物品是不能购买的，例如路边没有生产厂家和保质期的劣质零食，或者颜色鲜艳但掺杂了有害物质的玩具，让孩子能够在安全的前提下使用零花钱。

那么，零花钱是都要用来消费吗？我们可以尝试用“零花钱三分法”来引导孩子管理零花钱，方法其实很简单，孩子们手上的钱，分为3份：一份现在消费（Spend），一份储蓄（Save），另一份用来帮助别人（Give），即爱心或者公益。通过这种方式，让孩子很早就开始了解金钱的作用（见图11-4）。

图 11-4　零花钱三分法

制图：大唐财富。

消费：金钱能满足当下之需，可是，无论你手上有多少钱，现在能花的都只是一部分。

储蓄：金钱要应对未来之需，无论是存起来，还是用来投资，需要为未来做准备。

赠予/爱心：金钱要帮助他人不时之需，金钱可以在适当的时候用来帮助他人。

家长可以通过一段时间的观察，建议孩子自己确定零花钱用来分配在花费、储蓄、爱心这三部分的比例，建议花费的部分占40%~50%，储蓄的部分占10%~30%，爱心的部分占10%~20%，并定期进行检视和调整。当然，每个孩子的比例可能都不一样，在保证适当的比例用来消费、锻炼孩子花钱能力的前提下，家长要尽量尊重孩子的选择。

另外，父母给钱的同时要和孩子约定规则，如果孩子两周的零花钱是50元，孩子一周还没有过完就提前花完了，那么对不起，剩下的时间要想有钱花自己想办法。向父母借也可以，不过必须打借条，从下个月的零花钱中扣除。很多父母在埋怨孩子花钱大手大脚的同时，有没有想过可能是因为孩子感觉花的是父母的钱，花没了就可以和父母要。零花钱是先把钱变成孩子自己的，一个星期或者一个月就那么多，节约就存下来的部分归自己保管，超支要借款家长下次就少发零花钱，这样长时间检查下来既能培养孩子的储蓄意识，也能培养孩子合理规划自己零花钱的好习惯。

这里要强调两个零花钱管理的误区：

- 只存钱不花钱的孩子需要关注

很多家长很骄傲地说，我家孩子从来不乱花钱，给他100块一个月都没动。这种情况下，如果孩子不是攒钱去实现某个目标，其实更应该引起家长的注意。

例如童童的父母从小就教育儿子不要乱花钱、能省则省、省钱要紧。当他们带儿子出门时，每次儿子看到什么吃的玩的想要，他们多半会对着儿子一通说教："太贵了！你想想爸爸妈妈上班多累多辛苦，咱家也没什么钱，我们不要浪费钱买这些东西了……"孩子在父母创造的"穷"环境中，慢慢地收窄自己的欲望，磨钝了原来的野心，缩小了自己的格局视野，一辈子也跳不出省钱的消费思维。

会赚钱与花钱比会节俭更重要。高财商的父母，不会总是要求孩子节俭，也不会把"珍惜"挂在嘴边。他们更愿意让孩子"自食其力""当花则花"，让孩子从赚钱与花钱中学会做人的道理，培养德育。

- 零花钱不需要孩子做家务才能获得

有的父母会说，孩子一点都没有付出就有零花钱，是不是得到得太容易了？有些严格的家长会规定孩子必须完成固定的家务才能获得零花钱。

首先，要把家务和零花钱分开。孩子需要承担一些力所能及的家务，例如擦桌子、扫地、洗碗，但这是基于家庭成员的义务而不是获得零花钱的前提，家长可以跟孩子商量让他们固定承担1~2项的家务。零花钱是家长对孩子爱心的体现，是父母的赠予。

但如果孩子除了零花钱希望想有一些其他收入，可以和家长商量其他办法，例如洗车、家里废旧垃圾整理或者协助父母做其他家务，每次支付10~20元，征求孩子的同意，共同制定规则，履行契约精神。

3. 养成记账的习惯

孩子一开始掌握零花钱的时候，可能会用得比较随意、没有计划、没做到合理分配，家长可以给孩子准备一个专门的记账本，买了什么东西，花了多少钱，以及购买物品的原因都记录在这个记账本上，定期进行总结。家长还可以通过记账培养孩子的成本意识，总结买过的东西当时花了多少钱，使用了多长时间，最后的结果是继续使用还是坏了或者是丢了。并且让孩子想一下如果当时不买会不会有什么影响，每隔一段时间让孩子来做一下总结与分析。

这样做，一方面有利于孩子养成勤俭节约的好习惯，另一方面也有利于从小就培养孩子的规划意识。

11.2.3 零花钱怎么存

家长给零花钱的时候可能给一些硬币让孩子“喂”存钱罐，可孩子们总是把零钱到处乱扔，那到底该怎样教会孩子在拿到零钱后妥善保管储存呢？

最好挑选几个孩子喜欢的存钱罐，然后与孩子讨论应该如何存钱，并且标明每个存钱罐中钱的用途。因为是孩子自己挑选的存钱罐，孩子就会很高兴地把钱往里存，这样孩子储蓄的习惯就可以慢慢养成了。

家长可以与孩子一起确定一个时间段的储蓄目标，若是孩子达到了就给予适当的鼓励，这样能够促进孩子储蓄的积极性，从而帮助孩子把储蓄的好行为继续下去，也能更好地让孩子体验储蓄带来的利益。

11.2.4 零花钱管理小案例

主人公是一个美国13岁的小姑娘Lily，8月的一天，她动起了这样的脑筋，跟爸爸妈妈说：“你们给我100美元，算一学年的零花钱。”她从她表哥那里得到这个想法：据说可以节省更多的钱。

妈妈：“这100美元到底包括些什么？”

爸爸："对，你把它写下来。"

Lily很快拿来笔和纸，写下了自己的规划和想法。13岁的孩子强烈地渴望独立，至少这个女孩确实如此。她不喜欢扣上她的外套，不喜欢妈妈给她梳的发型，也很讨厌妈妈告诉她该打扫房间了。她想要自己决定几点上床睡觉，上学穿什么衣服，以及午餐吃什么。

很快她会上高中、大学，然后是工作、成家。爸爸妈妈就把这100美元当成Lily独立的一个完美开头了。

关于这100美元所包含的内容之广泛，妈妈暗自吃惊：所有的衣服、鞋子、看电影、买零食、看体育比赛，还有给朋友的生日礼物？100元似乎包括不了以上所有。但她坚持说没关系，她递给爸爸妈妈一支钢笔，爸爸妈妈、Lily都在《零花钱协议》上面签下自己的大名（见图11-5）。

月份	阶段	内容
8月	协议成立	13岁女儿要求100美元当做一学年的零花钱 所有的衣服、鞋子、看电影、买零食、看体育比赛
9月	运行	购买文具、零食、衣服鞋子、 慷慨而开心
10月	破产	40美元买了一件时尚外套
11月	打工	发传单、照顾隔壁小孩子 做额外家务挣钱
12月	总结	量入为出 自我管理、独立 感恩

图 11-5　100 美元的故事

制图：大唐财富。

9月Lily的开销如下：

- 20美元的学习用品，包括一些有点奢侈的名牌多色圆珠笔；1件T恤，5美元；两支唇彩，7美元；一条牛仔裤，20美元；
- Old Navy的一双鞋，30美元。

妈妈知道那双鞋的价钱时，还是忍不住说了句："额，30美元！"于是Lily被激怒了，她提醒妈妈她花的是她自己的钱！但是不到30分钟，她就后悔了，去退掉了这双鞋。

9月无疑是她的"蜜月期"。Lily感到自己变成一个有钱人，她有大量的可自由支配的现金。她买了一些糖果、一条牛仔裤，并且慷慨地给帮她上楼拿东西的弟弟妹妹奖励。

直到10月1日，Lily花40美元买了一件时尚的、闪亮的、软绵绵、毛茸茸的外套。从此，好梦结束了。

10月2日，宣告破产。

10月5日，她紧紧皱着眉头说："我认为我应该重新评估我的预算。"妈妈仍然没说什么，只是提醒她，我们是白纸黑字签过名的，这事儿没有回旋的余地。

她变得忙碌起来。当妈妈打算把家里的小孩子托付给朋友或邻居帮忙照看时，她问妈妈："我能照顾他们吗?"当她在家里做家务，她问妈妈："你可以付一些钱给我吗?"她在家隔壁的那条街上发传单。随着圣诞节的临近，她需要准备礼物，春天到了，还需要一双新鞋……她在小脑袋里加加减减，已经开始懂得提前做计划了。

变化还在继续。

她练习钢琴更加勤奋了，因为她完成所有练习曲，奶奶会奖励她一些钱；她也不再拒绝她不喜欢的保姆工作了。还有谁从中获益？妈妈。妈妈喜欢给孩子们买衣服，特别遇到打折，那更是要买到剁手。而现在，当妈妈拿起一件Lily的衣服，想想总又再把它放回去。

有一天，妈妈给Lily买了一支无色唇膏。"谢谢妈妈！"她高兴地叫起来，用手臂环住妈妈。

故事还没有结束。这一年还剩下大半，但是仅仅这三个月，妈妈看到一个女孩学会更好地经营和管理她的钱；也看到当父母给她买东西时，她不再觉得理所当然，而是有了更多的感激。

我们发现孩子原来并不像我们想象的那样，只会乱花钱，没有任何理财概念。其实，在他们小小的身体里，蕴藏着巨大的能量和智慧的萌芽，放手去爱的结果，是孩子更独立，更有主见，成长得更好。

财商培养离不开家长的引导，如何进行孩子的财商教育，让孩子在生活中见识到钱、使用钱、储蓄钱都需要家长的高度参与。家长才是孩子的第一任财商老师，我们的孩子终究会慢慢长大，终究要面对生活中的一切。这一切都离不开"钱"这个字。这使我们每一个家长都有责任去学习与理财相关的知识，并且对自己所做的决定的后果有清楚的预期。越早了解财富的真谛，越能帮助孩子厘清幸福人生的规划之路。

11.3 花对钱比存钱更重要

说到花钱，很多家长应该都深有体会，孩子的“买买买”问题是生活中经常会碰到的场景：“妈妈，这个我喜欢，我要买”“爸爸，那个同学都有，我也要买”。不管家里已经有类似的玩具，或者每次去到超市或者商城都要求买玩具，完全没有计划或者不管家庭的情况一味地跟父母和长辈提要求。如果父母不买给他，孩子就生气、发脾气甚至哭闹。

虽然对孩子来说花钱非常容易，想要的想买的总是层出不穷，但是想要花对钱可就不容易了。零花钱，也就是可用的资源有限，但是想买的东西很多，家长应该从小培养孩子花钱的习惯，养成科学的消费观。

11.3.1 孩子消费观的形成和培养

消费观是指人们对消费水平、消费方式等问题的总的态度和总的看法。我们经常说“70后”、“80后”、“90后”的消费观是很不一样的，普遍来看，“70后”的储蓄观念更强，“80后”的贷款消费意识较强，但还是会考虑进行一部分储蓄，“90后”通常追求提前消费和自我需要的满足。

给孩子买玩具当然无可厚非，但如果孩子总是要“买买买”呢（见图11-6）？特别是幼儿园的小朋友，多数是看见了就想买，不考虑玩具的重复性和玩具是否适合他的年龄段，家长就需要做适当的引导了。个体心理学认为人类行为是以目的为导向的，所有行为的首要目标都是在一定的环境中追求归属感和价值感，孩子也是如此。

图 11-6 为什么“买买买”

制图：大唐财富。

首先，孩子的天性是好奇的，对于新奇的、没有接触过的东西都会产生兴趣，想要拥有，这是孩子追求价值感的一种方式。

其次，孩子看到身边的小朋友拥有，也想要一样的甚至更好的，这是追求归属感的一种方式。

再次，当代社会的物质丰富，新奇的玩具、新款的衣服层出不穷，自然给孩子增加了许多诱惑。

最后，有些家长总用满足孩子物质要求的方式来表达对孩子的爱，对孩子的要求百依百顺，很少拒绝，从而助长了孩子“买买买”的习惯。

现在的孩子也很聪明，除了在超市、商场、学校旁的便利店消费，也知道了淘宝京东。例如淘淘小朋友，他7岁上一年级了，有时候用手机看动画片之后，会很自觉地打开淘宝，看看他的玩具到哪里了，也会让妈妈帮他查询他喜欢的玩具的价格。因为淘淘妈妈跟他约定了每个月买玩具的额度是50元，每个月10日之前，淘淘把这个月想要买的玩具告诉妈妈，妈妈会帮淘淘挑选款式和比较好价格，小孩子会比较多变，很多时候淘淘在每个月到期日之前一般都会改变几次主意，这其实就是培养孩子如何做选择。

其实，孩子要“买买买”不应该是一个“窘境”，而是一个进行财商教育的好机会，家长们不妨告诉孩子为什么不买，比如“爸爸妈妈的钱是通过辛苦劳动挣来的，钱是有限的，除了这件东西还有很多重要的东西要买”“这个零食有太多的添加剂，对身体不好”等，这样孩子更容易理解（见图11-7）。

图 11-7　如何管理“买买买”

制图：大唐财富。

事实上，很多父母怕拒绝孩子的方式有偏差反而会伤害他的自尊心，而有些熊孩子就是抓准父母的心理，在商场大吵大闹，以求妥协。很多父母最头疼孩子在商店中吵闹的行为，其实这种时候父母的态度和处理方式尤为重要。首先父母要做到态度坚决，告诉孩子“为什么不买”之后，一定要态度坚定地让孩子明白“不是喜欢的东西爸妈都要给你买”，即使孩子一时又哭又闹，也要坚持不妥协。孩子都很聪明，从父母的坚定态度中，很快就会知道我可以怎么做、我该怎么做。父母短暂的坚持可能会让孩子养成一个受益一生的好习惯。

那么现在“00后”、“10后”的孩子消费观是怎么形成的呢？一方面是家庭、同学的影响，另一方面也受到广告和动画片等商业行为影响，像小朋友都非常喜欢的小猪佩奇、托马斯、超级飞侠、汪汪队立大功等卡通动画，相信每个家长都给孩子买过他们喜欢的动漫周边玩具。

1. 家庭的影响。其实家长的金钱和消费观很大程度上会影响孩子，如果父母花钱比较大手大脚，给孩子零花钱比较大方和随意，孩子很可能花钱也比较随意。如果父母平时比较节俭，很少给孩子零花钱或者引导孩子如何消费，那么孩子很可能过于看重节约和储蓄，只攒钱不花钱，很难享受到财富带来的快乐。

2. 同学、身边朋友的影响。孩子在成长过程中很多购买需求来自同学之间的比较。这个玩具同学有了，我也要一样或者更好的。今天同学穿了一双限量版的运动鞋，我也想买更贵的。对于这种攀比的心态家长要注意从小进行合理的引导。

3. 现在的电视广告和购物平台也都在努力吸引孩子的注意力。例如有一天，淘淘突然说：妈妈，我想要一个××牌子的电话手表，能随时找到爸爸和妈妈，还能拍照，而且也很安全。可以看到，电视广告还是非常能够吸引孩子的。

4. 自我意识。随着孩子年龄的增长和当代社会爆发式的信息轰炸，现在的“00后”还有“10后”小消费者的消费方式和消费原因也发生了显著变化，他们是更加自信的个体，西方的影响、现代生活方式和物质的丰富已经唤醒了他们的“自我”意识。新生代消费者不再满足于那些大众品牌，而是需要足够独特的、能够让自己显得与众不同的品牌。

从小培养孩子适当的挫折感，让孩子明白，不是所有他喜欢的东西都能得到。他小时候需要的东西基本都在父母的能力范围之内，大多数情况父母尽力都可以满足孩子。但是长此以往形成了习惯，可能将来一旦有事情不能满足他，孩子会很难接受甚至和父母对立，过于宠溺孩子的父母要在孩子小的时候就注意这个问题。

11.3.2 如何培养孩子花钱的能力

父母要和孩子进行有效沟通。在孩子提出不太合理需求的时候，可以先让孩子讲一下他要买的理由，这样既可以有针对性地解答或者可以找到其他更好的办法。这也是锻炼孩子语言表达和逻辑思维能力的好机会。

当然，对于孩子的购买需求不能一味地只是拒绝，我们说过锻炼孩子认识金钱、管理金钱的能力是需要通过花钱来进行的。家长可以通过以下几个方面帮助孩子建立理性的消费观。

1. 帮助孩子建立“想要”与“必要”的辨别思维方式

“必要”的就是必需品，“想要”不是必需品，有可以，没有也可以。所以在孩子要买东西的时候，不妨引导他们问问自己，“我真的需要吗?”或者说出需要的理由，父母帮忙分析是“想要”还是“需要”，是否需要现在买等，并和孩子充分沟通达成一致（见图11-8）。

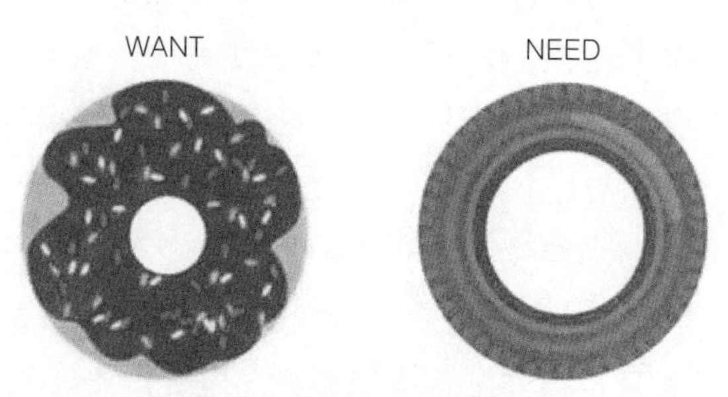

图 11-8 “想要”和“必要”

制图：大唐财富。

在日常交流中，可以拿出家庭消费清单让孩子辨认，哪些物品是“需要”，哪些是“想要”。你可以跟孩子讨论：这件东西是必需的吗？为了得到这件东西，你要付出什么、放弃什么？如果是功能类似的两件东西，该买哪个品牌更划算？或者可以和孩子讨论同一个功能的物品，在哪些场景下购买价格、质量、售后会有区别。例如，新开学需要买一个书包，这对孩子来说是必需品，我们可以选择在专卖店买，也可以在超市买，或者可以在批发市场买、网络购物平台买。带孩子去比较这些场景下商品的区别，根据自己的预算和需求去选择适合自己的商品。

需要注意的是，想要与需要没有统一的标准，根据每个家庭和孩子的实际情况而有差别。

2. 可以跟孩子约定一些购买的规则

比如每次购物可以限定金额让孩子选择一件他喜欢的物品，这样既给予孩子一定的选择权，也避免了他纠缠于限定金额之外更贵的物品。当他要买更贵的商品时，可以跟孩子谈判，“这件东西超出了我们的限额，你确定要买吗？如果不一定要买，那就放弃掉这次购买机会，积攒到下次一起使用”，同样让孩子进行自主选择，孩子大多不会又哭又闹。或者提前约定好一段时期不买某一类商品，当孩子哭闹时，用约定来提醒他，帮助他建立规则意识。

3. 可以给孩子零花钱，让孩子有自己可以支配的一部分金钱

通过零花钱管理帮助孩子建立规划，做好购买清单的规划。也可以让孩子体验在资源有限的情况下，按照轻重缓急的优先顺序对自己的真实需求进行排序，对物品的价格进行计算，再对不同的商品或服务做出选择。

另外，当零花钱不够的时候，家长也可以引导孩子思考怎么去解决，是继续攒钱，还是寻找一个替代品，或者通过其他的方式可以拿到钱。

4. 教会孩子使用好记账本

学会记账也是辅助理性消费、培养财商的一个好方法。家长在做每月家庭开支统计和计算的时候，可邀请孩子一起参加，让孩子坐在身边，让他对家庭支出的数据有一定概念。同时也让孩子每周在本子上记录和管理自己的收入和支出，然后每个月整理和总结。这个月的消费有哪些是不必要的，或者哪里花多了，下个月会怎样改进。这些都可以记录下来。

养成记账的好习惯能够让孩子了解自己的财务状况，长期坚持下去，孩子会对收入与支出有更深刻的理解，对自己能掌握的财富也会有更好的管控能力。在花费自己的积蓄时，孩子会更理性地消费。而家长也可以每隔几个月，帮孩子梳理这段时间的账本和钱包，了解孩子对于储蓄和金钱的思考和看法，给他一些消费建议。如果发现账本和钱包金额严重不符，父母可以减少自由支配的金额。

总之，鼓励孩子正确地消费，让孩子不仅仅知道钱能够买东西，更知道如何买和怎么买。要避免的情形是，家长习惯性地通过物质来表达对孩子的爱，

家长应当培养孩子的独立意识，那种无原则、物质的爱，很容易让孩子没有规则意识，一次又一次地伸手要钱，追求物质。

11.3.3 延迟满足——耐心收获更大的满足

家长们都是爱孩子的，愿意及时满足孩子的需要，但是又怕这样惯坏了孩子，此时家长应该做的就要让孩子学会延迟满足。

什么是延迟满足？我们来看看著名的棉花糖实验。

20世纪60年代，美国斯坦福大学心理学教授沃尔特·米歇尔，为了研究意志力在人一生中的作用，他设计了一个名叫“棉花糖”的实验。

在一所幼儿园里，研究人员找来数十名儿童，每个孩子面前都摆着一块棉花糖。孩子们被告知，他们可以马上吃掉这块棉花糖，但是假如能等待一会儿（15分钟）再吃，那么就能得到第二块棉花糖。18年之后的跟踪调查发现：当年“能够等待更长时间”的孩子，也就是“自我延迟满足”能力强的孩子，在青春期的表现更出色。在幼儿时期能够更持久抵御诱惑的孩子，自控力总是保持在较高水平，他们的脑前区回路有非常显著的激活，他们的前额叶皮层区域更加活跃，而这个区域恰恰是用来有效解决问题、创造性思考、克制冲动行为的。

这一实验结果公布后，人们兴奋不已，似乎找到了成功教育孩子的法宝，以至于在解释和传播的过程中断章取义，甚至添油加醋。

需要强调的是，这种“延迟满足”的能力，是孩子自身的能力，不是市面上“延迟满足训练育儿法”所推行的、由家长简单粗暴故意延迟满足孩子需求的行为。延迟满足，是为了获得更大的利益，而让自己主动放弃眼前较小的利益或主动延迟等待更大利益的行为。

延迟满足的正确打开方式是，面对“诱惑”，让孩子自己判断选择，而不是家长强行替孩子选。

案例：前几天，好友小米带五岁的女儿逛超市，女儿看中了一套绘本，哭闹着要买。小米一看一套一百多，上某宝搜了一下，网上才六十多块。于是，小米就问女儿：“超市里这个绘本比网上要贵不少。你现在想买这个绘本，妈妈也可以给你买。但是现在买的话，只能买这一套绘本。如果咱们回家用手机买的话，除了这个绘本，妈妈还可以用省下的钱给你买一个你喜欢的卡通发卡。现在买，还是回家买，你自己选吧。”

小米的女儿想了一会，小声地说："那我们还是回家买吧。"小米妈妈的做法才是延迟满足的正确打开姿势。让孩子自己判断哪个获利更大，然后自己做出选择，是现在就满足自己的需要，还是延迟满足。

一切都是在尊重孩子、相信孩子的前提下进行的。而不是基于父母的判断和父母的决定。不顾孩子的诉求，强行替孩子做出选择。

延迟满足能力的培养，是一个长期的过程。可能有家长很困惑，有的专家说，孩子有需求了，要立刻响应他们，让他们有安全感，建立安全依恋；但是也有专家又说，孩子有需求了，让他们等一等，要培养延迟满足能力。

那么，问题来了，什么情况下需要及时满足？什么情况下需要等一等呢？首先要从年龄上，孩子懂得并训练延迟满足的年龄不低于5岁。其次有一个基本原则是：当孩子有生理需求和情感需求时，需要及时满足，其他需求都可以尝试让他们等一等。例如，当孩子肚子饿了，当孩子困了，这是人类基本的生理需求，如果这时候我们还一味要求孩子等一等，那真的很残忍；当孩子摔倒了哭了，急需我们去安慰，这是情感需求。

延迟满足能力的培养，要在生活中的点点滴滴去实现，家长需要有足够的耐心，因为低年龄段儿童的自控能力不如成人，有时候我们成人都很难做到忍耐和等待。举个很简单的例子，很多成人总说"三月不减肥，六月徒伤悲",喊着要减肥，要节食的人很多，但是真正坚持下来的有多少呢？所以我们对孩子的要求，要循序渐进，要学会接纳孩子的反复。第一次做到了，很棒，第二次没忍住，没关系，再继续努力。

人生中总有很多愿望难以立即得到满足，延迟满足的意识和能力的培养就是让孩子明白，愿望不能立即满足是正常的，也是常见的，如果足够努力和坚持，等待最终也会带来惊喜。能否等到这种惊喜的结果出现，也关系着孩子一生的幸福。耐心不是与生俱来的，但幸运的是，它可以培养。

11.4 孩子理财从压岁钱开始

中国春节亲朋好友按照习俗都会给小辈压岁钱，这对孩子来说是一笔巨款。回想我们小时候最常听到的就是，这钱妈妈先帮你收着，然后就没有然后了。现在的00后、10后可不像我们小时候那么好糊弄，自主意识要强得多。家长如果想直接把压岁钱收走可能孩子会有逆反心理。但如果直接把压岁钱给孩子，年龄小的他们很难把这笔“巨款”做出妥善的安排。本节我们来聊聊压岁钱的管理技巧和方法，如何从压岁钱开始教孩子理财。

11.4.1 压岁钱到底属于谁

随着人们生活水平的提高，压岁钱的行情也水涨船高，从过去的几元，几十元到现在的几百几千元甚至上万元不等。一个春节下来，一个孩子可以收到少则上千元，多到几万元甚至高达几十万元的压岁钱。

孩子高高兴兴收下的长辈们的压岁钱，家长就开始动心思了。是强制性地要过来，还是连哄带骗先拿过来，或者是先讲道理再帮孩子存起来呢？我们先来看看压岁钱到底应该属于谁。

春节期间，我们有时可以看到这样的新闻，孩子因不满压岁钱被父母收走离家出走了，父母因为怎么花孩子的压岁钱吵架了，甚至有更极端的还闹上了法庭。新闻中曾报道：11岁的小男孩涛涛父母离婚后，78岁的奶奶分多次把他卡里的4万多压岁钱取走了，为了讨回这些钱，他将奶奶告上了法庭。上海市浦东新区人民法院一审判决涛涛的奶奶向其返还压岁钱及生日礼金共计4.5万余元，二审法院支持了原审判决。

也有其他的关于压岁钱的案件，这些案件的审判结果无一例外，都是以家长返还孩子的压岁钱告终。

压岁钱虽然是成年人在人情往来中产生的，但其在法律上属于赠与行为。我国合同法规定，赠与合同是赠与人将自己的财产无偿给予受赠人，受赠人表示接受赠与的合同。只要孩子或孩子的父母接收了压岁钱，赠与合同也就成立了，压岁钱的所有权就发生了转移，归孩子所有，家长无权没收。所以压岁钱应该是属于孩子的。

压岁钱属于孩子，但多数家长其实也并不是真的想要用孩子的压岁钱，很多时候只是担心压岁钱数额过大，孩子会乱花。那么家长要做的就是首先向孩子表明，收红包只是保管而非没收，压岁钱具体怎么使用家长可以和孩子一起商量，制订一个双方都认可的计划。

11.4.2 压岁钱应该怎么管

那现在我们的家庭多数是怎么管理压岁钱的呢?

《中国孩子的压岁钱调查报告(2017)》数据显示,九成父母不会完全放手让孩子自己管理压岁钱。父母参与管理的方式有“完全由父母保管”和“父母与孩子共同管理”两种,只有7.52%的父母会交由孩子自己管理。孩子越大,家长越会放权让孩子自己管理。但是,对于18岁及以上的孩子,父母和孩子共同管理的比例,并没有明显减少,即使孩子已经成年,家长还是会介入压岁钱管理。

将压岁钱“作为孩子的学习费用”是家长们的首选,有60.9%的家长选择。排在第二、第三位的是“储蓄”和“给孩子买喜欢的东西”(见图11-9)。

家庭收入水平不同,对压岁钱的支配方式可能也会有所变化。随着家长工资水平的升高,他们将孩子的压岁钱用于投资理财的倾向明显提升;对于家庭年收入在30万元以上的家庭,多数会把“投资理财”作为压岁钱的选项之一。

八成父母不会悄无声息地使用孩子的压岁钱。他们或会与孩子商量,或会告知孩子钱的具体用途。从这个方面看来,家长们相对尊重孩子对压岁钱的知情权。

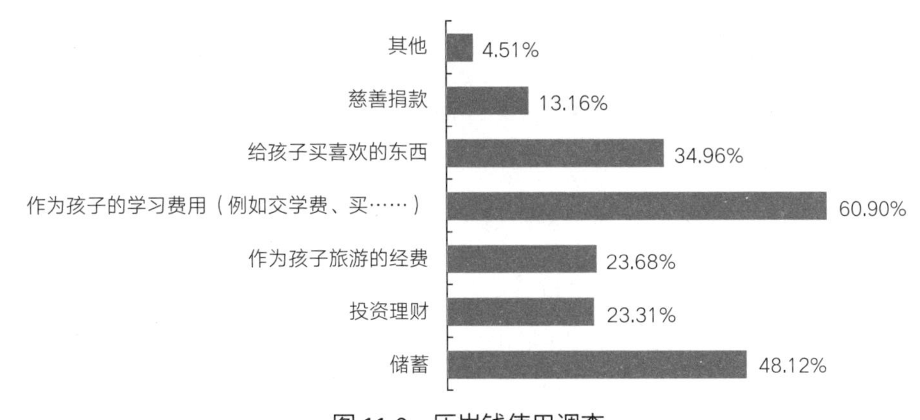

图 11-9 压岁钱使用调查

数据来源:新航道《中国孩子的压岁钱调查(2017)》。

其实数据显示,多数家长并没有乱使用孩子的压岁钱,那为什么还有那么多关于压岁钱的争论呢?这和家长的教育方法有一定的关系,中国的家长很少跟孩子谈钱,总觉得孩子还小,我帮他安排好就可以了。

家长可以和孩子多沟通,根据孩子的年龄特点和平时的消费习惯,共同制

定压岁钱的使用方法。建议家长和孩子从以下三个原则确认压岁钱的分配:

第一，约定消费和储蓄比例

因为压岁钱的数额比较大，一般都是数千元甚至上万元，建议拿出70%以上的比例进行储蓄投资，30%的比例用于消费。可以让孩子了解一下自己平时去学的兴趣班的价格，让孩子自己负担1000~2000元的费用；一部分可以作为春节的游玩支出，例如去庙会游玩、家庭春节聚餐，孩子可以负责一部分费用；也可以拿出小部分用于年度新学期的文具采购、喜欢的玩具的购买。需要提醒的是，消费的部分不建议一次花完，可以储存到孩子零花钱的储蓄部分。

第二，共同选择投资工具

投资储蓄的部分，家长可以简单跟孩子讲一下投资的品种，投资收益是怎么产生的，例如余额宝类产品、基金、保险等，都有什么作用，具体如何选择适合的产品。

第三，压岁钱单独记账管理

让孩子把储蓄投资的部分、投资的收益、消费的支出都记账，这样可以定期检视收支情况，家长也可以及时帮孩子总结经验。

11.4.3 压岁钱理财怎么做

家长可以在孩子6岁左右时，逐步让他们了解一些常见的金融产品。压岁钱购买专属孩子的“理财”产品，不仅能让孩子了解压岁钱去哪儿了，也能让孩子逐渐了解金融产品如何获得收益抵御风险。建议可以选择以下几种产品:

1. 购买余额宝类产品、银行理财产品

这类产品收益率在2%~5%（年化），风险较低，可以直接在手机APP上购买。这类产品收益相对于银行存款利率略高，家长刚好可以给孩子讲解银行的基本存款利率、贷款利率是怎么形成的，为什么购买的余额宝类产品、银行理财产品的收益会略高一些。银行理财产品的利息计算方式，在投资到期日怎么返还本金和收益。通过这种最基本的理财产品，让孩子在实践中学会一些基本的金融概念，养成理财的好习惯。

2. 购买保险

家长用压岁钱购买儿童保险，例如重疾险、医疗险、意外险、教育金保险

等是一种最常见的方式，很多保险公司都宣传“春节给孩子最好的爱是一张保单”。保险产品可以为孩子的安全成长保驾护航，给孩子提供人生各阶段的现金流支持，也代表了长辈对孩子的爱。另外很多教育金保险对保费缴纳具有豁免条款，也就是投保人若在缴费期间因故无法继续缴纳教育金保费，其原因符合保险合同的一些豁免条款，例如，因合同规定的某种重大疾病或身故，则可免交剩余保险费用，保险合同继续有效。需要提醒家长的是，保险需要综合配置，给孩子购买的保单需要综合考虑家庭其他成员的情况来定，最好听取专家的意见购买。

3. 基金和股票

十几岁的孩子可能不满足于只购买理财产品，家长可以根据孩子的兴趣选择稳健型的基金或者股票进行投资，但这类产品的收益波动比理财产品大，收益可能比理财产品高，也可能会亏损，这是教育孩子理解风险和收益很好的实践。建议选择一部分资金投资稳健型基金的定投或者大盘蓝筹股的定投，树立长线投资的概念。这样无论市场行情是好是坏，在一个投资期限较长的时间里，可以起到时间平均投资、风险分散，能够获得一个长期来讲相对稳定的综合收益率。

同时，也让孩子慢慢“聚沙成塔”，长大后享受投资收益，多一份今后生活、教育的支持，让孩子成为自己财富增长的主人。

如果收藏纪念金条、纪念邮票、黄金、外汇等产品，建议有专业特长的家长可指引孩子投资。

投资的收益和使用，不仅仅可以用于报舞蹈、美术这样的兴趣班，更鼓励孩子长大后参加游学、夏令营、少年军校等素质拓展活动。为孩子的未来做投资或许才是最有价值的投资。

无论最后选择做哪种投资，家长应该让孩子一起参与选择，在这个过程当中不断学习基本的金融知识，了解常见的投资工具。让孩子比较产品的风险、收益、流动性，衡量、选择适合的产品，承担损失，享受收益，及时调整，去实践适合自己的资产配置方法。

压岁钱无论金额多少，体现的是长辈对晚辈的关爱，孩子全程参与自己的压岁钱管理，能让孩子体会到这份关爱落实到了现实之中，用到了实际的目标中去。这种充满仪式感的行为，会在孩子的脑海中形成深刻的印象。

同时，为自己的压岁钱进行分配与投资理财，有益于引导孩子树立科学的消费观、培养储蓄的意识、实践投资的行为、进行合理的资产配置，让孩子从小明白，没有最好的产品，适合自己的风险承受能力和投资目标的就是最好的。设立专门账户，为孩子记录、保管好每一笔压岁钱，孩子懂事后也会感激家长的良苦用心。

财商教育不只是教会孩子如何赚钱，而是让孩子知道，钱的本质是什么，我们该对金钱持有什么态度，钱在生活中的地位应该是什么，怎么获得金钱并使用好金钱。

总结起来就是：会花钱！能存钱！会挣钱！成为金钱的主人！